技能型人才培养实用教材
高等职业院校土木工程"十三五"规划教材

建筑工程施工组织与管理

主　编　王红梅　孙晶晶　张晓丽
副主编　高涛涛　王丽英　刘　洋

西南交通大学出版社
·成　都·

内容提要

本书共分为 10 个模块，主要内容包括：施工组织概论、建设项目施工准备工作、流水施工、网络计划、施工组织设计、建筑工程项目成本管理、建筑工程项目进度控制、建筑工程项目质量控制、建筑工程施工安全控制、建设工程施工合同与合同管理。本书结合职业教育的特点，强调针对性和实用性，通过分模块教学，指引学生了解建筑工程施工与组织的基本知识；通过工程案例及课后习题，强化知识体系的建立和工程实践能力的培养。

本书可作为工程管理、土木工程专业的教材，也可作为施工企业项目经理和工程技术人员的参考资料。

图书在版编目（CIP）数据

建筑工程施工组织与管理 / 王红梅，孙晶晶，张晓丽主编. —成都：西南交通大学出版社，2016.9（2025.1 重印）

技能型人才培养实用教材　高等职业院校土木工程"十三五"规划教材

ISBN 978-7-5643-5057-4

Ⅰ. ①建… Ⅱ. ①王… ②孙… ③张… Ⅲ. ①建筑工程–施工组织–高等职业教育–教材②建筑工程–施工管理–高等职业教育–教材　Ⅳ. ①TU7

中国版本图书馆 CIP 数据核字（2016）第 229435 号

技能型人才培养实用教材
高等职业院校土木工程"十三五"规划教材

建筑工程施工组织与管理

主编　王红梅　孙晶晶　张晓丽

责任编辑	曾荣兵
封面设计	何东琳设计工作室
出版发行	西南交通大学出版社 （四川省成都市二环路北一段 111 号 西南交通大学创新大厦 21 楼）
发行部电话	028-87600564　028-87600533
邮政编码	610031
网　　址	http://www.xnjdcbs.com
印　　刷	四川森林印务有限责任公司
成品尺寸	185 mm × 260 mm
印　　张	16.25
字　　数	425 千
版　　次	2016 年 9 月第 1 版
印　　次	2025 年 1 月第 3 次
书　　号	ISBN 978-7-5643-5057-4
定　　价	38.00 元

课件咨询电话：028-81435775
图书如有印装质量问题　本社负责退换
版权所有　盗版必究　举报电话：028-87600562

前 言

高等职业教育是高等教育的重要组成部分,目的是培养适应生产、建设、管理、服务第一线的高等技术应用型人才。本书正是结合高等职业教育的特点,突出了教材的实践性和综合性。教材编写在力求做到保证知识的系统性和完整性的前提下,每个模块增加了与建造师考试同类型、同难点的练习题,让学生通过课后练习,强化专业技能培养。

本书主要从建筑施工承包商的角度出发,以工程项目的施工组织与管理为立足点,对施工准备、施工组织设计的编制、进度计划的编制与执行、成本管理、安全与质量控制、合同管理等各主要环节的关键问题都做了详细的阐述,并运用现代组织管理理论,将各主要环节连接成一个有机整体。本书参考了最新修订的《建筑施工组织设计规范》《建设工程项目管理规范》《工程网络计划技术规程》《职业健康安全管理体系实施指南》等相关国家标准进行编写,力求内容全面、充实,方法新颖、实用,符合当前工程建设管理的有关法律、法规和行政性规章制度的要求。

本书由重庆能源职业学院王红梅、孙晶晶,宁夏建设职业技术学院张晓丽担任主编;重庆能源职业学院高涛涛,重庆建筑工程职业学院王丽英,重庆能源职业学院刘洋担任副主编。具体编写分工为:王红梅编写模块1、2、5,孙晶晶编写模块3、4、7,王丽英编写模块6,高涛涛编写模块8,刘洋编写模块9,张晓丽编写模块10。

本书的编写参考了国内外同类教材和相关资料,在此表示深深的谢意!同时,对为本书付出辛勤劳动的编辑同志们表示衷心的感谢!感谢家人对我们工作的支持!

由于编者水平有限,书中难免有疏漏和不足之处,恳请各位读者批评指正,不胜感激。

编 者
2016年3月

目 录

模块 1　施工组织概论 ······· 1
　1.1　建筑工程项目的概述 ······· 1
　1.2　建设程序 ······· 5
　1.3　建筑产品及生产的特点 ······· 9
　素质提升 ······· 11

模块 2　建设项目施工准备工作 ······· 12
　2.1　施工准备工作的概念 ······· 12
　2.2　技术资料准备 ······· 15
　2.3　施工物资准备 ······· 22
　2.4　劳动组织准备 ······· 23
　2.5　施工现场准备 ······· 25
　2.6　施工准备工作的实施 ······· 28
　素质提升 ······· 30

模块 3　流水施工 ······· 31
　3.1　流水施工的表达方式 ······· 31
　3.2　流水施工的基本参数 ······· 34
　3.3　流水施工组织方式 ······· 39
　素质提升 ······· 46

模块 4　网络计划 ······· 48
　4.1　概　述 ······· 48
　4.2　双代号网络计划 ······· 49
　4.3　单代号网络计划 ······· 70
　4.4　网络计划优化 ······· 82
　素质提升 ······· 92

模块 5　施工组织设计 ······· 95
　5.1　概　述 ······· 95
　5.2　施工组织设计的编制 ······· 98
　5.3　施工方案的制订 ······· 105
　5.4　施工进度计划的编制 ······· 113
　5.5　资源需求量计划的编制 ······· 119
　5.6　施工平面图设计 ······· 122

  5.7 施工组织设计的评价 128
  素质提升 134

模块 6 建筑工程项目成本管理 136
  6.1 概 述 136
  6.2 施工项目成本控制方法 140
  6.3 施工项目成本降低途径 147
  素质提升 149

模块 7 建筑工程项目进度控制 151
  7.1 概 述 151
  7.2 进度控制的原理 153
  7.3 进度计划实施中的监测与调整 154
  素质提升 167

模块 8 建筑工程项目质量管理 169
  8.1 概 述 169
  8.2 工程质量控制的统计分析方法 172
  8.3 工程项目施工的质量控制 184
  8.4 质量管理体系标准 187
  素质提升 195

模块 9 建筑工程施工安全管理 199
  9.1 安全管理概述 199
  9.2 施工安全技术措施 208
  9.3 安全隐患和事故处理 214
  9.4 职业健康安全管理体系 219
  素质提升 226

模块 10 建设工程施工合同与合同管理 229
  10.1 建设工程合同的分类和内容 229
  10.2 建设工程索赔 240
  10.3 国际建设工程施工承包合同 248
  素质提升 250

参考文献 253

模块 1　施工组织概论

1.1　建筑工程项目的概述

1.1.1　项目及其特征

项目是指在一定的约束条件下（主要是限定资源、时间和质量），具有特定目标的一次性任务。项目包括许多内容：可以是建设一项工程，如建造一栋住宅、一座饭店、一座工厂；也可以是完成某项科研课题，或研制一项设备，或开发一个软件。这些都是一个项目，都有一定的时间、质量要求，也都是一次性任务。

通过定义，我们可以看出项目具有以下特征：

1. 项目的单件性

项目的单件性是项目最主要的特征，也可称为一次性。它指的是没有与此完全相同的另一项任务，其不同点表现在任务本身与最终成果上。只有认识项目的单件性，才能有针对性地根据项目的特殊情况和要求进行管理。

2. 项目目标的明确性

项目的目标有成果性目标和约束性目标。成果性目标是指项目的功能性要求，如一座钢厂的炼钢能力及其技术经济指标。约束性目标是指限制条件，期限、成本、质量都是限制条件。项目能否实现，能否交付用户，必须达到规定的目标。功能的实现、成本的降低、质量的可靠，是任何可交付项目必须满足的要求。也只有这些项目目标都明确了，才称得上是项目。

3. 项目的整体性

一个项目，是一个整体管理对象，在按其需要配置生产要素时，必须以总体效益的提高为标准，做到数量、质量、结构的总体优化。由于内外环境是变化的，所以管理和生产要素的配置是动态的。

4. 项目的生命周期性

项目的单件性、过程的一次性决定了项目的生命周期。项目的生命周期实质上就是项目的时间限制。同时整个生命周期可划分为若干个特定阶段，每一阶段都有一定的时间要求，都有它特定的目标，都是下一阶段成长的前提，都对整个生命周期有决定性的影响。

1.1.2　建筑工程项目及其特征

建筑工程项目是项目中最重要的一类。一个建筑工程项目就是一项固定资产投资项目，既有基本建设项目（新建、扩建等扩大生产能力的建设项目），又有技术改造项目（以节约、增加产品品种、提高质量、治理"三废"、劳动安全为主要目的的项目）。建筑工程项目是为完成依法立项的新建、扩建、改建等各类工程而进行的、有起止日期的、达到规定要求的一组相互关联的受控活动组成的特定过程，包括策划、勘察、设计、采购、施工、试运行、竣工验收和考核评价等。

建筑工程项目有以下基本特征：

（1）在一个总体设计或初步设计范围内，由一个或若干个互相有内在联系的单项工程所组成的，建设中实行统一核算、统一管理的建设单元。

（2）在一定的约束条件下，以形成固定资产为特定目标。约束条件一是时间约束，即一个建筑工程项目有合理的建设工期目标；二是资源的约束，即一个建筑工程项目有一定的投资总量目标；三是质量约束，即一个建筑工程项目都有预期的生产能力、技术水平和使用效果目标。

（3）需要遵循必要的建设程序和经过特定的建设过程。即一个建筑工程项目从提出建设的设想、建议、方案选择、评估、决策、勘察、设计、施工一直到竣工、投产或投入使用，有一个有序的全过程。

（4）按照特定的任务，具有一次性特点的组织形式。表现为投资的一次性投入，建设地点的一次性固定，设计单一，施工单件。

（5）具有投资限额标准。只有达到一定限额投资的才作为建设项目，不满限额标准的称为零星固定资产购置。而且这一限额标准是随着经济的发展而逐步提高的。

1.1.3　建筑工程项目管理

每个项目都有其生命周期，从策划直至竣工投产，而且整个生命周期又明显划分为若干个特定阶段，每一阶段都有一定的时间要求，都有它特定的目标，都是下一阶段成长的前提。建筑工程项目也不例外，建筑工程项目的生命周期也可看做是项目管理的各个阶段划分。建筑工程项目按照时间顺序，可依次划分为下列四大阶段：项目决策阶段，项目组织、计划、设计阶段，项目实施阶段，项目竣工验收及试生产阶段。

建筑工程项目管理的时间范畴是建设工程项目的实施阶段。《建设工程项目管理规范》（GB/T 50326—2006）对建设工程项目管理作了如下解释："运用系统的理论和方法，对建设工程项目进行的计划、组织、指挥、协调和控制等专业化活动，简称为项目管理。"

1. 建筑工程项目管理的内涵

建筑工程项目管理的内涵是：自项目开始至项目完成，通过项目策划和项目控制，以实现项目的费用目标、进度目标和质量目标。

该定义的有关字段的含义如下：

（1）"自项目开始至项目完成"指项目的实施阶段。

（2）"项目策划"指目标控制前的一系列筹划和准备工作。

（3）"费用目标"对业主而言是投资目标，对施工方而言是成本目标。

2. 建筑工程项目管理应实现的职能

（1）决策职能。建筑工程项目的建设过程是一个系统的决策过程，每一建设阶段的启动靠决策。前期决策对设计阶段、施工阶段及项目建成后的运行，均产生重要影响。

（2）计划职能。这一职能可以把项目的全过程、全部目标和全部活动都纳入计划轨道，用动态的计划系统协调与控制整个项目，使建设活动协调有序地实现预期目标。正因为有了计划职能，各项工作都是可预见的、可控制的。

（3）组织职能。这一职能是通过建立以项目经理为中心的组织保证系统实现的。给这个系统确定职责，授予权利，实行合同制，健全规章制度，可以进行有效的运转，确保项目目标的实现。

（4）协调职能。由于建筑工程项目实施的各阶段、相关的层次、相关的部门之间，存在着大量的结合部，在结合部内存在着复杂的关系和矛盾，处理不好，便会形成协作配合的障碍，影响项目目标的实现。故应通过项目管理的协调职能进行沟通，排除障碍，确保系统的正常运转。

（5）控制职能。建筑工程项目主要目标的实现，是以控制职能为保证手段的。这是因为，偏离预定目标的可能性是经常存在的，必须通过决策、计划、协调、信息反馈等手段，采用科学的管理方法，纠正偏差，确保目标的实现。目标有总体的，也有分目标和阶段目标，各项目标组成一个体系，因此，目标的控制也必须是系统的、连续的。建筑工程项目管理的主要任务就是进行目标控制。

3. 项目管理知识体系

项目管理知识体系（Project Management Body Of Knowledge，PMBOK）是由项目管理协会（Project Management Institution, PMI）提出的。PMI 于 1966 年在美国宾州成立，是目前全球影响最大的项目管理专业机构，其组织的项目管理专家（Project Management Professional，PMP）认证被广泛认同。

在这个知识体系中，把项目管理划分为 9 个知识领域（范围管理、时间管理、成本管理、质量管理、人力资源管理、沟通管理、采购管理、风险管理和综合管理）。国际标准化组织以该文件为框架，制订了 ISO10006 关于项目管理的标准。中国项目管理知识体系（C-PMBOK）的研究工作开始于 1993 年，是由中国优选法统筹与经济数学研究会项目管理委员会（PMRC）发起并组织实施的，C-PMBOK 将项目管理的领域分为 88 个模块，详见表 1-1。

表 1-1 中国项目管理知识体系框架

2 项目与项目管理			
2.1 项目　　2.2 项目管理			
3　概念阶段	4　规划阶段	5　实施阶段	6　收尾阶段
3.1　一般机会研究	4.1　项目背景描述	5.1　采购规划	6.1　范围确认
3.2　特定项目机会研究	4.2　目标确定	5.2　招标采购的实施	6.2　质量验收
3.3　方案策划	4.3　范围规定	5.3　合同管理的基础	6.3　费用决算与审计
3.4　初步可行性研究	4.4　范围定义	5.4　合同履行和收尾	6.4　项目资料与验收
3.5　详细可行性研究	4.5　工作分解	5.5　实施计划	6.5　项目交接与清算
3.6　项目评估	4.6　工作排序	5.6　安全计划	6.6　项目审计
3.7　项目计划书的编写	4.7　工作延续时间估计	5.7　项目进展报告	6.7　项目后评价
	4.8　进度安排	5.8　进度控制	
	4.9　资源计划	5.9　费用控制	
	4.10　费用估计	5.10　质量控制	
	4.11　费用预算	5.11　安全控制	
	4.12　质量计划	5.12　范围变更控制	
	4.13　质量保证	5.13　生产要素管理	
		5.14　现场管理与环境保护	

续表

7 共性知识						
7.1	项目管理组织形式	7.7	企业项目管理	7.13	讯息分发	7.19 风险监控
7.2	项目办公室	7.8	企业项目管理组织设计	7.14	风险管理规划	7.20 信息管理
7.3	项目经理	7.9	组织规划	7.15	风险识别	7.21 项目监理
7.4	多项目管理	7.10	团队建设	7.16	风险评估	7.22 行政监督
7.5	目标管理与业务过程	7.11	冲突管理	7.17	风险量化	7.23 新经济项目管理
7.6	绩效评价与人员激励	7.12	沟通规划	7.18	风险应对计划	7.24 法律法规
8 方法和工具						
8.1	要素分析法	8.7	不确定性分析	8.13	责任矩阵	8.19 质量控制的数理统计方法
8.2	方案比较法	8.8	环境影响评价	8.14	网络计划技术	
8.3	资金的时间价值	8.9	项目融资	8.15	甘特图	8.20 挣值法
8.4	评价指标体系	8.10	模拟技术	8.16	资源费用曲线	8.21 有无比较法
8.5	项目财务评价	8.11	里程碑计划	8.17	质量技术文件	
8.6	国民经济评价方法	8.12	工作分解结构	8.18	并行工程	

4. 建筑工程项目管理的内容和任务

建筑工程项目管理的任务，也可以说是主要内容，可以概括为最优地实现项目总目标。也就是有效地利用有限的资源，用尽可能少的费用、尽可能快的速度和优良的工程质量，建成工程项目，使其实现预定的功能。具体说来，可概括为"三控制、三管理、一协调"，即进度控制、质量控制、费用控制、安全管理、合同管理、信息管理和组织协调。

（1）进度控制。包括设计、施工进度、材料设备供应以及满足各种需要的进度计划的编制和检查，施工方案的制订与实施，以及设计、施工、总分包各方面计划的协调，经常性地对计划进度与实际进度进行比较，并及时地调整计划等。

（2）质量控制。包括提出各项工作质量要求，对设计质量、施工质量、材料和设备的质量监督、验收工作，以及处理质量问题。

（3）费用控制。包括编制概算预算、费用计划，确定设计费和施工价款，对成本进行预测预控，进行成本核算，处理索赔事项和做出工程决算等。

（4）安全管理。包括提出各项工作安全要求，制定各项安全生产规章制度，对施工中的安全设施进行检查和验收，并处理施工生产过程的安全问题。

（5）合同管理。包括签订建筑工程项目承包合同、委托设计合同、施工总承包合同与专业分包合同，以及合同文件的准备、合同谈判、修改、签订和执行等工作。

（6）信息管理。包括建筑工程项目实施过程中所有信息的收集、整理、处理、存储、传递与应用。通过有组织的信息流通，使决策者能及时、准确地获得相应的信息，以做出科学的决策。

（7）组织协调。包括建立管理组织机构，制定工作制度，明确各方面的关系，选择设计、施工、监理单位，组织图纸、材料和劳务供应，出现问题或各方矛盾时，出面协调、理顺关系并解决问题等。

1.2 建设程序

1.2.1 基本建设的含义及分类

1. 基本建设的含义

基本建设（Capital Construction）是国民经济各部门、各单位新增固定资产的一项综合性的经济活动，指建设单位利用国家预算拨款、国内外贷款、自筹基金以及其他专项资金进行投资，以扩大生产能力、改善工作和生活条件为主要目标的新建、扩建、改建等建设经济活动。

基本建设是促进社会生产发展和提高人民生活水平的重要手段。它为国民经济各部门新增固定资产和生产能力，对有计划地建立新兴产业部门，调整原有经济结构，合理分布生产力，采用先进技术改造国民经济，加速生产发展速度，以及为社会提供住宅和科研、文教卫生设施以及城市基础设施，为改善人民物质文化生活等方面，都具有重要意义。基本建设工程建设周期长，要在较长的时间内占用和消耗大量的生产资料、生活资料和劳动力。因此，在社会主义经济建设中，要十分重视合理确定建设规模，选择投资方向，讲求效果，以充分发挥基本建设应有的积极作用。

基本建设的内容主要有：

（1）建筑安装工程。包括各种土木建筑、矿井开凿、水利工程建筑、生产、动力、运输、实验等各种需要安装的机械设备的装配，以及与设备相连的工作台等装设工程。

（2）设备购置。即购置设备、工具和器具等。

（3）勘察、设计、科学研究实验、征地、拆迁、试运转、生产职工培训和建设单位管理工作等。

2. 基本建设的分类

（1）按建设性质分。

① 新建项目：从无到有、平地起家的建设项目。现有企业、事业和行政单位一般没有新建项目，只有当新增加的固定资产价值超过原有全部资产价值（原值）的3倍以上时，才算新建项目。

② 扩建和改建项目：在原有企业、事业、行政单位的基础上，扩大产品的生产能力或增加新的产品生产能力，以及对原有设备和工程进行全面技术改造的项目。

③ 迁建项目：原有企业、事业单位，由于各种原因，经有关部门批准搬迁到另地建设的项目。

④ 恢复项目：对由于自然、战争或其他人为灾害等原因而遭到毁坏的固定资产进行重建的项目。

（2）按建设的经济用途分。

① 生产性基本建设：用于物质生产和直接为物质生产服务的项目的建设，包括工业建设、建筑业和地质资源勘探事业建设和农林水利建设。

② 非生产性基本建设：用于人民物质和文化生活项目的建设，包括住宅、学校、医院、托儿所、影剧院以及国家行政机关和金融保险业的建设等。

（3）按建设规模分。

按建设规模和总投资的大小，可分为大型、中型、小型建设项目。

基本建设项目大、中、小型划分标准是国家规定的。按总投资划分的项目，能源交通、原材料工业项目5000万元以上，其他项目3000万元以上作为大中型，在此标准以下的为小型项目。

（4）按工作阶段分。

① 前期工作项目：已批项目建议书，正在做可行性研究或者进行初步设计（或扩初设计）的项目。

② 预备项目：已批准可行性研究或者初步设计（或扩初设计）正在进行施工准备待转入正式计划的项目。

③ 新开工项目：施工准备已经就绪，报告期内计划新开工的项目。

④ 续建项目：在报告期之前已经开始建设，跨入报告期继续施工的项目。

（5）按行业性质和特点划分。

① 竞争性项目：投资效益比较高、竞争性比较强的一般建设项目。

② 基础性项目：具有自然垄断性、建设周期长、投资额大但收益低的基础设施和需要政府重点扶持的一部分基础工业项目，以及可以增强国力、符合经济规模的支柱产业项目。

③ 公益性项目：包括科技、文教、卫生、体育和环保等设施，公、检、法等政府机关以及政府机关、社会团体办公设施，国防建设等。

（6）按其组成内容分。

① 单项工程项目：又称工程项目，指一个建设项目中，具有独立设计文件，竣工后可单独发挥生产能力或效益的工程。

② 单位工程项目：单项工程的组成部分，指具有独立的设计文件，可以独立组织施工，但竣工后不能独立发挥生产能力或效益的工程。

③ 分部工程项目：在一个单位工程中，按照工程部位、工种以及使用的材料进一步划分的工程。

④ 分项工程项目：在一个分部工程中，按照不同的施工方法、不同材料和规格对分部工程进一步划分的工程。

图 1-1 为××汽车制造厂建设项目按其组成内容划分的示例。

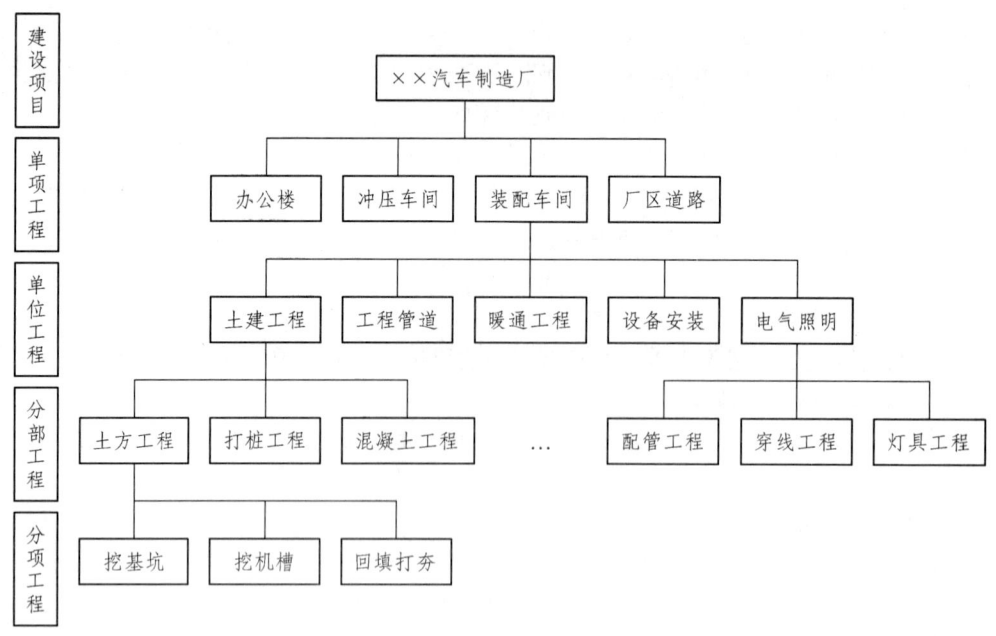

图 1-1　××汽车制造厂建设项目划分示例

1.2.2 基本建设程序

建设工程项目的基本建设程序又称为项目的建设周期,主要包括项目决策阶段和项目实施阶段,如图1-2所示。

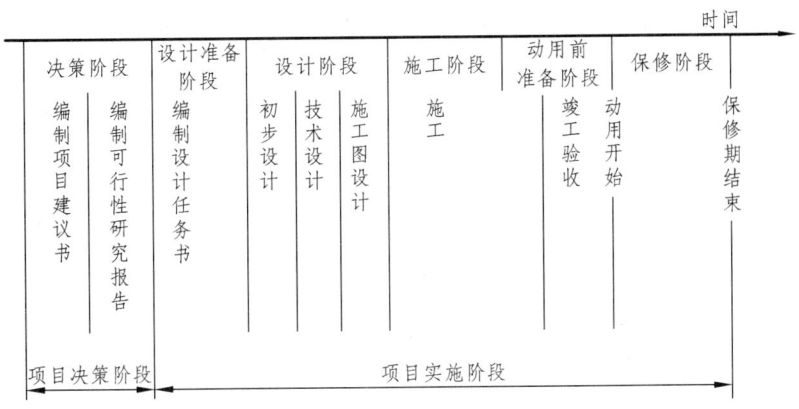

图1-2 建设工程项目的基本建设程序

1. 项目建议书阶段

项目建议书(又称立项申请书)是项目单位就新建、扩建事项向发改委项目管理部门申报的书面申请文件。它目前广泛应用于项目的国家立项审批工作中。项目建议书要从宏观上论述项目设立的必要性和可能性,把项目投资的设想变为概略的投资建议;项目建议书的呈报可以供项目审批机关作出初步决策;它可以减少项目选择的盲目性,为下一步可行性研究打下基础;它是项目建设筹建单位或项目法人,根据国民经济的发展、国家和地方中长期规划、产业政策、生产力布局、国内外市场、所在地的内外部条件,提出的某一具体项目的建议文件,是对拟建项目提出的框架性的总体设想。往往是在项目早期,由于项目条件还不够成熟,仅有规划意见书,对项目的具体建设方案还不明晰,市政、环保、交通等专业咨询意见尚未办理。项目建议书主要论证项目建设的必要性,建设方案和投资估算也比较粗略,投资误差为±30%左右。

另外,对于大中型项目和一些工艺技术复杂、涉及面广、协调量大的项目,还要编制可行性研究报告,作为项目建议书的主要附件之一,同时涉及利用外资的项目,只有在项目建议书批准后,才可以开展对外工作。

因此,我们可以说项目建议书是项目发展周期的初始阶段基本情况的汇总,是选择和审批项目的依据,也是制作可行性研究报告的依据。

项目建议书研究内容视项目的不同而有所不同,但一般应包括以下几点:

(1)建设项目提出的必要性和依据。
(2)产品方案、拟建规模和建设地点的初步设想。
(3)资源情况、建设条件、协作关系等的初步分析。
(4)投资估算和资金筹措设想。
(5)经济效益和社会效益初步估计。

项目建议书按要求编制完成后,应根据建设规模分别报送有关部门审批。项目建议书经审批后,就可以编制详细的可行性研究报告了,项目建议书并不是项目的最终决策。

2. 可行性研究报告阶段

可行性研究是在项目建议书被批准后，对项目在技术上和经济上是否可行所进行的科学分析和论证。

可行性研究报告是从事一种经济活动（投资）之前，双方要从经济、技术、生产、供销直到社会各种环境、法律等各种因素进行具体调查、研究、分析，确定有利和不利的因素，判断项目是否可行，估计成功率大小、经济效益和社会效果程度，为决策者和主管机关审批的上报文件。

可行性研究报告的主要内容因项目性质不同而有所不同，但主要包括以下内容：

（1）投资必要性。主要根据市场调查及预测的结果，以及有关的产业政策等因素，论证项目投资建设的必要性。

（2）技术可行性。主要从事项目实施的技术角度，合理设计技术方案，并进行比选和评价。

（3）财务可行性。主要从项目及投资者的角度，设计合理财务方案，从企业理财的角度进行资本预算，评价项目的财务盈利能力，进行投资决策，并从融资主体（企业）的角度评价股东投资收益、现金流量计划及债务清偿能力。

（4）组织可行性。制订合理的项目实施进度计划、设计合理组织机构、选择经验丰富的管理人员、建立良好的协作关系、制订合适的培训计划等，保证项目顺利执行。

（5）经济可行性。主要是从资源配置的角度衡量项目的价值，评价项目在实现区域经济发展目标、有效配置经济资源、增加供应、创造就业、改善环境、提高人民生活等方面的效益。

（6）社会可行性。主要分析项目对社会的影响，包括政治体制、方针政策、经济结构、法律道德、宗教民族、妇女儿童及社会稳定性等。

（7）风险因素及对策。主要是对项目的市场风险、技术风险、财务风险、组织风险、法律风险、经济及社会风险等因素进行评价，制定规避风险的对策，为项目全过程的风险管理提供依据。

3. 设计准备阶段

设计准备阶段是在项目可行性研究被批准后，编制设计任务书，为设计阶段的任务提供详细部署。

4. 设计阶段

设计阶段是对拟建工程的实施在技术和经济上所进行的全面而详尽的安排，即建设单位委托设计单位，按照设计任务书的要求，进行图纸方面的详细说明。他是基本建设计划的具体化，同时也是组织施工的依据。在我国，建设项目一般要进行三个阶段的设计：初步设计、技术设计和施工图设计。工程技术较复杂的，可把初步设计的内容适当加深到扩大初步设计。

（1）初步设计。

根据可行性研究报告和比较准确的设计基础资料所做的具体的实施方案，目的是阐述在指定的时间、地点和投资控制数额内，拟建工程在技术上和经济上的合理性，并通过对工程项目所做出的基本技术经济规定，编制项目总预算。

（2）技术设计。

根据初步设计和更详细的调查研究资料，进一步解决初步设计中的重大技术问题，如工艺流程、建筑结构、设备选型及数量确定等，并修正总预算。

(3) 施工图设计。

根据批准的扩大步设计或技术设计的要求，结合现场实际情况，完整地表现建筑外形、结构体系、构造状况以及建筑群的组成和周围环境的配合。它还包括各种运输、通信、管道系统、建筑设备的设计。在工艺方面，应具体确定各种设备的型号、规格及各种非标准设备的制造加工过程。在施工图设计阶段应编制施工图预算。

5. 施工阶段

建设项目经批准开工建设，项目即进入施工阶段。施工阶段通常分为施工准备阶段和施工阶段。

（1）施工准备阶段。分为工程建设项目报建、委托建设监理、招标投标、施工合同签订。

（2）施工阶段。分为建设工程施工许可证领取、施工。

6. 动用前准备阶段

（1）招收和培训生产人员。

（2）组织准备。

（3）技术准备。

（4）物质准备。

7. 保修阶段

建设工程保修期是指在正常使用条件下，建设工期的最低保修期限。建设工程的保修期，自竣工验收合格之日起计算。

《建设工程质量管理条例》第三十二条规定：施工单位对施工中出现质量问题的建设工程或者竣工验收不合格的建设工程，应当负责返修。

（1）基础设施工程、房屋建筑的地基基础工程和主体结构工程，为设计文件规定的该工程的合理使用年限。

（2）屋面防水工程、有防水要求的卫生间、房间和外墙面的防渗漏，为5年。

（3）供热与供冷系统，为2个采暖期、供冷期。

（4）电气管线、给排水管道、设备安装和装修工程，为2年。

《建设工程质量管理条例》第四十一条规定：建设工程在保修范围和保修期限内发生质量问题的，施工单位应当履行保修义务，并对造成的损失承担赔偿责任。

1.3 建筑产品及生产的特点

建筑产品是指建设工程的勘察、设计成果和施工、竣工验收的建筑物、构筑物及构配件和其他设施。

1.3.1 建筑产品的特点

建筑产品的特点主要包括建筑产品的固定性、庞大性、多样性和综合性。

1. 建筑产品的固定性

建筑产品在建造过程中直接与地基基础连接，因此，只能在建造地点固定地使用，而无法转移。这种一经造就就在空间固定的属性，叫做建筑产品的固定性。固定性是建筑产品与一般工业产品最大的区别。

2. 建筑产品的庞大性

建筑产品与一般工业产品相比，其体形远比工业产品庞大，自重也大。

3. 建筑产品的多样性

建筑物的使用要求、规模、建筑设计、结构类型等各不相同，即使是同一类型的建筑物，也因所在地点、环境条件不同而彼此有所不同。因此，建筑产品不能像一般工业产品那样批量生产。

4. 建筑产品的综合性

建筑产品是一个完整的固定资产实物体系，不仅土建工程的艺术风格、建筑功能、结构构造、装饰做法等方面堪称是一种复杂的产品，而且工艺设备、采暖通风、供水供电、卫生设备等各类设施错综复杂。

1.3.2　建筑产品生产的特点

建筑产品地点的固定性、类型的多样性和体形庞大等三大主要特点，决定了建筑产品生产的特点与一般工业产品生产的特点相比较具有其自身的特殊性。其具体特点如下：

1. 建筑产品生产的流动性

建筑产品地点的固定性决定了产品生产的流动性。一般的工业产品都是在固定的工厂、车间内进行生产，而建筑产品的生产是在不同的地区，或同一地区的不同现场，或同一现场的不同单位工程，或同一单位工程的不同部位组织工人、机械围绕着同一建筑产品进行生产。因此，这便使建筑产品的生产在地区与地区之间、现场之间和单位工程不同部位之间流动。

2. 建筑产品生产的单件性

建筑产品地点的固定性和类型的多样性决定了产品生产的单件性。一般的工业产品是在一定的时期里，统一的工艺流程中进行批量生产，而具体的一个建筑产品应在国家或地区的统一规划内，根据其使用功能，在选定的地点上单独设计和单独施工。即使是选用标准设计、通用构件或配件，由于建筑产品所在地区的自然、技术、经济条件的不同，也使建筑产品的结构或构造、建筑材料、施工组织和施工方法等也要因地制宜加以修改，从而使各建筑产品生产具有单件性。

3. 建筑产品生产的地区性

由于建筑产品的固定性决定了同一使用功能的建筑产品因其建造地点的不同必然受到建设地区的自然、技术、经济和社会条件的约束，使其结构、构造、艺术形式、室内设施、材料、施工方案等方面均各异。因此建筑产品的生产具有地区性。

4. 建筑产品生产周期长

建筑产品的固定性和体形庞大的特点决定了建筑产品生产周期长。因为建筑产品体形庞大，使得最终建筑产品的建成必然耗费大量的人力、物力和财力。同时，建筑产品的生产全过程还要受到工艺流程和生产程序的制约，使各专业、工种间必须按照合理的施工顺序进行配合和衔接。又由于建筑产品地点的固定性，使施工活动的空间具有局限性，从而导致建筑产品生产具有生产周期长、占用流动资金大的特点。

5. 建筑产品生产的露天作业多

建筑产品地点的固定性和体形庞大的特点，决定了建筑产品生产露天作业多。因为形体庞大的建筑产品不可能在工厂、车间内直接进行施工，即使建筑产品生产达到了高度的工业化水平，也只能在工厂内生产部分构件或配件，仍然需要在施工现场内进行总装配后才能形成最终建筑产品。因此建筑产品的生产具有露天作业多的特点。

6. 建筑产品生产的高空作业多

建筑产品体形庞大，决定了建筑产品生产具有高空作业多的特点。特别是随着城市现代化的发展，高层建筑物的施工任务日益增多，使得建筑产品生产高空作业的特点日益明显。

7. 建筑产品生产组织协作的综合复杂性

由上述建筑产品生产的诸特点可以看出，建筑产品生产的涉及面广。在建筑企业的内部，它涉及工程力学、建筑结构、建筑构造、地基基础、水暖电、机械设备、建筑材料和施工技术等学科的专业知识，并在不同时期、不同地点和不同产品上组织多专业、多工种的综合作业。在建筑企业的外部，它涉及各不同种类的专业施工企业、城市规划、征用土地、勘察设计、消防、"七通一平"、公用事业、环境保护、质量监督、科研试验、交通运输、银行财政、机具设备、物质材料以及电、水、热、气的供应、劳务等社会各部门和各领域的复杂协作配合，从而使建筑产品生产的组织协作关系综合复杂。

素质提升

1. 工程的建设程序是指一项工程建设的顺序。一般包含以下 6 个步骤：① 可行性研究阶段；② 设计阶段；③ 竣工验收；④ 施工准备阶段；⑤ 工程施工阶段。正确的施工程序是（　　）。
    A. ②①④⑤③　　　　　　　　B. ①②④⑤③
    C. ①⑥④⑤③　　　　　　　　D. ①②⑤④③
2. 施工准备阶段，由建设单位主持图纸会审会议，设计单位交底，施工单位和监理单位参加。该会议将形成（　　）。
    A. 设计交底报告　　B. 设计交底纪要　　C. 图纸审查报告　　D. 图纸会审纪要
3. 项目具有以下（　　）特征。
    A. 单件性　　B. 整体性　　C. 目标明确性　　D. 生命周期性　　E. 多样性
4. 工程建设项目按其组成内容，可分为（　　）。
    A. 单位工程　B. 分项工程　C. 单项工程　D. 分部工程　E. 施工工程
5. 建设项目按建设性质可分为（　　）。
    A. 新建项目　B. 扩建项目　C. 改建项目　D. 大型项目　E. 生产性项目
6. 建筑工程项目管理的内涵是什么？
7. 施工准备阶段的主要工作有哪些？
8. 施工阶段的主要工作有哪些？
9. 建设工程项目的生命周期是多长？

模块2 建设项目施工准备工作

现代企业管理的理论认为，企业管理的重点是生产经营，而生产经营的核心是决策。施工项目的准备工作是生产经营管理的重要组成部分，是对拟建工程目标、资源供应和施工方案的选择，及其空间布置和时间安排等诸多方面进行的施工决策，因而应该受到施工企业的极大重视。

凡事预则立，不预则废。没有做好必要的准备就贸然施工，必然会造成现场混乱、交通阻塞、停工窝工，不仅浪费人力、物力、时间，而且还可能酿成重大的质量事故和安全事故。因此，开工前必须做好必要的施工准备工作，有合理的施工准备期，研究和掌握工程特点、工程施工的进度要求，摸清工程施工的客观条件，合理地部署施工力量，从技术上、组织上和人力、物力等各方面为施工创造必要的条件。

2.1 施工准备工作的概念

2.1.1 施工准备工作的含义及意义

工程建设是人们创造物质财富的重要途径，是我国国民经济的主要支柱之一，建设工程项目总的程序是按照决策、设计、施工和竣工验收四大阶段进行。其中施工阶段又分为施工准备、土建施工、设备安装和交工验收阶段。

施工准备工作是指施工前为了保证整个工程能够按计划顺利施工，在事先必须做好的各项准备工作，具体内容包括为施工创造必要的技术、物资、人力、现场和外部组织条件，统筹安排施工现场，以便施工得以好、快、省、安全地进行，是施工程序中的重要环节。

由此可见，施工准备工作是搞好目标管理、推行技术经济责任制的重要依据，同时又是土建施工和设备安装顺利进行的根本保证。因此，认真做好施工准备工作，对于发挥企业优势、合理供应资源、加快施工速度、提高工程质量、降低工程成本、增加企业经济效益、赢得社会信誉、实现企业管理现代化等具有重要意义。

不管是整个建设项目，或单项工程，或者是其中的任何一个单位工程，甚至单位工程中的分部、分项工程，在开工之前，都必须进行施工准备。施工准备工作是施工阶段的一个重要环节，是施工管理的重要内容。施工准备的根本任务是为正式施工创造良好的条件。

施工准备工作的进行，需要花费一定的时间，似乎推迟了建设进度，但实践证明，施工准备工作做好了，施工不但不会慢，反而会更快，而且也可以避免浪费，有利于保证工程质量和施工安全，对提高经济效益亦具有十分重要的作用。

2.1.2 施工准备工作的分类

1. 按施工项目施工准备工作的范围不同分类

施工项目的施工准备工作按其范围的不同，一般可分为全场性施工准备、单位工程施工条件准备和分部分项工程作业条件准备三种。

（1）全场性施工准备。

全场性施工准备是以整个建设项目或一个施工工地为对象而进行的各项施工准备工作。其特点是施工准备工作的目的、内容都是为全场性施工服务的，不仅要为全场性施工活动创造有利条件，而且要兼顾单位工程的施工条件准备。

（2）单位工程施工条件准备。

它是以建设一栋建筑物或构筑物为对象而进行的施工条件准备工作。其特点是施工准备工作的目的、内容都是为单位工程施工服务的，但它不仅要为该单位工程在开工前做好一切准备，而且还要为分部分项工程做好施工准备工作。

（3）分部（分项）工程作业条件的准备。

它是以一个分部（或分项）工程或冬雨期施工项目为对象而进行的作业条件准备，是基础的施工准备工作。

2. 按施工阶段分类

施工准备工作按拟建工程所处的不同施工阶段，一般可分为开工前的施工准备工作和各分部分项工程施工前的准备两种。

（1）开工前施工准备。

它是在拟建工程正式开工前所进行的一切施工准备工作。其目的是为拟建工程正式开工创造必要的施工条件。它既可能是全场性的施工准备，也可能是单位工程施工条件准备。

（2）各分部分项工程施工前的准备。

它是在拟建工程正式开工之后，在每一个分部分项工程施工之前所进行的一切施工准备工作。又称为施工期间的经常性施工准备工作，也称为作业条件的施工准备。其目的是为各分部分项工程的顺利施工创造必要的施工条件。它带有局部性和短期性，又带有经常性。

综上所述，施工准备工作不仅在开工前的准备期进行，它还贯穿于整个过程中，随着工程的进展，在各个分部分项工程施工之前，都要做好施工准备工作。施工准备工作既要有阶段性，又要有连贯性。因此，施工准备工作必须有计划、有步骤、分阶段进行，它贯穿于整个工程项目建设的始终。因此，在项目施工过程中，首先，要求准备工作一定要达到开工所必备的条件方能开工，其次，随着施工的进程和技术资料的逐渐齐备，应不断增加施工准备工作的内容和深度。

2.1.3 施工准备工作的基本内容

建设项目施工准备工作按其性质和内容，通常包括技术资料准备、施工物资准备、劳动组织准备、施工现场准备和施工对外工作准备五个方面。准备工作的内容如图 2-1 所示。

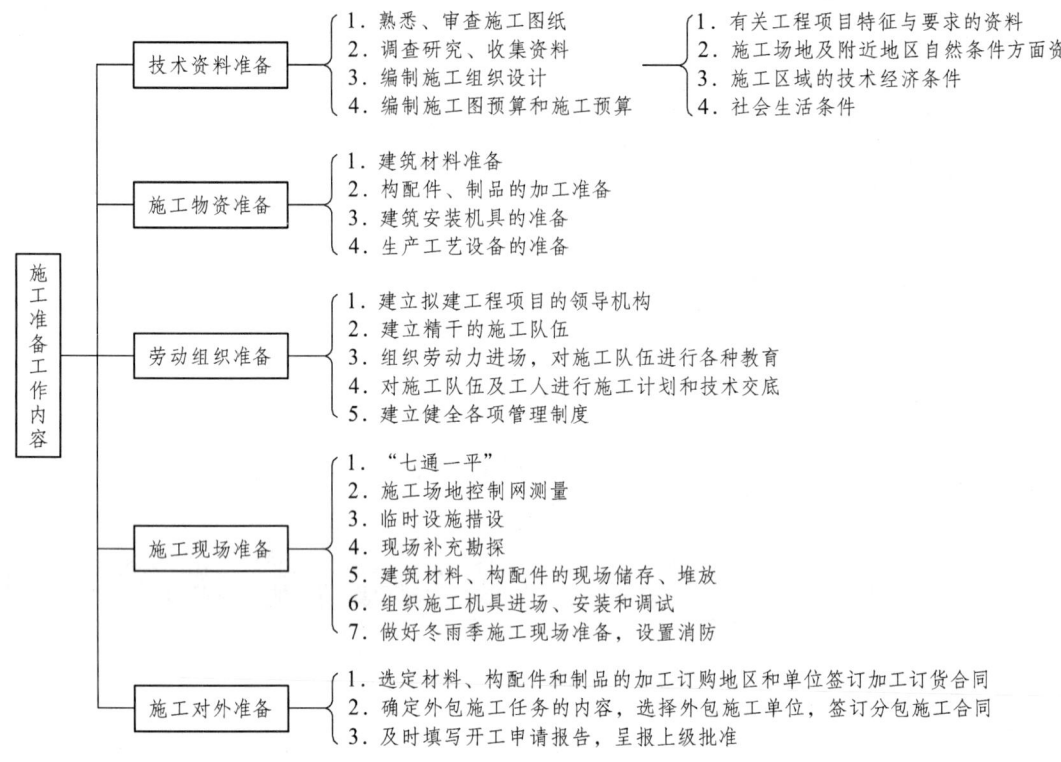

图 2-1 施工准备工作内容

2.1.4 对施工准备工作的基本要求

1. 施工准备工作要有明确的分工

（1）建设单位应做好主要专用设备、特殊材料等的订货，建设征地，申请建筑许可证，拆除障碍物，接通场外的施工道路、水源、电源等工作。

（2）设计单位主要进行施工图设计及设计概算等相关工作。

（3）施工单位主要分析整个建设项目的施工部署，做好调查研究，收集有关资料，编制好施工组织设计，并做好相应的施工准备工作。

2. 施工准备工作应分阶段、有计划地进行

施工准备工作不仅要在开工之前集中进行，而且要贯穿整个施工过程的始终。随着工程施工的不断进展，各分部分项工程的施工准备工作都要连续不断地分阶段、有组织、有计划、有步骤地进行。为了保证施工准备工作能按时完成，应按照施工进度计划的要求，编制好施工准备工作计划，并随工程的进展，按时组织落实。

3. 施工准备工作要有严格的保证措施

（1）施工准备工作责任制度。

（2）施工准备工作检查制度。

（3）坚持基建程序，严格执行开工报告制度。

4. 开工前，要对施工准备工作进行全面检查

单位工程的施工准备工作基本完成后，要对施工准备工作进行全面检查，具备了开工条件后，应及时向上级有关部门报送开工报告，经批准后即可开工。单位工程应具备的开工条件如下：

（1）施工图纸已经会审，并有会审纪要。
（2）施工组织设计已经审核批准，并进行了交底工作。
（3）施工图预算和施工预算已经编制和审定。
（4）施工合同已经签订，施工执照已经办好。
（5）现场障碍物已经拆除或迁移完毕，场内的"七通一平"工作基本完成，能够满足施工要求。
（6）永久或半永久性的平面测量控制网的坐标点和标高测量控制网的水准点均已建立，建筑物、构筑物的定位放线工作已基本完成，能满足施工的需要。
（7）施工现场的各种临时设施已按设计要求搭设，基本能够满足使用要求。
（8）工程施工所用的材料、构配件、制品和机械设备已订购落实，并已陆续进场，能够保证开工和连续施工的要求；先期使用的施工机具已按施工组织设计的要求安装完毕，并进行了试运转，能保证正常使用。
（9）施工队伍已经落实，已经过或正在进行必要的进场教育和各项技术交底工作，已调进现场或随时准备进场。
（10）现场安全施工守则已经制定，安全宣传牌已经设置，安全消防设施已经具备。

2.2 技术资料准备

技术准备是施工准备的核心，是确保工程质量、工期、施工安全和降低成本、增加企业经济效益的关键，由于任何技术的差错或隐患都可能引起人身安全和质量事故，造成生命、财产和经济的巨大损失。因此必须认真地做好技术准备工作。其主要内容包括：熟悉与审查施工图纸、调查研究和收集资料、编制施工组织设计、编制施工图预算和施工预算文件。

2.2.1 熟悉、审查施工图纸和有关的设计资料

1. 熟悉、审查设计图纸的目的

（1）充分了解设计意图、结构构造特点、技术要求、质量标准，以免发生施工指导性错误，方能按照设计图纸的要求顺利地进行施工，生产出符合设计要求的最终建筑产品（建筑物或构筑物）。
（2）通过审查发现设计图纸中存在的问题和错误，使其改正在施工开始之前，为拟建工程的施工提供一份准确、齐全的设计图纸以便及时改正，确保工程顺利施工。
（3）结合具体情况，提出合理化建议和协商有关配合施工等事宜，以便确保工程质量、安全，降低工程成本和缩短工期。
（4）能够在拟建工程开工之前，使从事建筑施工技术和经营管理的工程技术人员充分地了解和掌握设计图纸的设计意图、结构与构造特点和技术要求。

2. 熟悉、审查施工图纸的依据

（1）建设单位和设计单位提供的初步设计或扩大初步设计（技术设计）、施工图设计、建筑总平面图、土方竖向设计和城市规划等资料文件。

（2）调查、搜集的原始资料。

（3）设计、施工验收规范和有关技术规定。

3. 熟悉施工图纸的重点内容和要求

（1）审查拟建工程的地点、建筑总平面图同国家、城市或地区规划是否一致，以及建筑物或构筑物的设计功能和使用要求是否符合卫生、防火及美化城市方面的要求。

（2）审查设计图纸是否完整、齐全，以及设计和资料是否符合国家有关工程建设的设计、施工方面的方针和政策。

（3）审查设计图纸与说明书在内容上是否一致，以及设计图纸与其各组成部分之间有无矛盾和错误。

（4）审查建筑总平面图与其他结构图在几何尺寸、坐标、标高、说明等方面是否一致，技术要求是否正确。

（5）审查工业项目的生产工艺流程和技术要求，掌握配套投产的先后次序和相互关系，以及设备安装图纸与其相配合的土建施工图纸在坐标、标高上是否一致，掌握土建施工质量是否满足设备安装的要求。

（6）审查地基处理与基础设计同拟建工程地点的工程水文、地质等条件是否一致，以及建筑物或构筑物与地下建筑物或构筑物、管线之间的关系。

（7）明确拟建工程的结构形式和特点，复核主要承重结构的强度、刚度和稳定性是否满足要求，审查设计图纸中的工程复杂、施工难度大和技术要求高的分部分项工程或新结构、新材料、新工艺，检查现有施工技术水平和管理水平能否满足工期和质量要求并采取可行的技术措施加以保证。

（8）明确建设期限、分期分批投产或交付使用的顺序和时间，以及工程所用的主要材料以及设备的数量、规格、来源和供货日期。

（9）明确建设、设计和施工等单位之间的协作、配合关系，以及建设单位可以提供的施工条件。

4. 熟悉、审查设计图纸的程序

熟悉、审查设计图纸的程序通常分为自审阶段、会审阶段和现场签证三个阶段。

（1）设计图纸的自审阶段。

施工单位收到拟建工程的设计图纸和有关技术文件后。应尽快地组织有关工程技术人员熟悉和自审图纸，写出自审图纸的记录。自审图纸的记录应包括对设计图纸的疑问和对设计图纸的有关建议。

（2）设计图纸的会审阶段。

一般由建设单位主持，由设计单位和施工单位参加，三方进行设计图纸的会审。图纸会审时，首先由设计单位的工程主要设计人向与会者说明拟建工程的设计依据、意图和功能要求，并对特殊结构、新材料、新工艺和新技术提出设计要求；然后施工单位根据自审记录以及对设计意图的了解，提出对设计图纸的疑问和建议；最后在三方统一认识的基础上，对所探讨的问题逐一地做好记录，形成"图纸会审纪要"，由建设单位正式行文，参加单位共同会签、盖章，作为与设计文件同时使用的技术文件和指导施工的依据,以及建设单位与施工单位进行工程结算的依据,并列入工程预算和工程技术档案。施工图纸会审的重点内容主要有:

① 审查拟建工程的地点、建筑总平面图是否符合国家或当地政府的规划,是否与规划部门批准的工程项目规模形式、平面立面图一致,在设计功能和使用要求上是否符合卫生、防火及美化城市等方面的要求。

② 审查施工图纸与说明书在内容上是否一致,施工图纸是否完整、齐全,各种施工图纸各组成部分之间是否有矛盾和差错,图纸上的尺寸、标高、坐标是否准确、一致。

③ 审查地上与地下工程、土建与安装工程、结构与装修工程等施工图之间是否有矛盾或者是否会发生干扰,地基处理、基础设计是否与拟建工程所在地点的水文、地质条件等相符合。

④ 当拟建工程采用特殊的施工方法和特定的技术措施,或工程复杂、施工难度大时,应审查施工单位在技术上、装备条件上或特殊材料、构配件的加工订货上有无困难,能否满足工程施工安全和工期的要求,采取某些方法和措施后是否能满足设计要求。

⑤ 明确建设期限、分期分批投产或交付使用的顺序、时间;明确建设、设计和施工单位之间协作、配合关系;明确建设单位所能提供的各种施工条件及完成的时间,建设单位提供的设备的种类、规格、数量及到货日期等。

⑥ 对设计和施工提出的合理化建议是否被采纳或部分被采纳;施工图纸中不明确或有疑问的地方,设计单位是否解释清楚等。

(3) 设计图纸的现场签证阶段。

在拟建工程施工的过程中,如果发现施工的条件与设计图纸的条件不符,或者发现图纸中仍然有错误,或者因为材料的规格、质量不能满足设计要求,或者因为施工单位提出了合理化建议,需要对设计图纸进行及时修订时,应遵循技术核定和设计变更的签证制度,进行图纸的施工现场签证。如果设计变更的内容对拟建工程的规模、投资影响较大时,要报请项目的原批准单位批准。在施工现场的图纸修改、技术核定和设计变更资料,都要有正式的文字记录,归入拟建工程施工档案,作为指导施工、竣工验收和工程结算的依据。

2.2.2 调查研究、收集必要的资料

1. 施工调查的意义和目的

通过原始资料的调查分析,为编制出合理的、符合客观实际的施工组织设计文件,提供全面、系统、科学的依据;为图纸会审、编制施工图预算和施工预算提供依据;为施工企业管理人员进行经营管理决策提供可靠的依据。

施工调查分为投标前的施工调查和中标后的施工调查两个部分。投标前施工调查的目的是摸清工程条件,为制定投标策略和报价服务;中标后施工调查的目的是查明工程环境特点和施工条件,为选择施工技术与组织方案收集基础资料,以此作为准备工作的依据;中标后的施工调查是建设项目施工准备工作的一个组成部分。

2. 施工调查的方法

(1) 拟订调查提纲。

原始资料调查应有计划有目的地进行,在调查工作开始之前,根据拟建工程的性质、规模、复杂程度要涉及的有关情况,以及对当地有关原始资料了解的程度,拟订出原始资料调查提纲。

(2) 确定调查收集原始资料的单位。

向建设单位、勘察设计单位和设计单位调查收集资料，如：工程项目的计划任务书，工程项目地址选择的依据资料；工程地质、水文地质勘察报告、地形测量图；初步设计、扩大初步设计、施工图以及工程概预算资料。向当地气象台（站）调查有关气象资料；向当地的主管部门收集现行的有关规定及对工程项目的指导性文件；了解类似工程的施工经验；了解各种建筑材料供应情况、构（配）件、制品的加工能力和供应情况；能源、交通运输和生活状况；参加施工单位的能力和管理状况；等等。对缺少的资料，应委托有关专业部门加以补充；对有疑点的资料要进行复查或重新核定。

（3）进行施工现场实地勘察。

原始资料调查，不仅向有关单位收集资料了解有关情况，还要到施工现场调查现场环境，必要时进行实际勘测工作。向周围的居民调查和核实书面资料中的疑问和认为不确实的问题，使调查资料更切合实际和完整，并增加感性认识。

（4）科学地分析原始资料。

科学地分析调查中获得的原始资料是从调查中得到要领的重要环节。首先要确认其真伪程度，去伪存真，去粗取精，分类汇总，结合工程项目实际，对原始资料的真实情况，逐项进行分析，找出有利因素和不利因素，尽量利用其有利条件，采取措施防止不利因素的影响。

3. 施工调查的内容

（1）调查有关工程项目特征与要求的资料。

① 向建设单位和主体设计单位了解并取得可行性研究报告、工程地址选择、扩大初步设计等方面的资料，以便了解建设目的、任务、设计意图。

② 弄清设计规模、工程特点。

③ 了解生产工艺流程与工艺设备特点及来源。

④ 摸清对工程分期、分批施工，配套交付使用的顺序要求，图纸交付的时间，以及工程施工的质量要求和技术难点等。

（2）调查施工场地及附近地区自然条件方面的资料。

建设地区自然条件调查内容主要包括：建设地点的气象、地形、地貌、工程地质、水文地质、场地周围环境、地上障碍物和地下的隐蔽物等情况。详细内容见表 2-1。这些资料主要来源于当地的气象台（站），工程项目的勘察设计单位和主体设计单位，以及施工单位进行施工现场调查和勘测的结果。主要作业是为确定施工方法和技术措施，编制施工组织计划和设计施工平面布置提供依据。

表 2-1 施工现场条件调查表

序号	项目	项目	调查内容	调查目的
一	气象	气温	1. 年平均，最高、最低、最冷、最热月的逐月平均温度，结冰期、解冻期 2. 冬、夏季室外计算温度 3. 低于 −3 ℃、0 ℃、5 ℃ 的天数、起止时间	1. 防暑降温 2. 冬季施工 3. 估计混凝土、砂浆强度增长情况
		雨（雪）	1. 雨（雪）季起止时间 2. 全年降雨（雪）量、最大降雨（雪）量 3. 年雷暴日数	1. 雨（雪）季施工 2. 工地排水、防涝 3. 防雷
		风	1. 主导风向及频率 2. 大于 8 级风全年天数、时间	1. 布置临建设施 2. 高空作业及吊装措施

续表

二	地形地质	地形	1. 区域地形图 2. 工程位置地形图 3. 该区域的城市规划 4. 控制桩、水准点的位置	1. 选择施工用地 2. 布置施工总平面图 3. 计算现场平整土方量 4. 掌握障碍物及数量
		地质	1. 通过地质勘察报告，搞清地质剖面图、各层土的类别及厚度、地基土强度的有关结论等 2. 地下各种障碍物，坑井问题等 3. 水值分析	1. 选择土方施工方法 2. 确定地基处理方法 3. 基础施工 4. 障碍物拆除和坑井问题处理
		地震	地震级别及历史记载情况	施工方案
三	水文地质	地下水	1. 最高、最低水位及时间 2. 流向、流速及流量	1. 基础施工方案的选择 2. 确定是否降低地下水位及方法 3. 水的侵蚀性及施工注意事项
		地面水	1. 附近江河湖泊及距离 2. 洪水、枯水时期 3. 水质分析	1. 临时给水 2. 施工防洪措施

（3）建设地区技术经济条件调查。

建设地区技术经济条件调查的主要内容包括：地方建筑生产企业调查、地方资源条件调查、交通运输条件调查；水、电、蒸汽等条件调查；参加施工单位的情况调查以及社会劳动力和生活设施的调查等内容。

① 地方建筑生产企业调查。

地方建筑生产企业主要是指建筑构件厂、木工厂、金属结构厂、硅酸盐制品厂、砖厂、水泥厂、白灰厂和建筑设备厂等。主要调查的内容如表2-2所示。资料来源主要是当地计划、经济及建筑业管理部门。主要作用是为确定材料、构（配）件、制品等的货源，供应方式和编制运输计划，规划场地和临时设施等提供依据。

表2-2 地方建筑生产企业调查表

序号	企业名称	产品名称	单位	规格	质量	生产能力	生产方式	出厂价格	运距	运输方式	单位运价	备注

② 地方资源条件调查。

地方资源主要是指碎石、砾石、块石、砂石和工业废料（如矿渣、炉渣和粉煤灰）等，其作用是合理选用地方性建材、降低工程成本。调查内容如表2-3所示。

表2-3 地方资源条件调查表

序号	材料名称	产地	储藏量	质量	开采量	出厂价	供应能力	运距	单位运价

③ 交通运输条件的调查。

建筑施工中主要的交通运输方式，一般有水运、铁路运输、公路运输和其他运输方式。交通运输条件调查主要是向当地铁路、公路、水运、航空运输管理部门的有关业务部门收集有关资料，主要作用是决定选用材料和设备的运输方式，进行运输业务的组织。其内容如表 2-4 所示。

表 2-4　地方交通运输条件调查表

序号	项目	调查内容	调查目的
一	铁路	1. 邻近铁路专用线、车站至工地的距离及沿途运输条件 2. 站场卸货线长度，起重能力和储存能力 3. 装载单个货物的最大尺寸、质量的限制	1. 选择运输方式 2. 制订运输计划
二	公路	1. 主要材料产地至工地的公路等级、路面构造、路宽及完好情况，允许最大载重量，途经桥涵等级、允许最大尺寸、最大载重量 2. 当地专业运输机构及附近村镇能提供的装卸、运输能力（吨公里）、汽车、畜力、人力车的数量及运输效率，运费、装卸费 3. 当地有无汽车修配厂，修配能力和至工地距离	
三	水运	1. 货源、工地至邻近河流、码头渡口的距离，道路情况 2. 洪水、平水、枯水期时，通航的最大船只及吨位，取得船只的可能性 3. 码头装卸能力、最大起重量，增设码头的可能性 4. 渡口的渡船能力：同时可载汽车、马车数，每日次数，能为施工提供能力 5. 运费、渡口费、装卸费	

④ 水、电、蒸汽条件的调查。

水、电和蒸汽是施工不可缺少的条件，资料来源主要是当地城市建设、电业、电信等管理部门和建设单位。主要用作选用施工用水、用电和供蒸汽方式的依据。调查内容如表 2-5 所示。

表 2-5　水、电、蒸汽条件调查表

序号	项目	调查内容	调查目的
一	供排水	1. 工地用水与当地现有水源连接的可能性，可供水量、接管地点、管径、材料、埋深、水压、水质及水费，至工地距离，沿途地形地物状况 2. 自选临时江河水源的水质、水量、取水方式、至工地距离，沿途地形地物状况，自选临时水井的位置、深度、管径、出水量和水质 3. 利用永久性排水设施的可能性，施工排水的去向、距离和坡度，有无洪水影响，防洪设施状况	1. 确定生活、生产供水方案 2. 确定工地排水方案和防洪设施 3. 拟订供排水设施的施工进度计划
二	供电	1. 当地电源位置、引入的可能性、可供电的容量、电压、导线截面和电费，引入方向、接线地点及其至工地距离，沿途地形地貌状况 2. 建设单位和施工单位自有的发、变电设备的型号、台数和容量 3. 利用邻近电信设施的可能性，电话、电信局等至工地的距离，可能增设电信设备、线路的情况	1. 确定供电方案 2. 确定通讯方案 3. 拟订供电、通讯设施的施工进度计划
三	蒸汽等	1. 蒸汽来源，可供蒸汽量，接管地点、管径、埋深，至工地距离，沿途地形地貌状况、蒸汽价格 2. 建设、施工单位自有锅炉的型号、台数和能力，所需燃料及水质标准 3. 当地或建设单位可能提供的压缩空气、氧气的能力，至工地距离	1. 确定生产、生活用汽的方案 2. 确定压缩空气、氧气的供应计划

⑤ 参加施工的施工单位的调查和地方社会劳动力条件调查，如表 2-6 所示。

表 2-6　施工单位和地方劳动力调查表

序号	项目	调查内容	调查目的
一	工人	1. 工人的总数、各专业工种的人数、能投入本工程的人数 2. 专业分工及一专多能情况 3. 定额完成情况	1. 了解总、分包单位的技术管理水平 2. 选择分包单位 3. 为编制施工组织设计提供依据
二	管理人员	1. 管理人员总数、各种人员比例及其人数 2. 工程技术人员的人数，专业构成情况	
三	施工机械	1. 名称、型号、规格、台数及其新旧程度（列表） 2. 总装备程度：技术装备率和动力装备率 3. 拟增购的施工机械明细表	
四	施工经验	1. 历史上曾经施工过的主要工程项目 2. 习惯采用的施工方法，曾采用过的先进施工方法 3. 科研成果和技术更新情况	
五	主要指标	1. 劳动生产率指标：全员、建安劳动生产率 2. 质量指标：产品优良率及合格率 3. 安全指标：安全事故频率 4. 降低成本指标：成本计划实际降低率 5. 机械化施工程度 6. 机械设备完好率、利用率	
六	劳动力	当地能支援的劳动力人数、技术水平、来源和收费标准	拟订劳动力计划

（4）社会生活条件调查。

生活设施的调查是为建立职工生活基地、确定临时设施提供依据，其内容包括：

① 周围地区能为施工利用的房屋类型、面积、结构、位置、使用条件和满足施工需要的程度。附近主副食供应、医疗卫生、商业服务条件，公共交通、邮电条件、消防治安机构的支援能力，这些调查对于在新开拓地区施工特别重要。

② 附近地区机关、居民、企业分布状况及作息时间、生活习惯和交通情况。施工时吊装、运输、打桩、用火等作业所产生的安全问题、防火问题，以及振动、噪音、粉尘、有害气体、垃圾、泥浆、运输散落物等对周围人们的影响及防护要求，工地内外绿化、文物古迹的保护要求等。

（5）其他调查。

如果涉及国际工程、国外施工项目，那么调查内容要更加广泛，如汇率、进出海关的程序与规则、项目所在国的法律、法规和政治经济形势、业主资信等情况都要进行详细的了解。

2.2.3　编制施工组织设计

为了使复杂的建筑工程的各项工作在施工中得到合理安排，有条不紊地进行，必须做好施工的组织工作和计划安排，施工组织和设计是根据设计文件、工程情况、施工期限及施工调查资料，拟订施工方案，内容包括各项工程的施工期限、施工顺序、施工方法、工地布置、技术措施、施工进度以及劳动力的调配，机器、材料和供应日期等（可用图表和说明表达出来）。

由于建筑生产的技术经济特点，建筑工程没有一个通用定型的、一成不变的施工方法，所以，每个建筑工程项目都需要分别确定施工组织方法，也就是分别编制施工组织设计作为组织和指导施工的重要依据。

2.2.4　编制施工图预算和施工预算

（1）编制施工图预算。

施工图预算是技术准备工作的主要组成部分之一，这是按照施工图确定的工程量、施工组织设计所拟订的施工方法、建筑工程预算定额及其取费标准，由施工单位编制的确定建筑安装工程造价的经济文件，它是施工企业签订工程承包合同、工程结算、建设银行拨付工程价款、进行成本核算、加强经营管理等方面工作的重要依据。

（2）编制施工预算。

施工预算是根据施工图预算、施工图纸、施工组织设计或施工方案、施工定额等文件进行编制的，它直接受施工图预算的控制。它是施工企业内部控制各项成本支出、考核用工、"两算"对比、签发施工任务单、限额领料、基层进行经济核算的依据。

施工图预算与施工预算存在着很大的区别。施工图预算是甲乙双方确定预算单价、发生经济联系的技术经济文件；而施工预算则是施工企业内部经济核算的依据。施工图预算与施工预算消耗与经济效益的比较，通称"两算"对比，是促进施工企业降低物资消耗，增加积累的重要手段。

2.3　施工物资准备

材料、构（配）件、制品、机具和设备是保证施工顺利进行的物资基础，这些物资的准备工作必须在工程开工之前完成。根据各种物资的需要量进行，分别落实货源，安排运输和储备，使其满足连续施工的要求。

2.3.1　物资准备工作的内容

物资准备工作主要包括建筑材料的准备、构（配）件和制品的加工准备、建筑安装机具的准备和生产工艺设备的准备。

（1）建筑材料的准备。

建筑材料的准备主要是根据施工预算进行分析，按照施工进度计划要求，按材料名称、规格、使用时间、材料储备定额和消耗定额进行汇总，编制出材料需要量计划，为组织备料、确定仓库、场地堆放所需的面积和组织运输等提供依据。

（2）构（配）件、制品的加工准备。

根据施工预算提供的构（配）件、制品的名称、规格、质量和消耗量，确定加工方案和供应渠道以及进场后的储存地点和方式，编制出其需要量计划，为组织运输、确定堆场面积等提供依据。

（3）施工机具的准备。

根据采用的施工方案，安排施工进度，确定施工机械的类型、数量和进场时间，确定施工机具的供应办法和进场后的存放地点和方式，编制工艺设备需要量计划，为组织运输、确定堆场面积提供依据。

(4) 生产工艺设备的准备。

按照拟建工程生产工艺流程及工艺设备的布置图,提出工艺设备的名称、型号、生产能力和需要量,确定分期分批进场时间和保管方式,编制工艺设备需要量计划,为组织运输、确定进场面积提供依据。

2.3.2 物资准备工作的程序

物资准备工作的程序是搞好物资准备的重要手段。通常按如下程序进行:

(1) 根据施工预算、分部(项)工程施工方法和施工进度的安排,拟订外拨材料、地方材料、构(配)件及制品、施工机具和工艺设备等物资的需要量计划。

(2) 根据各种物资需要量计划,组织货源,确定加工、供应地点和供应方式,签订物资供应合同。

(3) 根据各种物资的需要量计划和合同,拟订运输计划和运输方案。

(4) 按照施工总平面图的要求,组织物资按计划时间进场,在指定地点,按规定方式进行储存或堆放。

物资准备工作程序如图 2-2 所示。

2.3.3 物资准备的注意事项

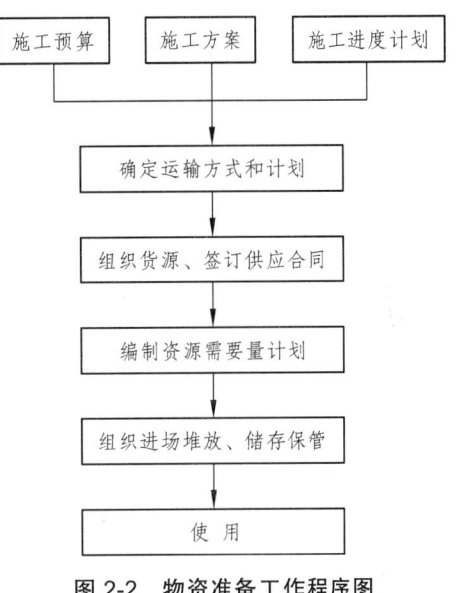

图 2-2 物资准备工作程序图

(1) 无出厂合格证明或没有按规定进行复验的原材料、不合格的建筑构配件,一律不得进场和使用。严格执行施工物资的进场检查验收制度,杜绝假冒伪劣产品进入施工现场。

(2) 施工过程中要注意查验各种材料、构配件的质量和使用情况,对不符合质量要求、与原试验检测品种不符或有怀疑的,应提出复试或化学检验的要求。

(3) 现场配制的混凝土、砂浆、防水材料、耐火材料、绝缘材料、保温隔热材料、防腐蚀材料、润滑材料以及各种掺和料、外加剂等,使用前均应由试验室确定原材料的规格和配合比,并制定出相应的操作方法和检验标准后方可使用。

(4) 进场的机械设备,必须进行开箱检查验收,产品的规格、型号、生产厂家和地点、出厂日期等,必须与设计要求完全一致。

2.4 劳动组织准备

2.4.1 建立拟建工程项目的领导机构

建立拟建工程项目的领导机构应遵循以下原则:根据拟建工程项目的规模、结构特点和复杂程度,确定拟建工程项目施工的领导机构人选和名额;坚持合理分工与密切协作相结合;把有施工经验、有创新精神、有工作效率的人选入领导机构;从施工项目管理的总目标出发,因目标设事，因事设机构定编制，按编制设岗位定人员以职责定制度授权力。对于一般的单位工程，可配置项目经理、技术员、质量员、材料员、安全员、定额统计员、会计各一人即可；对于大型的单位工程，项目经理可配副职，技术员、质量员、材料员和安全员的人数均应适当增加。组织机构设置的程序如图2-3所示。

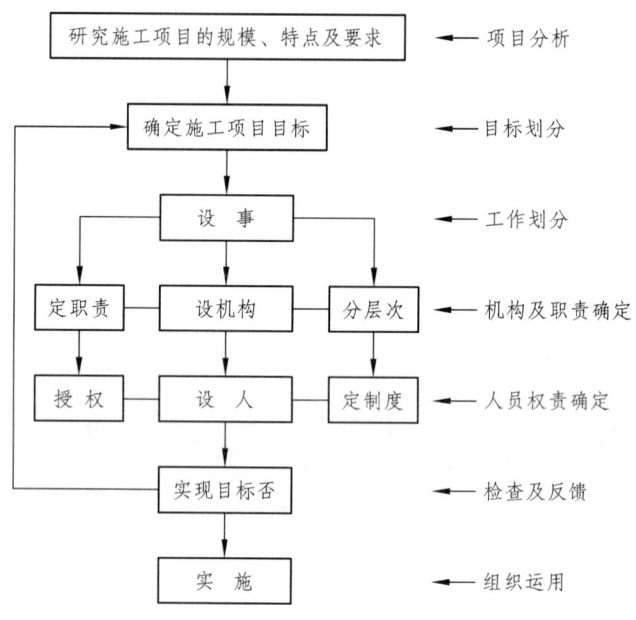

图2-3　组织机构设置程序图

2.4.2　建立精干的施工队组

施工队组的建立要认真考虑专业、工程的合理配合，技工、普工的比例要满足合理的劳动组织，专业工种工人要持证上岗，要符合流水施工组织方式的要求，确定建立施工队组，要坚持合理、精干高效的原则；人员配置要从严控制二、三线管理人员，力求一专多能、一人多职，同时制订出该工程的劳动力需要量计划。建筑安装工程施工队伍主要有基本、专业和外包施工队伍三种类型。

基本施工队伍是建筑施工企业组织施工生产的主力，应根据工程的特点、施工方法和流水施工的要求恰当地选择劳动组织形式。土建工程施工一般采用混合施工班组较好，其特点是：人员配备少，工人以本工种为主，兼做其他工作，施工过程之间搭接比较紧凑，劳动效率高，也便于组织流水施工。

专业施工队伍主要用来承担机械化施工的土方工程、吊装工程、钢筋气压焊施工和大型单位工程内部的机电安装、消防、空调、通信系统等设备安装工程。也可将这些专业性较强的工程外包给其他专业施工单位来完成。

外包施工队伍主要用来弥补施工企业劳动力的不足。随着建筑市场的开放、用工制度的改革和建筑施工企业的精兵简政，施工企业仅靠自己的施工力量来完成施工任务已远远不能满足需求，因而将越来越多地依靠组织外包施工队伍来共同完成施工任务。外包施工队伍大致有三种形式：独立承担单位工程施工、承担分部分项工程施工和参与施工单位施工队组施工，以前两种形式居多。

施工经验证明，无论采用哪种形式的施工队伍，都应遵循施工队组和劳动力相对稳定的原则，以利于保证工程质量和提高劳动效率。

2.4.3 组织劳动力进场，妥善安排各种教育，做好职工的生活后勤保障准备

施工前，企业要对施工队伍进行劳动纪律、施工质量及安全教育，注意文明施工，而且还要做好职工、技术人员的培训工作，使之达到标准后再上岗操作。

此外，还要特别重视职工的生活后勤服务保障准备，要修建必要的临时房屋，解决职工居住、文化生活、医疗卫生和生活供应之用，在不断提高职工物质文化生活水平的同时，注意改善工人的劳动条件，如照明、取暖、防雨（雪）、通风、降温等，重视职工身体健康，这也是稳定职工队伍，保障施工顺利进行的基本因素。

2.4.4 向施工队组、工人进行施工组织设计、计划和技术交底

施工组织设计、计划和技术交底的目的是把拟建工程的设计内容、施工计划和施工技术等要求，详尽地向施工队组和工人讲解交代。这是落实计划和技术责任制的好办法。

施工组织设计、计划和技术交底的时间在单位工程或分部分项工程开工前及时进行，以保证工程严格地按照设计图纸、施工组织设计、安全操作规程和施工验收规范等要求进行施工。

施工组织设计、计划和技术交底的内容有：工程的施工进度计划、月（旬）作业计划；施工组织设计，尤其是施工工艺、质量标准、安全技术措施、降低成本措施和施工验收规范的要求；新结构、新材料、新技术和新工艺的实施方案和保证措施；图纸会审中所确定的有关部门的设计变更和技术核定等事项。交底工作应该按照管理系统逐级进行，由上而下直到工人队组。交底的方式有书面形式、口头形式和现场示范形式等。

队组、工人接受施工组织设计、计划和技术交底后，要组织其成员进行认真的分析研究，弄清关键部位、质量标准、安全措施和操作要领。必要时应该进行示范，并明确任务及做好分工协作，同时建立健全岗位责任制和保证措施。

2.4.5 建立健全各项管理制度

工地的各项管理制度是否建立、健全，直接影响到施工活动的顺利进行。有章不循其后果是严重的，而无章可循更是危险。为此必须建立、健全工地的各项管理制度。通常内容如下：工程质量检查与验收制度；工程技术档案管理制度；建筑材料（构件、配件、制品）的检查验收制度；技术责任制度；施工图纸学习与会审制度；技术交底制度；职工考勤、考核制度；工地及班组经济核算制度；材料出入库制度；安全操作制度；机具使用保养制度。

2.5 施工现场准备

施工现场是参加建筑施工的全体人员为优质、安全、低成本和高速度完成施工任务而进行工作的活动空间；施工现场准备工作是为拟建工程施工创造有利的施工条件和物质保证的基础。其主要内容包括：拆除障碍物，搞好"七通一平"；做好施工场地的控制网测量与放线；搭设临时设施；安装调试施工机具，做好建筑材料、构配件等的存放工作；做好冬雨季施工安排；设

置消防、保安设施和机构。

2.5.1 拆除障碍物，现场"七通一平"

在建筑工程的用地范围内，拆除施工范围内的一切地上、地下妨碍施工的障碍物和把施工道路、水电管网接通到施工现场的"场外三通"工作，通常是由建设单位来完成，但有时也委托施工单位完成。如果工程的规模较大，这一工作可分阶段进行，保证在第一期开工的工程用地范围内先完成，再依次进行其他的。除了以上"三通"外，有些小区开发建设中，还要求有"热通"（供蒸汽）、"气通"（供煤气）、"话通"（通电话）等。

1. 平整施工场地

施工现场的平整工作，是按建筑总平面图中确定的进行的。首先通过测量，计算出挖土及填土的数量，设计土方调配方案，组织人力或机械进行平整工作。

如拟建场地内有旧建筑物，则须拆迁房屋，同时要清理地面上的各种障碍物，如树根等。还要特别注意地下管道、电缆等情况，对它们必须采取可靠的拆除或保护措施。

2. 修通道路

施工现场的道路，是组织大量物资进场的运输动脉，为了保证建筑材料、机械、设备和构件早日进场，必须先修通主要干道及必要的临时性道路。为了节省工程费用，应尽可能利用已有的道路或结合正式工程的永久性道路。为使施工时不损坏路面和加快修路速度，可以先做路基，施工完毕后再做路面。

3. 水　通

施工现场的水通，包括给水和排水两个方面。施工用水包括生产与生活用水，其布置应按施工总平面图的规划进行安排。施工给水设施，应尽量利用永久性给水线路。临时管线的铺设，既要满足生产用水点的需要和使用方便，也要尽量缩短管线。施工现场的排水也是十分重要的，尤其雨季，排水有问题会影响施工的顺利进行。因此，要做好有组织的排水工作。

4. 电　通

根据各种施工机械用电量及照明用电量，计算选择配电变压器，并与供电部门联系，按施工组织设计的要求，架设好连接电力干线的工地内外临时供电线路及通信线路。应注意对建筑红线内及现场周围不准拆迁的电线、电缆加以妥善保护。此外，还应考虑到因供电系统供电不足或不能供电时，为满足施工工地的连续供电要求，此时应考虑使用备用发电机。

2.5.2 交接桩及施工定线

施工单位中标以后，应及时会同设计、勘察单位进行交接桩工作。交接桩时，主要交接控制桩的坐标（大地坐标或相对坐标）、水准基点桩的高程（黄海高程或相对高程），线路的起始桩、直线转点桩、交点桩及其护桩、曲线及缓和曲线的终点桩、大型建筑中线桩、隧道进出口桩。交接桩一定要有经各方签字的书面材料存档。

2.5.3 做好施工场地的测量控制网

按照设计单位提供的建筑总平面图和城市规划部门给定的建筑红线桩或控制轴线桩及标

准水准点进行测量放线,在施工现场范围内建立平面控制网、标高控制网,并对其桩位进行保护;同时还要测定出建筑物、构筑物的定位轴线、其他轴线及开挖线等,并对其桩位进行保护,以作为施工的依据。其工作的进行,一般是在土方开挖之前,在施工场地内设置坐标控制网和高程控制点来实现的,这些网点的设置应视工程范围的大小和控制的精度而定。

测量放线是确定拟建工程的平面位置和标高的关键环节,施测中必须认真负责,确保精度,杜绝差错。为此,施测前应对测量仪器、钢尺等进行检验校正,并了解设计意图,熟悉并校核施工图,制订出测量放线方案,按照设计单位提供的建筑总平面图及给定的永久性经纬坐标控制网和水准控制基桩,进行施工测量,设置施工测量控制网。同时对规划部门给定的红线桩或控制轴线桩和水准点进行校核,如发现问题,应提请建设单位迅速处理。建筑物在施工场地中的平面位置是依据设计图中建筑物的控制轴线与建筑红线间的距离测定的,控制轴线桩测定后应提交有关部门和建设单位进行验线,以便确保定位的准确性。沿建筑红线的建筑物控制轴线测定后,还应由规划部门进行验线,以防建筑物压红线或超出红线。

2.5.4　临时设施的搭设

为了施工方便和安全,对于指定的施工用地的周界,应用围栏围挡起来,围挡的形式和材料应符合所在地部门管理的有关规定和要求。在主要出入口处设明标牌,标明工程名称、施工单位、工地负责人等。施工现场所需的各种生产、办公、生活、福利等临时设施,均应报请规划、市政,消防、交通、环保等有关部门审查批准,并按施工平面图中确定的位置、尺寸搭设,不得乱搭乱建。

各种生产、生活须用的临时设施,包括各种仓库、混凝土搅拌站、预制构件场、机修站、生产作业棚、办公用房、宿舍、食堂、文化生活设施等,均应按批准的施工组织设计规定的数量、标准、面积、位置等要求组织修建。大、中型工程可分批分期地修建。

此外,在考虑施工现场临时设施的搭设时,应尽量利用原有建筑物,尽可能减少临时设施的数量,以便节约用地并节省投资。

2.5.5　做好施工现场的补充勘探

对施工现场做补充勘探的目的是为了进一步寻找枯井、防空洞、古墓、地下管道、暗沟和枯树根以及其他问题坑等,以便准确地探清其位置,及时地拟订处理方案。

2.5.6　做好建筑材料、构(配)件的现场储存和堆放

应按照材料及构(配)件的需要量计划组织进场,并应按施工平面图规定的地点和范围进行储存和堆放。

2.5.7　组织施工机具进场,并安装和调试

按照施工机具需要量计划组织施工机具进场,根据施工总平面图将施工机具安置在规定的地点或仓库。对于固定的机具,要进行就位、搭棚、接电源、保养和调试等工作。对所有施工机具都必须在开工之前进行检查和试运转。

2.5.8 做好冬季施工的现场准备，设置消防、保安设施

按照施工组织设计要求，落实冬、雨季施工的临时设施和技术措施，并根据施工总平面图的布置，建立消防、保安等机构和有关规章制度，布置安排好消防、保安等措施。

2.6 施工准备工作的实施

2.6.1 施工准备中各种关系的协调

项目施工涉及许多单位、企业、工程的协作和配合，因此施工准备工作也必须将各专业、各工种的准备工作统筹安排、协调配合起来，取得建设单位、设计单位、监理单位以及有关单位的大力支持、分工协作，才能顺利有效地实施。为此要处理好以下几个方面的关系：

1. 室外准备与室内准备相结合

室外准备工作是指对施工现场和施工活动所必需的技术、经济、物质条件的建立；室内准备工作是指对工程建设的各种技术经济资料的编制和汇集。室内、外准备工作应同时并举，互创条件；室内准备工作对室外准备工作起着指导作用，而室外准备工作则为室内准备工作提供资料，并促进其工作的进行。

2. 前期准备与后期准备相结合

由于施工准备工作周期长，有些是开工前必须做的，有些则是开工后才做。二者均不能偏废，首先要立足于前期准备工作，又要着眼于开工后工程分阶段的需要，抓好后期的施工准备工作。

3. 土建工程与安装工程相结合

土建施工单位在拟订出施工准备工作规划后，要及时与其他专业工程（水、电、气、设备安装等）及供应部门联系，研究总分包之间综合施工、协作配合的关系，然后各自进行施工准备工作，彼此提供施工条件，及早提出问题，以便采取有效措施，促进各方面准备工作的进行。

4. 施工单位准备与建设单位准备相结合

施工准备工作往往不单单由施工单位进行，有很多时候建设单位也参与了施工准备工作。为保证施工准备工作全面完成，不出现漏洞或职责推诿的情况，应在有关的合同文件中明确划分施工单位和建设单位施工准备工作的范围、职责及实施完成的时间。并在具体实施过程中，相互配合，相互沟通，相互提供条件，保证施工准备工作的顺利完成。

5. 现场准备与加工预制准备相结合

在现场准备的同时，对大批预制加工构件应提出供应进度要求，并委托生产；对一些大型构件应进行技术经济分析，及时确定是现场预制还是在加工厂预制。构件加工还应考虑现场的存放能力及使用要求。

6. 班组准备与工程总体准备相结合

各班组进行施工准备时，必须与工地总体准备相结合，并结合图纸交底及施工组织设计的要求，熟悉有关技术规范、规程，协调工种之间衔接配合，力争连续、均衡施工。班组作业准

备工作包括:
(1) 进行计划和技术交底,下达工程任务书。
(2) 对施工机具进行保养并就位。
(3) 将施工所需的材料、零配件和预制构件,经过质量检查合格后,供应到施工地点。
(4) 具体布置操作场地,创造操作环境。
(5) 检查前一道工序的质量,搞好标高、轴线控制。

7. 争取协作单位的支持

由于施工准备工作涉及面广,因此,除了施工单位本身的努力以外,还要取得建设单位、监理单位、设计单位、供应单位、银行及其他协作单位的大力支持,分工负责,统一步调,共同做好施工准备工作。

2.6.2 编制施工准备工作计划

必须按表2-7的要求编制周密的施工准备工作计划,在计划中列出工作内容、责任者及要求完成日期。

各项准备工作之间有相互依存关系,只用表2-7有时难以表达明白,故应编制条形计划或网络计划。提倡编制网络计划,以明确各项施工准备工作之间的相互依赖、相互制约的关系,找出关键的施工准备工作,方便于检查和调整。

表2-7 施工准备工作的实施表

序号	项目	施工准备工作内容	要求	负责单位(人)	涉及单位	要求完成日期	备注

作业条件的施工准备工作,应当在施工组织设计中予以安排,作为施工组织设计的基本内容之一,同时注重施工过程中的短安排。

2.6.3 建立严格的施工准备工作责任制

由于施工准备工作范围广、项目多、时间长,故必须有严格的责任制,使施工准备工作得以真正落实。在编制施工准备工作计划以后,就要按计划将责任明确到有关部门甚至个人,以便按计划要求的内容及完成时间进行工作。各级技术负责人在施工准备工作中应负的领导责任应予以明确,以便推动和促进各级领导认真做好施工准备工作。现场施工准备工作应由项目经理部全权负责。

2.6.4 建立施工准备工作检查制度

在施工准备工作实施的过程中,应定期进行检查,可按周、半月、月度进行检查。检查的目的是观察施工准备工作计划的执行情况。如果没有完成计划要求,应进行分析,找出原因,排除障碍,协调施工准备工作进度或调整施工准备工作计划。检查的方法可用实际与计划进行对比,即"对比法";还可采用会议法,即相关单位或人员一起开会,检查施工准备工作情况,当场分析产生问题的原因,提出解决问题的办法。后一种方法见效快,解决问题及时,应在制度中规定多予以采用。

2.6.5 坚持按建设程序办事，实行开工报告和审批制度

当施工准备工作完成，且具备开工条件后，项目经理部应及时向监理工程师提出开工申请，经监理工程师审批，并下达开工令后，及时组织开工，不得拖延。

素质提升

1. 施工项目的施工准备工作按其范围的不同，一般可分为（　　　）。
   A. 全场性施工准备　　　　　　　B. 单位工程施工条件准备
   C. 分部分项工程作业条件准备　　D. 单项工程施工条件装备
2. 施工准备工作按拟建工程所处的不同施工阶段，一般可分（　　　）两种。
   A. 开工前的施工准备工作　　　　B. 单位工程施工条件准备
   C. 各分部分项工程施工前的准备　D. 全场性施工准备
3. 在建筑工程的用地范围内，"三通一平"通常是由（　　　）来完成。
   A. 施工单位　　　B. 监理单位　　　C. 建设单位　　　D. 设计单位
4. "三通一平"指的是（　　　）。
   A. 修通道路　　　B. 平整施工场地　　　C. 水通　　　D. 电通
5. 物质准备工作的内容有哪些？
6. 物质准备工作的程序是什么？
7. 施工图预算和施工预算有何区别？

模块 3　流水施工

流水施工为工程项目组织实施的一种管理形式，是由固定组织的工人在若干个工作性质相同的施工环境中依次连续地工作的一种施工组织方法。工程施工中，可以采用依次施工（亦称顺序施工法）、平行施工和流水施工等组织方式。对于相同的施工对象，当采用不同的作业组织方法时，其效果也各不相同。

3.1　流水施工的表达方式

流水施工的表达方式主要有网络图（见本书模块 4）、横道图和垂直图等。

1. 流水施工的横道图表示方法

横道图又称甘特图（Gantt chart），是一种最直观的表示工作计划和进度的图示方法，也是建筑工程中安排施工进度计划和组织流水施工常用的一种表达方式。

横道图的基本形式如图 3-1 所示。它以横向表示时间进度，纵向表示施工过程，以活动所对应的横道位置表示活动的起始时间，横道的长短表示活动持续时间的长短。它实质上是图和表的结合形式。

横道图具有直观、易懂、易制，不仅能安排工期，而且还可以与劳动计划、资源计划、资金计划相结合等优点；但分项工程间关系不明确、施工日期地点无法表示、工程量实际分布不具体、工程数量无法表示、不能表示活动的重要性，对于复杂的工程不能进行工期计算，更不能进行工期计算的优化等是其缺点。因此，横道图用于简单的小项目，供上层管理者使用。

2. 流水施工的基本概念

流水施工将拟建工程划分为若干施工段，并将施工对象分为若干施工过程，按照施工工程成立相应工作队，各工作队按施工过程顺序依次完成施工段内的施工过程，并依次从一个施工段转到下一施工段；施工在各施工段、施工过程上连续、均衡地进行，使相应专业工作队间最大限度地实现搭接施工。

考虑工程项目的施工特点、工艺流程、资源利用、平面或空间布置等要求，其施工可以采用依次施工、平行施工和流水施工三种组织方式。

为说明三种施工组织方式及其特点，现有三个桩基础工程进行施工安排。将这三个桩基础工程划分为三个施工段，每个基础必须经过挖土方、砌基础、回填土三个施工过程，分别由相应的专业队按施工要求依次完成，每个专业队在每个桩基础的施工时间为 3 天，各专业队的人数分别为 5 人、10 人和 20 人。三个桩基础施工的不同组织方式如图 3-1 所示。

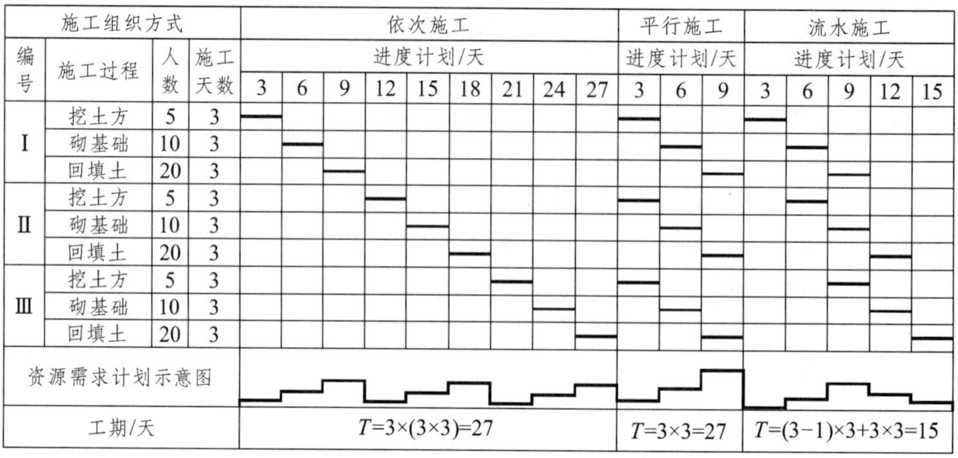

编号	施工组织方式 施工过程	人数	施工天数	依次施工 进度计划/天									平行施工 进度计划/天			流水施工 进度计划/天				
				3	6	9	12	15	18	21	24	27	3	6	9	3	6	9	12	15
Ⅰ	挖土方	5	3																	
	砌基础	10	3																	
	回填土	20	3																	
Ⅱ	挖土方	5	3																	
	砌基础	10	3																	
	回填土	20	3																	
Ⅲ	挖土方	5	3																	
	砌基础	10	3																	
	回填土	20	3																	
资源需求计划示意图																				
工期/天				$T=3\times(3\times3)=27$									$T=3\times3=27$			$T=(3-1)\times3+3\times3=15$				

图 3-1

（1）依次施工。

依次施工即顺序施工，可以按施工段依次施工（完成前一道施工顺序之后，再开始下一道施工顺序）（见图 3-2）和也可以按施工过程施工（完成前一个工程后，再开始下一个工程）（见图 3-3）。它是一种最基本、最原始的施工组织方式。

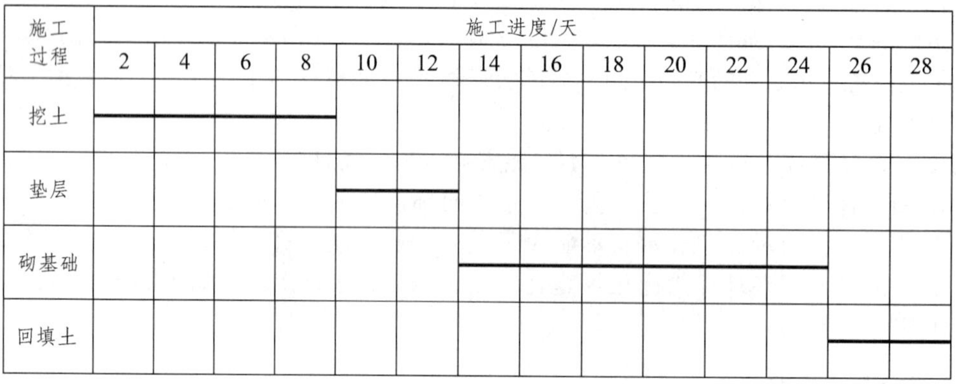

图 3-2 按施工段依次施工

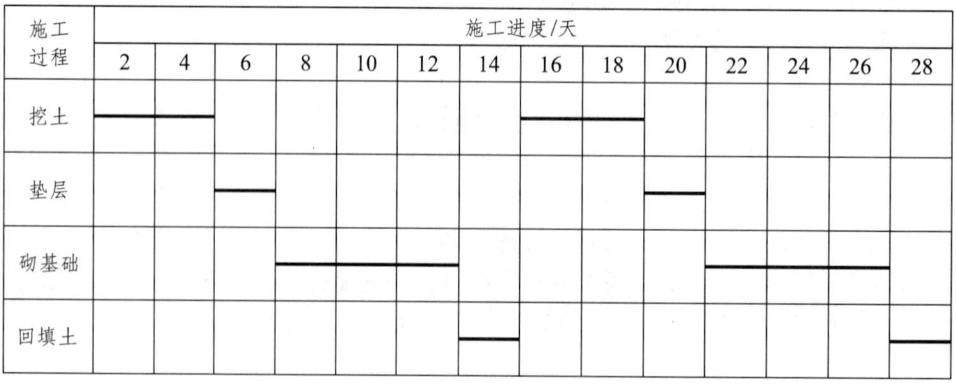

图 3-3 按施工过程依次施工

由图 3-2、图 3-3 可以看出，依次施工组织方式具有以下特点：

① 没有充分地利用工作面进行施工，工期长。

② 若由一个工作队完成全部施工任务，不能实现专业化生产，不利于提高劳动生产率和工程质量。

③ 若按工艺专业化原则成立工作队，则各专业队不能连续作业，有时间间歇；劳动力和材料的使用不均衡。

④ 每天投入施工的劳动力、材料和机具的种类比较少，有利于资源供应的组织工作。

⑤ 施工现场的组织、管理比较简单。

（2）平行施工。

平行施工是指在有若干个相同的施工任务时，组织几个相同的工作队，在同一时间、不同的空间上依照施工工艺要求完成各自的施工任务。这种方式的施工进度安排、总工期及劳动力需求曲线如图 3-4 所示。

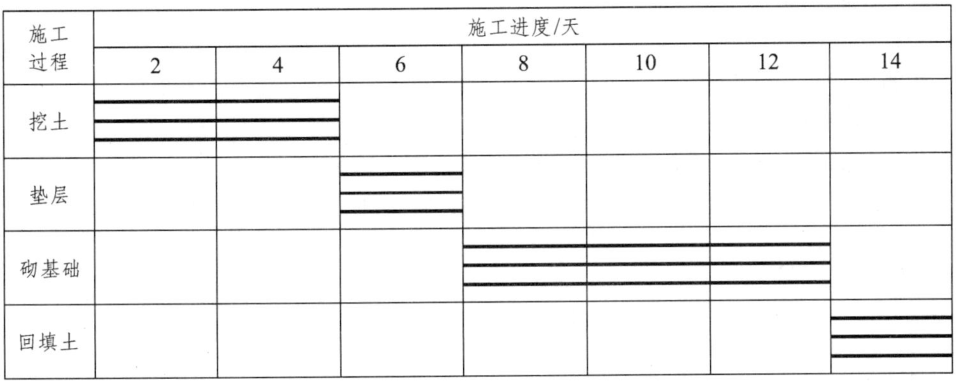

施工过程	施工进度/天						
	2	4	6	8	10	12	14
挖土	══	══					
垫层			══				
砌基础				══	══	══	
回填土							══

图 3-4　依次施工

由图 3-4 可以看出，平行施工组织方式具有以下特点：

① 充分地利用了工作面组织施工，争取了时间，工期短。

② 若由一个工作队完成全部施工任务，则不能实现专业化生产，不利于提高劳动生产率和工程质量。

③ 若按工艺专业化原则成立工作队，则各专业队不能连续作业，劳动力和材料的使用不均衡。

④ 每天投入施工的劳动力、材料和机具的数量成倍增加，不利于资源供应的组织工作。

⑤ 施工现场的组织、管理比较复杂。

（3）流水施工。

流水施工方式是将拟建工程项目中的整个建造过程分解为若干个施工过程，并按照施工过程成立相应的专业工作队，各专业队按照施工顺序依次完成各个施工对象的施工过程，保证各施工全过程在时间上和空间上连续、均衡和有节奏地进行，直到完成全部施工任务，同时使相邻两专业队能最大限度地搭接作业。这种方式的施工进度安排、总工期及劳动力需求曲线如图 3-5 所示。

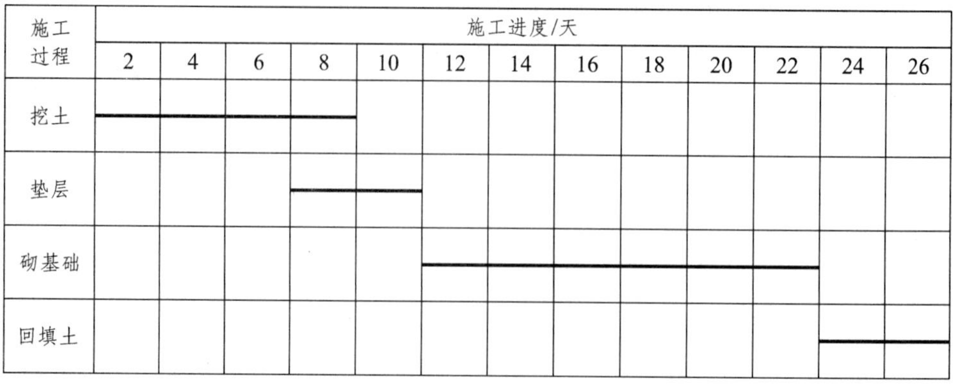

施工过程	施工进度/天												
	2	4	6	8	10	12	14	16	18	20	22	24	26
挖土	━━	━━	━━	━━									
垫层				━━	━━								
砌基础						━━	━━	━━	━━	━━	━━		
回填土												━━	━━

图 3-5 流水施工

从图 3-5 可以看出,流水施工方式具有以下特点:
① 尽可能地利用工作面进行施工,工期比较短;
② 按施工工艺专业化原则成立工作队,实现了专业化施工,有利于提高技术水平和劳动生产率,也有利于提高工程质量;
③ 专业工作队能够连续施工,相邻专业队的开工时间能够最大限度地搭接;
④ 单位时间内投入的劳动力、施工机具、材料等资源量较为均衡,有利于资源供应的组织;
⑤ 为施工现场的文明施工和科学管理创造了有利条件。

3. 流水施工的技术经济效果

通过比较三种施工方式可以看出,流水施工方式是一种先进、科学的施工方式。由于在工艺过程划分、时间安排和空间布置上进行统筹安排,将会给相应的项目部带来显著的经济效果,具体可归纳为以下几点:

(1) 前后施工过程衔接紧凑,消灭了不必要的时间间歇,使施工得以连续进行,后续施工过程尽可能提前在不同的工作面上开展,从而加快施工进度,缩短工程工期。

(2) 各个施工过程均采用专业班组操作,可提高工人的熟练程度和操作技能,从而提高工人的劳动生产率,同时,也易于保证和提高工程质量。

(3) 采用流水施工,使得劳动力和其他资源的使用比较均衡,从而可避免出现劳动力和资源使用大起大落的现象,减轻施工组织者的压力,为资源的调配、供应和运输带来方便。

(4) 由上述工期缩短、工作效率提高,资源消耗等因素共同作用,可以减少临时设施及其他一些不必要的费用,从而降低工程造价。

上述经济效果都是在不需要增加任何费用的前提下取得的。可见,流水施工是实现施工管理科学化的重要组成内容,是与建筑设计标准化、构配件生产工厂化、施工机械化等现代施工内容紧密联系、相互促进的,是实现施工企业进步的重要手段。

3.2 流水施工的基本参数

为了准确、清楚地说明组织流水施工在时间和空间上的开展情况及相互依存关系,一般采用一系列的描述工艺流程、空间布置和时间安排等方面的状态参数——流水施工参数来表达。

流水施工参数包括工艺参数、空间参数和时间参数。

3.2.1 工艺参数

工艺参数是指在组织流水施工时，用以表达流水施工在施工工艺方面开展顺序及其特征的参数，通常包括施工过程和流水强度两个参数。

1. 施工过程

组织建设工程流水施工时，根据施工组织及计划安排需要将计划任务划分成的子项称为施工过程。施工过程的数目一般用 n 表示，它是流水施工的主要参数之一。其划分的主要依据有：

（1）施工进度计划的性质与作用。
（2）施工方案及工程结构。
（3）劳动组织及劳动量大小。
（4）劳动内容和范围。

施工过程的划分不宜太多、太细，以免给工程的计算增添麻烦；但也不宜太少，以免计划过于笼统，失去指导施工的作用。

2. 流水强度

流水强度是指某施工过程（专业工作队）在单位时间内所完成的工程量，也称为流水能力或生产能力。例如，浇筑混凝土施工过程的流水强度是指每工作班浇筑的混凝土立方数。流水强度一般以 V 表示。

（1）机械作业流水强度：

$$V_i = \sum_{i=1}^{x} R_i \cdot S_i \tag{3-1}$$

式中 V_i——某施工过程的流水强度；
R_i——投入该施工过程中的第 i 种资源量（施工机械台数或工人数）；
S_i——投入该施工过程中第 i 种资源的产量定额；
x——投入该施工过程中的资源种类数。

（2）人工作业流水强度：

$$V_i = R_i S_i \tag{3-2}$$

式中 V_i——某施工队的流水强度；
R_i——投入施工过程 i 的专业班组工人数；
S_i——投入施工过程 i 的专业班组平均产量定额。

3.2.2 空间参数

空间参数是指在组织流水施工时，表达流水施工在空间布置上划分的个数，主要有工作面、施工段和施工层。

1. 工作面

工作面是指供某专业工种的工人或某种施工机械进行施工的活动空间。工作面的大小，表明能安排施工人数或机械台数的多少。每个作业的工人或每台施工机械所需工作面的大小，取决于单位时间内其完成的工程量和安全施工的要求。工作面确定的合理与否，直接影响专业工作队的生产效率。因此，必须认真加以对待，合理确定。

2. 施工段

为了有效地组织流水施工，通常把拟建工程项目在平面上划分成若干个劳动量大致相等的施工段落，这些施工段落称为施工段。施工段的数目（通常以 m 表示）是流水施工的基本参数之一。

（1）划分施工段的目的。

划分施工段的目的就是组织流水施工。建设工程体形庞大，可以将其划分成若干个施工段，从而为组织流水施工提供足够的空间。在组织流水施工时，专业工作队完成一个施工段上的任务后，遵循施工组织顺序又到另一个施工段上作业，产生连续流动施工的效果。在一般情况下，一个施工段在同一时间内，只安排一个专业工作队施工，各专业工作队遵循施工工艺顺序依次投入作业，同一时间内在不同的施工段上平行施工，使流水施工均衡地进行。组织流水施工时，可以划分足够数量的施工段，充分利用工作面，避免窝工，尽可能缩短工期。

（2）划分施工段的原则。

施工段内的施工任务由专业工作队依次完成，因而在两个施工段之间容易形成一条施工缝；同时，施工段数量的多少将直接影响流水施工的效果。为使施工段划分得合理，一般应遵循下列原则：

① 施工段的分界线应尽可能与结构界线（如沉降缝、伸缩缝等）相一致，或设在对建筑结构整体性影响小的部位。

② 同一专业工作队在各个施工段上的劳动量应大致相等，相差幅度不宜超过 10%～15%。

③ 每个施工段内要有足够的工作面，使其所容纳的劳动力人数或机械台数能满足合理劳动组织的要求。

④ 施工段的数目要满足合理组织流水施工的要求。施工段数目过多，会降低施工速度，延长工期；施工段过少，不利于充分利用工作面，可能造成窝工。对于多层或高层建筑物，施工段数（m）应大于或等于施工过程数（n）。

⑤ 对于多层建筑物、构筑物或需要分层施工的工程，既要划分施工段，又要划分施工层，以确保相应专业队在施工段与施工层之间，组织连续、均衡、有节奏地流水施工。

3. 施工层

在组织流水施工时，为了满足专业工种对操作高度和施工工艺的要求，将拟建工程项目在竖向上划分为若干个操作层，这些操作层称为施工层。施工层一般以 j 表示。

施工层的划分，要按施工项目的具体情况，根据建筑物的高度、楼层来确定。如砌筑工程的施工层高度一般为 1.2 m，室内抹灰、木装饰、油漆玻璃和水电安装等，可按楼层进行施工层划分。

3.2.3 时间参数

时间参数，指在组织流水施工时，用以表达流水施工在时间安排上所处状态的参数，主要包括流水节拍、流水步距、平行搭接时间、技术及组织间歇时间和流水施工工期等。

1. 流水节拍

流水节拍是指在组织流水施工时，每个专业工作队在各个施工段上完成相应的施工任务所需要的工作延续时间。流水节拍通常以 t_i 表示，它是流水施工的基本参数之一。

流水节拍的大小，可以反映出流水施工速度的快慢、节奏感的强弱。流水节拍小，其流水速度快，节奏感强；反之则相反。流水节拍也决定着单位时间的资源供应量，同时，流水节拍也是区别流水施工组织方式的特征参数。

影响流水节拍数值大小的因素主要有：该施工段工程量的多少、所采取的施工方法、施工机械以及在工作面允许的前提下投入施工的工人数、机械台数和采用的工作班次等。为了避免工作队转移时浪费工时，流水节拍在数值上最好是半个班的整倍数。

流水节拍可按下列方法确定：

（1）定额计算法。

这是根据各施工段的工程量、能够投入的资源量（工人数、机械台数和材料量等），按公式（3-3）或公式（3-4）进行计算：

$$t_i = \frac{Q_i}{S_i \cdot R_i \cdot N_i} = \frac{P_i}{R_i \cdot N_i} \tag{3-3}$$

或

$$t_i = \frac{Q_i \cdot H_i}{R_i \cdot N_i} = \frac{P_i}{R_i \cdot N_i} \tag{3-4}$$

式中　t_i——某专业工作队在第 i 施工段的流水节拍；

　　　Q_i——某专业工作队在第 i 施工段要完成的工程量；

　　　S_i——某专业工作队的计划产量定额；

　　　H_i——某专业工作队的计划时间定额；

　　　P_i——某专业工作队在第 i 施工段需要的劳动量或机械台班数量；

　　　R_i——某专业工作队投入的工作人数或机械台数；

　　　N_i——某专业工作队的工作班次。

在公式（3-3）和公式（3-4）中，S_i 和 H_i 最好是反映本项目经理部实际水平的定额。

如工期已定，根据工期要求倒排进度的方法确定的流水节拍，可用上式反算出资源需要量，这时应考虑作业面是否足够。如果工期紧、节拍短，就应考虑增加作业班次（双班或三班），相应的机械设备能力和材料供应情况亦应同时考虑。

（2）经验估算法。

对于采用新结构、新工艺、新方法和新材料等没有定额可循的工程项目，可根据以往的施工经验进行估算。为了提高准确程度，往往先估算出该流水节拍的最长、最短和正常（即最可能）三种时间，然后据此求出期望时间，作为某专业工作队在某施工段上的流水节拍。因此，本法也称为三种时间估算法。一般按公式（3-5）进行计算：

$$t = \frac{a + 4c + b}{6} \tag{3-5}$$

式中　t——某施工过程在某施工段上的流水节拍；

　　　a——某施工过程在某施工段上的最短估算时间；

　　　b——某施工过程在某施工段上的最长估算时间；

　　　c——某施工过程在某施工段上的正常估算时间。

2. 流水步距

流水步距是指在组织流水施工时,相邻两个专业工作队在保证施工顺序、满足连续施工、最大限度搭接和保证工程质量要求的条件下,相继投入施工的最小时间间隔。流水步距一般用 $K_{j,j+1}$ 表示,它是流水施工的主要参数之一。

流水步距的数目取决于参加流水施工的专业工作队数。如果有 n 个专业工作队,则流水步距的总数为 $n-1$ 个。

(1)确定流水步距的原则。

流水步距的大小取决于相邻两个施工过程(或专业工作队)在各施工段上的流水节拍及流水施工的组织方式。确定流水步距时应遵守以下原则:

① 相邻两个专业工作队按各自的流水速度施工,要始终保持施工工艺的先后顺序;
② 各专业工作队投入施工后尽可能保持连续作业;
③ 相邻两个专业工作队在满足连续施工的条件下,能最大限度地实现合理搭接;
④ 要保证工程质量,满足安全生产。

(2)确定流水步距的方法。

流水步距的确定方法很多,而简捷实用的方法主要有图上分析法、分析计算法和累加数列法等。限于篇幅,本书介绍分析计算法和累加数列法。

累加数列法也称为"取大差法"。其计算步骤如下:
① 根据各专业工作队在各施工段上的流水节拍,求累加数列;
② 根据施工顺序,对所求相邻的两累加数列错位相减;
③ 根据错位相减的结果,确定相邻专业工作队之间的流水步距,即相减结果中数值最大者。

【例 3-1】 某项目由三个施工过程组成,分别由 A、B、C 三个专业工作队完成,在平面上划分成四个施工段,每个专业工作队在各施工段上的流水节拍如表 3-1 所示,试确定相邻专业工作队之间的流水步距。

表 3-1 某工程流水节拍表 (单位:天)

工作队	施 工 段			
	Ⅰ	Ⅱ	Ⅲ	Ⅳ
A	4	2	3	2
B	3	4	3	4
C	3	2	2	3

解:1. 求各专业工作队的累加数列:
A:4,7,10,12
B:3,5,8,12
C:4,6,9,12

2. 错位相减:
A 与 B:

```
      4,  7,  10,  12
  -)      3,   5,   8,  12
  ─────────────────────────
      4,  4,   5,   4, -12
```

B 与 C：

$$\begin{array}{r}3,\;5,\;8,\;12\\-)4,\;6,\;9,\;12\\\hline 3,\;1,\;2,\;3,\;-12\end{array}$$

3．求流水步距

因流水步距等于错位相减所得结果中数值最大者，故有

$$K_{A,B} = \max\{4,\;4,\;5,\;4,\;-12\} = 5 \text{ 天}$$
$$K_{B,C} = \max\{3,\;1,\;2,\;3,\;-12\} = 3 \text{ 天}$$

3. 平行搭接时间

在组织流水施工时，有时为了缩短工期，在工作面允许的条件下，如果前一个专业工作队完成部分施工任务后，能够提前为后一个专业工作队提供工作面，使后者提前进入前一个施工段，这样两个相邻的工作队在同一施工段上平行搭接施工，这个搭接的时间称为平行搭接时间，一般以 $C_{j,j+1}$ 表示。

4. 技术间歇时间

在组织流水施工时，除要考虑相邻专业工作队之间的流水步距外，有时根据建筑材料或现浇构件等的工艺性质或者施工组织方面的要求，还需要考虑合理的等待间歇时间，称为技术间歇时间。如混凝土浇筑后的养护时间，砂浆抹面和油漆面的干燥时间，墙体砌筑前的墙身位置弹线的时间，施工人员、机械转移的时间，回填土前对地下管道检查验收时间等。技术间歇时间通常以 $Z_{j,j+1}$ 表示。

5. 流水施工工期

流水施工工期是指从第一个专业工作队投入流水施工开始，到最后一个专业工作队完成最后一个施工段的任务后退出流水施工为止的整个持续时间。工期通常用 T 表示。

在安排流水施工之前，应有一个基本的工期目标，以便在总体上约束具体的流水作业组织。在流水作业安排以后，可以通过计算或作图确定工期并与目标工期进行比较，二者应相等或使计算工期小于目标工期。

由于一项建设工程往往包含有许多流水组，故流水施工工期一般均不是整个工程的总工期。

3.3 流水施工组织方式

流水施工主要是采用不同的专业工作队相继投入施工，且同时在不同的施工段上进行工作，以达到加快工程进度、均衡消耗资源、尽量减少工人窝工的目的。根据各施工过程时间参数的不同，可将流水施工分为等节拍流水、成倍节拍流水和无节奏流水三大类。

3.3.1 等节拍流水

等节拍流水是指参与流水施工的各施工过程在各施工段上的流水节拍都相等,而且各施工过程之间的流水节拍也彼此相等的流水施工方式。等节拍流水也称为固定节拍流水或全等节拍流水或同步距流水。

1. 等节拍流水施工的特点

(1)流水节拍彼此相等。
(2)流水步距彼此相等,且等于流水节拍。
(3)专业工作队数(n_1)等于施工过程数(n),即每一个施工过程组织一个专业工作队,由该队完成相应施工过程在所有施工段上的施工任务。
(4)各个专业工作队都能够连续施工,施工段没有空闲。

2. 等节拍流水施工的组织步骤

(1)确定施工流水线,分解施工过程,确定施工顺序。

施工流水线,是指为了生产出某种建筑产品,不同工种的施工队组按照施工过程的先后顺序,沿着建筑产品的一定方向相继对其进行加工而形成的一条工作路线。

(2)划分施工段。

划分施工段时,其数目 m 的确定如下:
① 无层间关系或无施工层时,可按划分施工段的原则确定施工段数。
② 有层间关系或有施工层时,施工段数目 m 分下面两种情况确定:
a. 无搭接时间、技术及组织间歇时间时,取 $m=n$。
b. 有技术间歇时间时,为了保证各专业工作队能连续施工,应取 $m>n$。此时:每层施工段空闲数为 $m-n$,每一空闲施工段的时间为 t,则每层的空闲时间为

$$(m-n)\cdot t = (m-n)\cdot K$$

若一个楼层内各施工过程间的技术间歇之和为 $\sum Z_1$,楼层间技术间歇时间为 Z_2。如果每层的 $\sum Z_1$ 不完全相等,Z_2 也不完全相等,应取各层中最大的 $\sum Z_1$ 和 Z_2。令:

$$(m-n)\cdot K = \sum Z_1 + Z_2$$

所以,每层的施工段数 m 可按公式(3-6)确定:

$$m = n + \frac{\max \sum Z_1}{K} + \frac{\max Z_2}{K} \qquad (3\text{-}6)$$

(3)按公式(3-3)、(3-4)或(3-5)计算流水节拍数值。
(4)确定流水步距,$K=t$。
(5)计算流水施工的工期:
① 不分施工层时,可按公式(3-7)进行计算:

$$T = (m+n-1)K + \sum_{i=1}^{n} Z_{j,j+1} - \sum_{i=1}^{n} C_{j,j+1} \qquad (3\text{-}7)$$

式中 T——流水施工总工期；

m——施工段数；

n——施工过程数；

K——流水步距；

j——施工过程编号，$1 \leq j \leq n$；

$Z_{j,j+1}$——j 与 $j+1$ 两施工过程间的技术间歇时间；

$C_{j,j+1}$——j 与 $j+1$ 两施工过程间的平行搭接时间。

② 分施工层时，可按公式（3-8）进行计算：

$$T = (m \cdot r + n - 1) \cdot K + \sum_{i=1}^{n} Z_{j,j+1}^{1} - \sum_{i=1}^{n} C_{j,j+1}^{1} \quad (3-8)$$

式中 r——施工层数；

$\sum Z^{1}$，$\sum C^{1}$——第一个施工层中各施工过程之间的技术间歇时间和搭接时间；

其他符号含义同前。

（6）绘制流水施工进度计划图。

3. 应用举例

【例 3-2】 某项目由 Ⅰ、Ⅱ、Ⅲ、Ⅳ等四个施工过程组成，划分两个施工层组织流水施工，施工过程 Ⅱ 完成后需养护一天后才能进行下一个施工过程的施工，且层间技术间歇为一天，流水节拍均为一天。为了保证工作队连续作业，试确定施工段数，计算工期，绘制流水施工进度表。

解： 1. 确定流水步距：

$$t_i = t = 1 \text{ 天}$$

$$K = t = 1 \text{ 天}$$

2. 确定施工段数。

因项目施工时分两个施工层，其施工段数可按公式（3-5）确定。

$$m = n + \frac{\sum Z_1}{K} + \frac{Z_2}{K} = 4 + \frac{1}{1} + \frac{1}{1} = 6 \text{（段）}$$

3. 计算工期。

由公式（3-8）得

$$T = (m \cdot r + n - 1) \cdot K + \sum_{i=1}^{n} Z_{j,j+1}^{1} - \sum_{i=1}^{n} C_{j,j+1}^{1}$$

$$= (6 \times 2 + 4 - 1) \times 1 + 1 - 0$$

$$= 16 \text{（天）}$$

4. 绘制流水施工进度计划图。

施工进度表如图 3-6 所示。

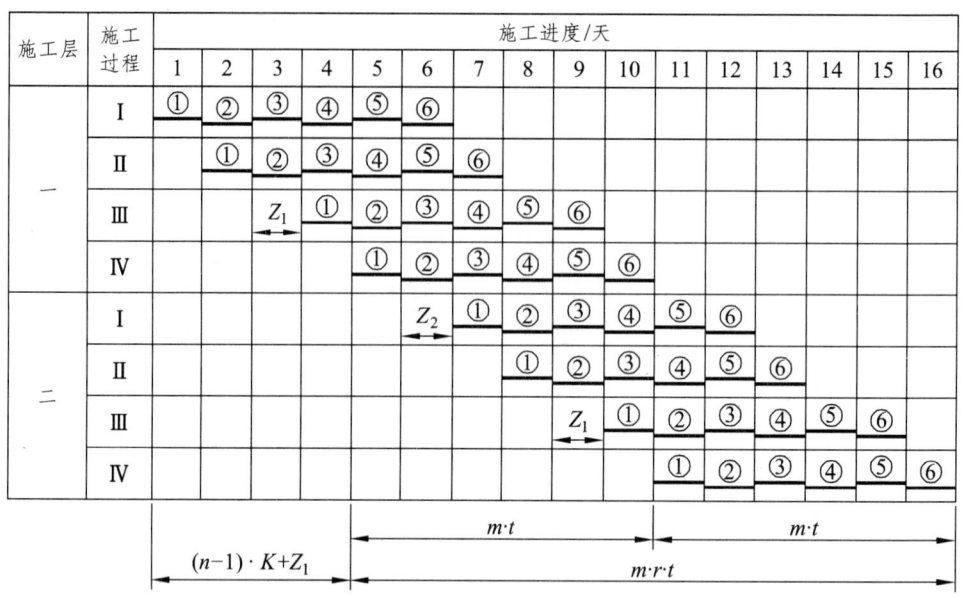

图 3-6 等节拍流水施工进度计划表

3.3.2 成倍节拍流水施工

在通常情况下，组织等节拍的流水施工是比较困难的。因为在任一施工段上，不同的施工过程，其复杂程度不同，影响流水节拍的因素也各不相同，很难使得各个施工过程的流水节拍都彼此相等。但是，如果施工段划分得合适，保持同一施工过程各施工段的流水节拍相等是不难实现的。使某些施工过程的流水节拍成为其他施工过程流水节拍的倍数，即形成成倍节拍流水施工。

1. 成倍节拍流水施工的特点

（1）同一施工过程在各施工段上的流水节拍彼此相等，不同的施工过程在同一施工段上的流水节拍不尽相同，但其值为倍数关系。

（2）相邻专业工作队的流水步距相等，且等于流水节拍的最大公约数。

（3）专业工作队数大于施工过程数，即 $n_1 > n$。

（4）各专业工作队都能够保证连续施工，施工段之间没有空闲时间。

2. 成倍节拍流水施工的组织步骤

（1）确定施工流水线、分解施工过程、确定施工顺序。

（2）划分施工段：

① 不分施工层时。可按划分施工段的原则确定施工段数。

② 分施工层时。每层的段数可按公式（3-9）确定：

$$m = n_1 + \frac{\max \sum Z_1}{K_b} + \frac{\max Z_2}{K_b} \qquad (3\text{-}9)$$

式中　n_1——专业工作队总数；

　　　K_b——成倍节拍流水的流水步距；

其他符号含义同前。

（3）确定流水节拍。

（4）按公式（3-10）确定流水步距：

$$K_b = 最大公约数\{t_1, t_2 \cdots t_n\} \tag{3-10}$$

（5）按公式（3-11）和公式（3-12）确定专业工作队数：

$$b_j = \frac{t_j}{K_b} \tag{3-11}$$

$$n_1 = \sum_{i=1}^{n} b_j \tag{3-12}$$

式中　t_j——施工过程j在各施工段上的流水节拍；

　　　b_j——施工过程j所要组织的专业工作队数；

　　　j——施工过程编号，$1 \leq j < n$。

（6）确定计划总工期。可按公式（3-13）或公式（3-14）进行计算：

$$T = (r \cdot n_1 - 1) \cdot K_b + m^{zh} \cdot t^{zh} + \sum_{i=1}^{n} Z_{j,j+1} - \sum_{i=1}^{n} C_{j,j+1} \tag{3-13}$$

$$T = (m \cdot r + n_1 - 1) \cdot K_b + \sum_{i=1}^{n} Z^1_{j,j+1} - \sum_{i=1}^{n} C^1_{j,j+1} \tag{3-14}$$

式中　r——施工层数（不分层时，$r=1$；分层时，$r=$ 实际施工层数）；

　　　m^{zh}——最后一个施工过程的最后一个专业工作队所要通过的施工段数；

　　　t^{zh}——最后一个施工过程的流水节拍；

其他符号含义同前。

（7）绘制成倍节拍流水施工进度计划图。

在成倍节拍流水施工进度计划图中，除表明施工过程的编号或名称外，还应表明专业工作队的编号。在表明各施工段的编号时，一定要注意有多个专业工作队的施工过程。各专业工作队连续作业的施工段编号不应是连续的，否则，无法组织合理的流水施工。

3. 应用举例

【例 3-3】 某工程包括四幢完全相同的砖混住宅楼，以每个单幢为一个施工流水段组织单位工程流水施工。已知：

（1）地下主体工程有四个施工过程：土方开挖、基础施工、结构施工、回填土，四个施工过程流水节拍均为 2 周。

（2）地上工程有三个施工过程：主体结构、装饰装修、室外工程，三个施工过程的流水节拍分别为 4 周、4 周、2 周。

【问题】

1. 地下主体工程适合采用何种形式的流水施工方式？常见流水施工方式还有哪些？

2. 地上工程适合采用何种形式的流水施工形式？并计算施工工期。

3. 绘制该工程施工进度计划，并计算总工期。

解：1. 适用：等节奏流水施工。
常见流水施工方式还有无节奏流水施工、异节奏流水施工。
2. 适用：异节奏流水施工。
施工工期的计算：根据上述资料施工过程：$N=3$，施工段数：$M=4$
流水步距：$K=\min(4, 4, 2)=2$
专业队数：$b_1=4/2=2$
$b_2=4/2=2$
$b_3=2/2=1$
总队数 $N'=2=2=1=5$
工期 $T_{\text{地上}}=(M+N'-1)\times K=(4+5-1)\times 2=16$（周）
3. 工程整体施工进度计划如下图：

施工过程		专业队	施工进度/周											
			2	4	6	8	10	12	14	16	18	20	22	24
地下主体	土方开挖	I	━━	━━	━━									
	基础施工	II		━━	━━	━━								
	结构施工	III			━━	━━	━━	━━						
	回填土	IV				━━	━━							
地上工程	主体结构	I_1					━━	━━	━━					
		I_2						━━	━━	━━				
	装饰装修	II_1							━━	━━	━━			
		II_2								━━	━━	━━		
	室外工程	III									━━	━━	━━	━━

$T=(T_{\text{地下}}-\text{搭接时间})+T_{\text{地上}}=(14-6)+16=24$（周）

3.3.3 无节奏流水施工

在组织流水施工时，经常由于工程结构形式、施工条件不同等原因，使得各施工过程在各施工段上的工程量有较大差异，或因专业工作队的生产效率相差较大，导致各施工过程的流水节拍随施工段的不同而不同，且不同施工过程之间的流水节拍又有很大差异。这时，流水节拍虽无任何规律，但仍可利用流水施工原理组织流水施工，使各专业工作队在满足连续施工的条件下，实现最大化搭接。这种无节奏流水施工方式是建设工程流水施工的普遍方式。

1. 无节奏流水施工的特点
（1）各施工过程在各个施工段上的流水节拍不尽相等。
（2）相邻专业工作队的流水步距不尽相等。
（3）专业工作队数等于施工过程数，即 $n_1=n$。
（4）各专业工作队在施工段上能够连续施工，但有的施工段可能存在空闲时间。

2. 无节奏流水施工的组织步骤
（1）确定施工流水线，分解施工过程，确定施工顺序。

（2）划分施工段。
（3）按相应的公式计算各施工过程在各个施工段上的流水节拍。
（4）按一定的方法确定相邻两个专业工作队之间的流水步距。
（5）按公式（3-15）计算流水施工的计划工期：

$$T = \sum_{j=1}^{n-1} K_{j,j+1} + \sum_{i=1}^{m} t_i^{zh} + \sum z - \sum c \qquad (3-15)$$

式中的符号含义同前。

（6）绘制流水施工进度表。

施工层	施工过程名称	工作队	施工进度/天														
			1	2	3	4	5	6	7	8	9	10	11	12	13	14	15	16
第一层	安模	Ⅰa	①		③		⑤											
		Ⅰb		②		④		⑥										
	绑筋	Ⅱa			①			⑤										
		Ⅱb				②		④	⑥									
	浇混	Ⅲ					①	②	③	④	⑤	⑥						
第二层	安模	Ⅰa					→Z←	①		③		⑤						
		Ⅰb								②		④	⑥					
	绑筋	Ⅱa									①		③		⑤			
		Ⅱb										②		④		⑥		
	浇混	Ⅲ											①	②	③	④	⑤	⑥

底部标注：$(r \cdot n_i - 1)K_b + Z$ 和 $m^{zh} \cdot t^{zh}$

3. 应用举例

【例3-4】 某拟建工程由甲、乙、丙三个施工过程组成；该工程共划分成四个施工流水段，每个施工过程在各个施工流水段上的流水节拍如下表所示。按相关规范规定，施工过程乙完成后其相应施工段至少要养护2天才能进入下道工序。为了尽早完工，经过技术攻关，实现施工过程乙在施工过程甲完成之前1天提前插入施工。各施工段的流水节拍见下表。

施工过程	流水节拍/天			
	施工一段	施工二段	施工三段	施工四段
甲	2	4	3	2
乙	3	2	3	3
丙	4	2	1	3

【问题】
1. 该工程应采用何种的流水施工模式？
2. 计算各施工过程间的流水步距和总工期。
3. 编制该工程流水施工计划图。

【解】

1. 采用：无节奏流水施工。

2. 流水步距：

（1）各施工过程流水节拍的累加数列：

甲：2　6　9　11

乙：3　5　8　11

丙：4　6　7　10

（2）错位相减，取最大值的流水步距：

$K_{甲,乙}$　　2　6　9　11

−）　　　　　3　5　8　11
　　　　　─────────────
　　　　　2　3　4　3　−11

所以：$K_{甲,乙} = 4$

$K_{乙,丙}$　　3　5　8　11

−）　　　　　4　6　7　10
　　　　　─────────────
　　　　　3　1　2　4　−10

所以：$K_{乙,丙} = 4$

3. 总工期：

$$T = \sum K_{j,j+1} + t_n - \sum C + \sum Z + \sum G = (4+4) + (4+2+1+3) + 2 - 1 = 19(天)$$

4. 无节奏流水施工计划图如下：

施工过程	施工进度/天																		
	1	2	3	4	5	6	7	8	9	10	11	12	13	14	15	16	17	18	19
甲	━	━				━	━	━	━	━	━								
乙				━	━	━			━	━	━	━	━	━					
丙										━	━	━	━		━	━	━	━	━

素质提升

1. 关于横道图特点的说法，正确的是（　　）。

　　A. 横道图无法表达工作间的逻辑关系

　　B. 可以确定横道图计划的关键工作和关键线路

　　C. 只能用手工方式对横道图计划进行调整

　　D. 横道图计划适用于大的进度计划系统

2. 横道图计划的特点之一是（　　）。

　　A. 适用于大的进度计划系统

　　B. 能方便地确定关键工作

　　C. 工作之间的逻辑关系不易表达清楚

　　D. 计划调整只能采用计算机进行

3. 相邻两工序在同一施工段上相继开始的时间间隔称（　　）。
   A. 流水作业　　B. 流水步距　　C. 流水节拍　　D. 技术间歇

4. 某工程划分为4个施工过程、5个施工段进行施工，各施工过程的流水节拍分别为6天、4天、4天、2天。如果组织成倍节拍流水施工，则流水施工工期为（　　）天。
   A. 40　　B. 30　　C. 24　　D. 20

5. 某基础工程土方开挖总量为8 800 m^2，该工程拟分5个施工段组织全等节拍流水施工，两台挖掘机每台班产量定额均为80 m^3，其流水节拍为（　　）天。
   A. 55　　B. 11　　C. 8　　D. 6

6. 对多层建筑物，为保证层间连续作业，施工段数 m 应（　　）施工过程数 n。
   A. 大于　　B. 小于　　C. 等于　　D. 大于或等于

7. 组织无节奏分别流水施工时，应用潘考夫斯基定理确定流水步距的目的是保证（　　）。
   A. 时间连续　　　　　　　　B. 空间连续
   C. 工作面连续　　　　　　　D. 时间和空间均连续

8. 全等节拍流水施工的特点是（　　）。
   A. 各专业队在同一施工段流水节拍固定
   B. 各专业队在施工段可间歇作业
   C. 各专业队在各施工段的流水节拍均相等
   D. 专业队数等于施工段数

9. 某基础工程有挖土、垫层、混凝土浇筑、回填土4个施工过程，分5个施工段组织流水施工，流水节拍均为3天，且混凝土浇筑2天后才能回填土，该工程的施工工期为（　　）天。
   A. 39　　B. 29　　C. 26　　D. 14

10. 多层建筑物在保证层间连续施工的前提下，组织全等节拍流水施工的工期计算式 $T = (j \cdot m + n - 1) \cdot k + \sum Z - \sum C$ 中的 Z_1 为两施工过程（　　）。
    A. 一层内的技术组织间歇时间　　　　B. 在楼层间的技术组织间歇时间
    C. 在一层内的平行搭接时间　　　　　D. 层内和层间技术组织间歇时间之和

11. 在流水施工方式中，成倍节拍流水施工的特点之一是（　　）。
    A. 相邻专业工作队之间的流水步距相等，且等于流水节拍的最大公约数
    B. 相邻专业工作队之间的流水步距相等，且等于流水节拍的最小公倍数
    C. 相邻专业工作队之间的流水步距不相等，但其值之间为倍数关系
    D. 同一施工过程在各施工段的流水节拍不相等，但其值之间为倍数关系

12. 某工程有前后两道施工工序，在4个施工段组织时间连续的流水施工，流水节拍分别为4天、3天、2天、5天与3天、2天、4天、3天，则组织时间连续时的流水步距与流水施工工期分别为（　　）天。
    A. 5和17　　B. 5和19　　C. 4和16　　D. 4和26

13. 某两层建筑物有 $A→B→C$ 三道工序，组织流水施工，施工过程 A 与 B 之间技术间歇2天，施工过程 C 与 A 之间技术间歇1天，流水节拍均为1天，试绘制其流水施工横道图计划。

14. 某二层砖混结构工程，有砌墙→安预制梁→现浇板三道工序，流水节拍分别为4天、2天、2天，现浇板需养护2天。试组织成倍节拍流水施工。

模块 4　网络计划

4.1　概　述

4.1.1　网络计划的产生和发展

从 20 世纪初 H.L 甘特创造出"横道图法",人们便习惯于用横道图表示工程项目进度计划。随着现代化生产的不断发展,项目的规模越来越大,影响因素越来越多,项目的组织管理工作也越来越复杂。为了适应对复杂系统进行管理的需要,20 世纪 50 年代,在美国相继研究并使用了两种进度计划管理方法,即关键线路法（Critial Path Method,CPM）和计划评审技术（Program Evaluation and Review Technique,PERT）。国外多年实践证明,应用网络计划技术组织与管理生产一般能缩短时间 20% 左右,降低成本 10% 左右。当前,世界各国都非常重视现代管理科学,网络计划技术已被许多国家认为是当前最为行之有效的、先进的、科学的管理方法。

20 世纪 60 年代中期,在华罗庚教授倡导下,我国开始在国民经济各部门试点应用网络计划技术。为了进一步推进网络计划技术的研究、应用和教学,1992 年我国发布了《网络计划技术》（GB/T13400.1~3—92）三个国家标准（术语、画法和应用程序）,将网络计划技术的研究和应用提升到新水平。行业标准《工程网络计划技术规程》（JGJ/T121—99）的发布必将进一步推动工程网络计划技术的发展和应用水平的提高。

4.1.2　网络计划的特点

网络计划技术既是一种科学的计划方法,又是一种有效的生产管理方法。与横道图计划管理方法相比,网络计划技术具有如下特点:

（1）网络计划把整个施工过程中各有关工作组成一个有机的整体,因而能全面而明确地反映出各工序之间的相互制约和相互依赖的关系,能够清楚地看出全部施工过程在计划中是否合理。

（2）网络计划可以通过时间参数计算,能够在工作繁多、错综复杂的计划中,找出影响工程进度的关键工作;便于管理人员集中精力抓住施工中的主要矛盾,确保按期竣工,避免盲目抢工。在通常的情况下,当计划内有 10 项工作时,关键工作只有 3~4 项,占 30%~40%;有 100 项工作时,关键工作只有 12~15 项,占 12%~15%;有 5 000 项时,关键工作也不过 150~160 项,占 3%~4%;世界上曾经有过 10 000 项工作的计划,其中关键工作只占 1%~2%。

（3）通过利用网络计划中反映出来的各工作的机动时间,可以更好地运用和调配人力与设备,节约人力、物力,达到降低成本的目的。

（4）通过对计划的优劣比较,可在若干可行性方案中选择最优方案。

（5）在计划的执行过程中,当某一工作因故提前或拖后时,能从计划中预见到它对其他工作及总工期的影响程度,便于及早采取措施以充分利用有利的条件或有效地消除不利的因素。

（6）它还可以利用现代化的计算工具——计算机,对复杂的计划进行绘图、计算、检查、调整与优化。

网络计划的缺点是从图上很难清晰地看出流水作业的情况，也难以根据一般网络图算出人力及资源需要量的变化情况。

从以上我们可以看出，网络计划技术的最大特点就在于它能够提供施工管理所需的多种信息，有利于加强工程管理。所以，网络计划技术已不仅是一种编制计划的方法，而且还是一种科学的工程管理方法。它有助于管理人员合理地组织生产，使他们做到心中有数，知道管理的重点应放在何处，怎样缩短工期，在哪里挖掘潜力，如何降低成本。在工程管理中提高应用网络计划技术的水平，必能进一步提高工程管理的水平。

4.2 双代号网络计划

双代号网络计划是目前我国建筑业应用较为广泛的一种网络计划表达形式，是由若干表示工作的箭线（Arrow）和节点（Node）所构成的网状图形。其中每一项工作都用一根箭线和两个节点来表示，每一个节点都编以号码，箭线前后两个节点的号码即代表该箭线所表示的工作，"双代号"的名称即由此而来。

4.2.1 双代号网络图的组成

1. 工作（Activity）

（1）工作又称工序、活动，是指计划按需要粗细程度划分而成的一个消耗时间或也消耗资源的子项目或子任务。

① 在双代号网络图中的工作用箭线表示，如图 4-1 所示，图中 i 为箭尾节点，表示工作的开始；j 为箭头节点，表示工作的结束。工作的名称写在箭线的上面，完成工作所需要的时间写在箭线的下面，如图 4-1（a）所示。若箭线垂直向下画或垂直向上画，工作名称应书写在箭线左侧，工作持续时间书写在箭线右侧，如图 4-1（b）所示。

图 4-1 双代号网络图表示法

② 即使不消耗人力、物力，但要消耗时间的活动过程仍然是工作。例如，混凝土浇筑后的养护过程，几乎不消耗资源，但需要时间去完成，仍然是工作。

③ 工作根据一项计划（或工程）的规模不同其划分的粗细程度，大小范围也有所不同。例如，对于一个规模较大的建设项目来讲，一项工作可能代表一个单位工程或一个构筑物；而对于一个单位工程，一项工作可能只代表一个分部或分项工作。

④ 在无时标的网络图中，箭线的长短并不反映该工作占用时间的长短。原则上讲，箭线的形状可以任意画，可以是水平直线，也可以画成折线或斜线，但不得中断。在同一张网络图上，箭线的画法要求统一，图面要求整齐醒目，最好画成水平直线或带水平直线的折线，箭线优先选用水平走向，其方向尽可能由左向右画出。

（2）按照网络图中工作之间的相互关系，可将工作分为以下几种类型：

① 紧前工作（Front Closely Activity）。如图 4-2 所示，在网络图中，相对于工作 $i—j$ 而言，紧排在本工作 $i—j$ 之前的工作 $h—i$，称为工作 $i—j$ 的紧前工作。即 $h—i$ 完成后本工作即可开始；若不完成，本工作不能开始。在双代号网络图中，工作与其紧前工作之间可能有虚工作。

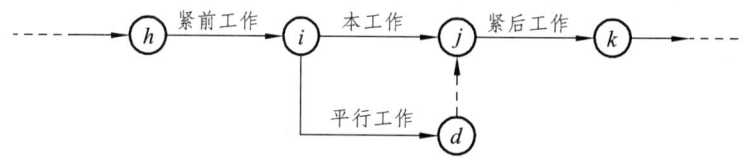

图 4-2 工作间的关系

② 紧后工作（Back Closely Activity）。如图 4—2 所示，在网络图中，紧排在本工作 $i—j$ 之后的工作 $j—k$ 称为工作 $i—j$ 的紧后工作，本工作完成之后，紧后工作即可开始；否则，紧后工作就不能开始。

③ 平行工作（Concurrent Activity）。如图 4-2 所示，在网络图中，可以和本工作 $i—j$ 同时开始和同时结束的工作。如图中的工作 $i—d$ 就是 $i—j$ 的平行工作。

④ 先行工作（Preceding Activities）。自起点节点顺着箭头方向至本工作开始节点之前各条线路上的所有工作，称为本工作的先行工作。

⑤ 后续工作（Succeeding Activities）。本工作结束节点之后顺着箭头方向至终点节点之前各条线路上的所有工作，称为本工作的后续工作。

绘制网络图时，最重要的是明确各工作之间的紧前或紧后关系。只要这一点弄清楚了，其他任何复杂的关系都能借助网络图中的紧前或紧后关系表达出来。

（3）虚工作（Dummy Activity）。不消耗时间和资源的工作称为虚工作，即虚工作的持续时间为零。通常用虚箭线表示，如图 4-3（a）所示，当虚箭线很短，在画法上不易表示时，可采用工作持续时间为零的实箭线标识，如图 4-3（b）所示。虚工作实际上是用来表示工作间逻辑关系的一种符号。

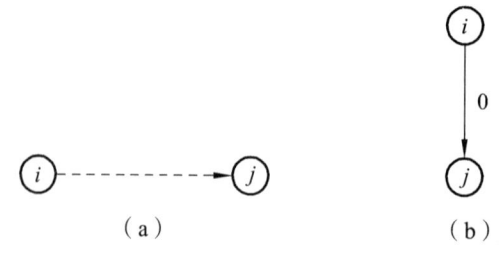

图 4-3 虚工作表示法

2. 节点（Node）

（1）在网络图中箭线的出发和交汇处通常画上圆圈，用以标志该圆圈前面一项或若干项工作的结束和允许后面一项或若干项工作开始的时间点称为节点（也称为结点、事件）。

（2）在网络图中，节点不同于工作，它只标志着工作的结束和开始的瞬间，具有承上启下的衔接作用，而不需要消耗时间或资源。如图 4-4 中的节点 2，它表示工作 A 的结束时刻和工作 C 的开始时刻。节点的另一个作用如前所述，在网络图中，一项工作可以用其前后两个节点的编号表示。如图 4-4 中，工作 E 可用节点"3—5"表示。

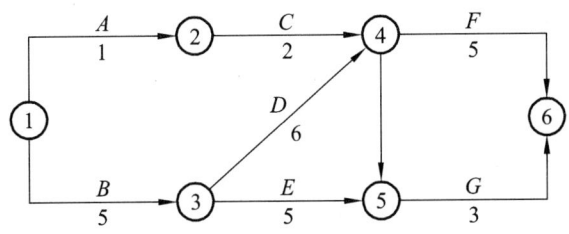

图 4-4 双代号网络示意图

（3）箭线出发的节点称为开始节点（Preceding Node），箭线进入的节点称为完成节点（Succeeding Node），表示整个计划开始的节点称为网络图的起点节点（Start Node），表示整个计划最终完成的节点称为网络图的终点节点（End Node），其余称为中间节点。所有的中间节点都具有双重的含义，既是前面工作的完成节点，又是后面工作的开始节点，如图 4-5（a）所示。

（4）在一个网络图中可以有许多工作通向一个节点，也可以有许多工作由同一个节点出发，如图 4-5（b）所示。我们把通向某节点的工作称为该节点的紧前工作，这些箭线称为内向箭线；把从某节点出发的工作称为该节点的紧后工作，这些箭线称为外向箭线。

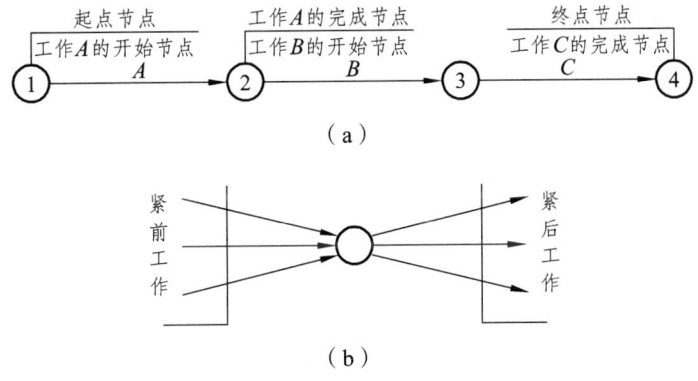

图 4-5 节点示意图

3. 线路（Path）

网络图中从起点节点开始，沿箭线方向连续通过一系列箭线与节点，最后到达终点节点所经过的通路，称为线路。每一条线路都有自己确定的完成时间，它等于该线路上各项工作持续时间的总和，称为线路时间。以图 4-4 为例，列表计算如下：

如表 4-1 所示：图 4-4 中共有 5 条线路，其中第三条线路即 1—3—5—6 的时间最长，为 16 天，像这样在整个网络线路中线路时间最长的线路称

表 4-1 网络图线路时间计算表

序号	线　　　路	线长
1	①—1→②—2→④—5→⑥	8
2	①—1→②—2→④—0→⑤—3→⑥	6
3	①—5→③—6→④—5→⑥	16
4	①—5→③—6→④—0→⑤—3→⑥	14
5	①—5→③—5→⑤—3→⑥	13

为关键线路（也称主要线路），位于关键线路上的工作称为关键工作。关键工作完成的快慢直接影响整个计划工期的实现。因此为了醒目，关键线路一般用粗线（或双箭线、红箭线）来表示。

在网络图中关键线路有时不止一条，可能同时存在几条关键线路，即这几条线路上的持续时间相同且是线路持续时间的最大值。但从管理的角度出发，为了实行重点管理，一般不希望出现太多的关键线路。

关键线路并不是一成不变的。在一定的条件下，关键线路和非关键线路可以相互转化。例如，当采用了一定的技术组织措施，缩短了关键线路上各工作的持续时间就有可能使关键线路发生转移，使原来的关键线路变成非关键线路，而原来的非关键线路却变成关键线路。

位于非关键线路的工作除关键工作外，其余称为非关键工作。非关键工作具有机动时间（即时差），也不是一成不变的，它可以转化为关键工作。利用非关键工作的机动时间可以科学地、合理地调配资源和对网络计划进行优化。

4.2.2 双代号网络图的绘制

1. 项目的分解

任何一个工程项目都是由许多具体工作和活动所组成的。所以，要绘制网络图，首要的问题是将一个项目根据需要分解成一定数量的独立工作和活动，其粗细程度可以根据网络计划的作用加以确定：宏观控制的网络计划，可以分解得粗一些；具体实施的网络计划，可以分解得细一些。项目分解和工艺、方法的确定是密切相关的。对于较复杂的项目，项目分解是一项深入细致的工作，通常是在工艺和方法确定的基础上进行的。项目分解的结果是要明确工作的名称、工作的范围及内容等。施工项目结构分解的方法主要有：

（1）按实施过程进行分解。

对于一个完整的施工项目来说，必然有一个实施的全过程。按实施过程进行分解即可得到项目的实施活动。常见的施工项目分为施工准备工作、地基基础工程、主体工程、机械和电气设备安装、附属设施、装饰工程和竣工验收等。

按实施过程进行分解并非在项目结构图的最低一层，通常在第2层或第3层。例如：某土建施工项目中共有准备工作、地基基础工程、土方及外防水、地下结构、上部结构、附属设施、竣工验收7个二级项目单元。其分解形式见图4-6。

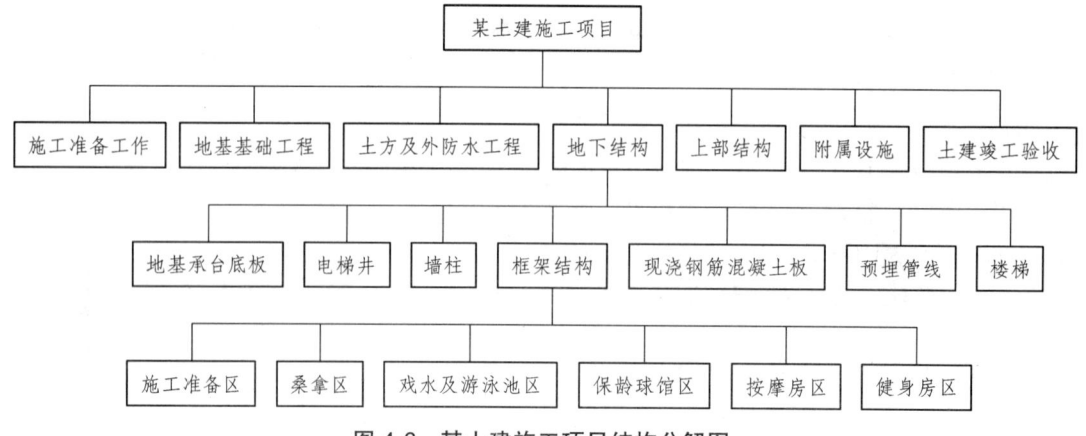

图4-6 某土建施工项目结构分解图

（2）按平面或空间位置进行分解。

项目、子项目可以按几何形体进行分解。例如图4-6中地下结构按平面位置分解为地基承台底板、电梯井、墙柱、框架结构、现浇钢筋混凝土板、楼梯等三级项目单元。

（3）按功能进行分解。

功能是工程项目建好后应具有的作用，常常是在一定的平面和空间上起作用的，所以有时又被称为"功能面"。工程项目的运行实质是各个功能作用的组合。一般房屋建筑都具备建筑和主体结构这两个主要功能，而其他的功能与建筑用途有关。例如：图4-6所示娱乐城可能划分为娱乐和服务的功能，如图的第4级项目单元框架结构的施工准备区、桑拿区、保龄球管区、健身房区等。

（4）按要素进行分解。

一个功能面分为各个专业要素，分解时必须有明显的专业特征。如在图4-6的第4级各功能面上还可再分为配电及控制室等要素。同时，这些要素还可以进一步分解为子要素，如配电室可分为供电系统和照明系统等。

在对施工项目进行结构分解时，这些方法的选择是有针对性的，应符合工程的特点和项目自身的规律性，以实现项目的总目标。

2. 工作的逻辑关系分析及其表示方式

在网络计划中，正确地表示各工作间的逻辑关系是一个核心问题。那么什么是逻辑关系呢？逻辑关系就是各工作在进行作业时，客观上存在的一种先后顺序关系。工作的逻辑关系分析是根据施工工艺和施工组织的要求，确定各道工作之间的相互依赖和相互制约的关系，以方便绘制网络图。这种逻辑关系可归纳为两大类：

（1）工艺关系。

它是由施工工艺或工作程序决定的工作之间的先后顺序关系。如图4-7中，支模1→扎筋1→混凝土1。

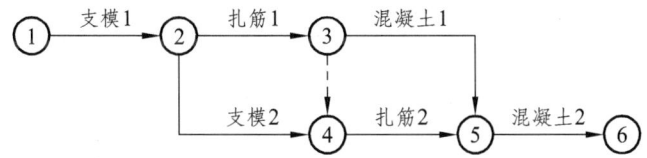

图4-7 某混凝土工程双代号网络图

这种关系是受客观规律支配的，一般是不可改变的。当一个工程的施工方法确定之后，工艺关系也就随之被确定下来。如果违背这种关系，将不可能进行施工，或会造成质量、安全事故，导致返工和浪费。

（2）组织关系。

它是在施工过程中，由于组织安排需要和资源（劳动力、机械、材料和构件等）调配需要而规定的先后顺序关系。如图4-7中，支模1→支模2、扎筋1→扎筋2等为组织关系。

这种关系不是由工程本身决定的而是人为的。组织方式不同，组织关系也就不同，所以它不是一成不变的。但是不同的组织安排，往往产生不同的组织效果，所以组织关系不但可以调整，而且应该优化。这是由组织管理水平决定的，应该按组织规律办事。

为便于绘图和计算，逻辑关系分析完成之后，应根据工作（分部分项工程、工作）间的工艺关系编制成一张明细表。例如表4-2为某钢筋混凝土工程分部分项明细表。

表 4-2　某钢筋混凝土工程划分三个施工段时工作表

工作名称	工作代号	紧前工作	工作时间	工作名称	工作代号	紧前工作	工作时间
支模 1	A	—	2	浇注混凝土 2	F	C,E	1
绑钢筋 1	B	A	2	支模 3	G	D	2
浇注混凝土 1	C	B	1	绑钢筋 3	H	G,E	2
支模 2	D	A	3	浇注混凝土 3	I	F,H	1
绑钢筋 2	E	B,D	3				

（3）各种逻辑关系的正确表示方法。

在网络图中，各工作之间在逻辑上的关系是变化多端的。表 4-3 所列的是网络图中常见的一些逻辑关系及其表示方法。

表 4-3　网络图中各工作逻辑关系表示方法

序号	工作之间的逻辑关系	网络图表示方法	说　　明
1	有 A、B 两项工作按照顺序施工方式进行		B 工作依赖着 A 工作，A 工作约束着 B 工作的开始
2	有 A、B、C 三项工作同时开始		A、B、C 三项工作称为平行工作
3	有 A、B、C 三项工作同时结束		A、B、C 三项工作称为平行工作
4	有 A、B、C 三项工作，只有在 A 完成后，B、C 才能开始		A 工作制约着 B、C 工作的开始，B、C 为平行工作
5	有 A、B、C 三项工作，C 工作只有在 A、B 完成后才能开始		C 工作依赖着 A、B 工作，A、B 为平行工作
6	有 A、B、C、D 四项工作，只有当 A、B 完成后 C、D 才能开始		通过中间节点 j 正确地表达了 A、B、C、D 之间的关系
7	有 A、B、C、D 四项工作，A 完成后 C 才能开始，A、B 完成后 D 才能开始		D 与 A 之间引入了逻辑连接（虚工作），只有这样才能正确表达它们之间的约束关系
8	有 A、B、C、D、E 五项工作，A、B 完成后 C 开始，B、D 完成后 E 开始		虚工作 $i-j$ 反映出 C 工作受到 B 工作的约束；虚工作 $i-k$ 反映出 E 工作受到 B 工作的约束
9	有 A、B、C、D、E 五项工作，A、B、C 完成后 D 才能开始，B、C 完成后 E 才能开始		这是前面序号 1、5 情况通过虚工作连接起来的，虚工作表示 D 工作受到 B、C 工作的制约
10	有 A、B 两项工作，分三个施工段，平行施工		每个工种工程建立专业工作队，在每个施工段上进行流水作业，不同工种之间用逻辑搭接关系表示

3. 虚箭线在双代号网络图中的应用

通过前面介绍的各种工作逻辑关系的表示方法,可以清楚地看出,虚箭线不是一项正式的工作,而是在绘制网络图时根据逻辑关系的需要而增设的。虚箭线的作用主要是帮助正确表达各工作间的关系,避免逻辑错误。

(1)虚箭线在工作的逻辑连接方面的应用。

绘制网络图时,经常遇到图 4-8 中的情况,A 工作结束后可同时进行 B、D 两项工作。C 工作结束后进行 D 工作。从这四项工作的逻辑关系可以看出,A 的紧后工作为 B,C 的紧后工作为 D,但 D 又是 A 的紧后工作,为了把 A、D 两项工作紧前紧后的关系表达出来,这时就需要引入虚箭线。因虚箭线的持续时间是零,虽然 A、D 间隔有一条虚箭线,又有两个节点,但二者的关系仍是在 A 工作完成后 D 工作才可以开始。

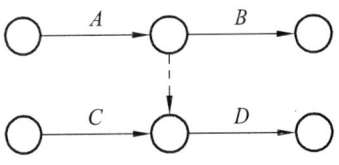

图 4-8 虚箭线的应用之一

(2)虚箭线在工作的逻辑"断路"方面的应用。

绘制双代号网络图时,最容易产生的错误是把本来没有逻辑关系的工作联系起来,使网络图发生逻辑上的错误。这时就必须使用虚箭线在图上加以处理,以隔断不应有的工作联系。产生错误的地方总是在同时有多条内向和外向箭线的节点处,画图时应特别注意。只有一条内向或外向箭线之处一般不易出错。

例:某工程由支模板、绑钢筋、浇混凝土等三个分项工程组成,它在平面上划分为Ⅰ、Ⅱ、Ⅲ三个施工阶段,已知其双代号网络图如图 4-9 所示,试判断该网络图的正确性。

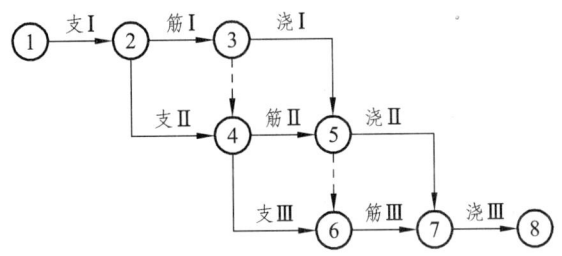

图 4-9 双代号网络图

判断网络图的正确与否,应从网络图是否符合工艺逻辑关系要求、是否符合施工组织程序要求、是否满足空间逻辑关系要求三个方面分析。由图 4-9 可以看出,该网络图符合前两个方面要求,但不满足空间逻辑关系要求,因为第Ⅲ施工段的支模板不应受到第Ⅰ施工段绑钢筋的制约,第Ⅲ施工段绑钢筋不应受到第Ⅰ施工段浇混凝土的制约,这说明空间逻辑关系表达有误。

在这种情况下,就应采用虚工作在线路上隔断无逻辑关系的各项工作,这种方法就是"断路法"。上述情况如要避免,必须运用断路法,增加虚箭线来加以分隔,使支模Ⅲ仅为支模Ⅱ的紧后工作,而与钢筋Ⅰ断路;使钢筋Ⅲ仅为钢筋Ⅱ的紧后工作,而与浇筑混凝土Ⅰ断路。正确的网络图应如图 4-10 所示。这种断路法在组织分段流水作业的网络图中使用很多,十分重要。

(3)两项或两项以上的工作同时开始和同时完成时,必须引进虚工作,以免造成混乱。

一个箭线和与其相关的节点只能代表一项工作,不允许代表多项工作。例如图 4-11(a)中,A、B 两项工作的箭线共用①、②两个节点,1—2 代号既表示 A 工作又可表示 B 工作,代号不清,就会在工作中造成混乱。而图 4-11(b)中,引进了虚箭线,即图中的 2—3,这样 1—2 表示 A 工作,1—3 表示 B 工作,前面那种两项工作共用一个双代号的现象就消除了。

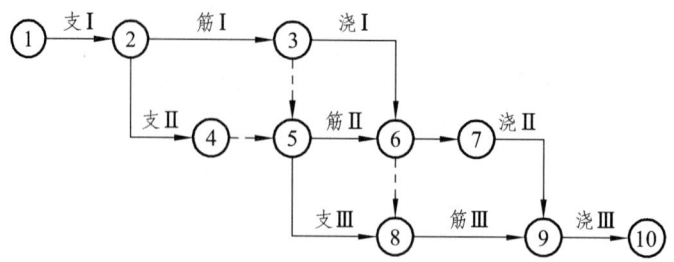

图 4-10　正确表达逻辑关系

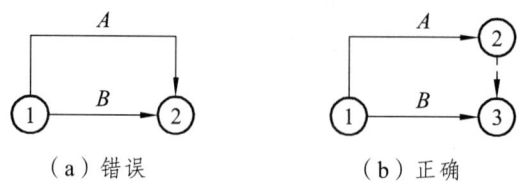

（a）错误　　　　　　　　（b）正确

图 4-11　虚箭线的应用之二

（4）虚箭线在不同工程项目的工作之间互相有联系时的应用。

在不同工程项目之间，施工过程中的某些工作可能会有联系时，也可引用虚箭线来表示它们的相互关系。例如，在两条平行施工的作业线（或两项工程）施工中，绘制网络图时，把两条作业线分别排列在两条水平线上，如果两条作业线上某些工作要利用同一台机械或由某一工人班组进行施工时，这些联系就应用虚箭线来表示，如图 4-12 所示。

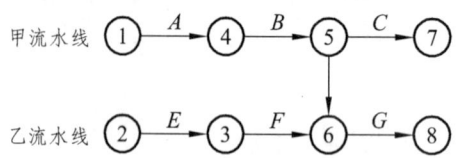

图 4-12　虚箭线的应用之三

图 4-12 中，甲流水线的 B 工作需待 A 工作和乙流水线的 E 工作完成后才能开始；乙工程的 G 工作需待 F 工作和甲流水线的 B 工作完成后才能开始。

从以上可以看出，在绘制双代号网络图时，灵活地应用虚箭线是非常重要的；但应用又要恰如其分，不得滥用，因为每增加一条虚箭线，一般就要相应地增加节点，这样不仅使图面繁杂，增加绘图工作量，而且还要增加时间参数计算量。

（5）虚工作的判断。

虚工作的数量：设某工程项目分解为 1，2，…，n 项工作，某项工作的紧后工作的集合为 X_i，对任意两项工作 I、J（工作 I、J 互不为平行工作）的紧后工作的集合 X_i、X_j 取交集（i，j = 1，2，…，n），可能出现三种情形：① $X_i \cap X_j = X_i = X_j$，即工作 I、J 的紧后工作完全相同；② $X_i \cap X_j = \emptyset$，即工作 I、J 的紧后工作完全不同；③ $X_i \cap X_j = K_{i,j}$，即工作 I、J 的紧后工作既有相同（集合 $K_{i,j}$ 中的工作），又有不同（集合 $X_i - K_{i,j}$ 与 $X_j - K_{i,j}$ 中的工作）。

当两项工作的紧后工作属于情形①或②时，此两项工作的紧后均不存在虚工作；当两项工作的紧后工作属于情形③时，此两项工作当中的一项或两项的紧后必定存在虚工作。

虚工作的位置（虚工作的开始节点）：虚工作由有不同紧后工作的那项工作发出，即虚工作的开始节点为有不同紧后工作的那项工作的结束节点。

当 $X_i \cap X_j = K_{i,j} = X_i$，$K_{i,j} \subset X_j$ 时，虚工作由 J 工作发出，即虚工作的开始节点为 J 工作的结束节点；当 $X_i \cap X_j = K_{i,j} = X_j$，$K_{i,j} \subset X_i$ 时，虚工作由 I 工作发出，即虚工作的开始节点为 I 工作的结束节点。

虚工作的指向（虚工作的结束节点）：虚工作指向相同的紧后工作（集合 $K_{i,j}$ 中的工作），即虚工作的结束节点为集合 $K_{i,j}$ 中的工作的开始节点。

例如：A、B、C、D 四项工作，A 工作完成后进行 C，A、B 均完成后进行 D。绘制这四项工作的双代号逻辑关系图。

表 4-4 工作逻辑关系表

工作名称	A	B
紧后工作	C D	D

首先，将 A、B、C、D 四项工作的逻辑关系制成表格，如表 5-4 所示。然后判断虚工作：

① A 工作的紧后工作集为 $X_1 = \{C, D\}$，B 工作的紧后工作集为 $X_2 = \{D\}$，$X_1 \cap X_2 = K_{1,2} = \{D\}$。$A$、$B$ 工作有相同的紧后工作 D；相对 B 工作而言，A 工作有一个不同的紧后工作 C，因此 A、B 两项工作的紧后必定存在虚工作。

② 由于 A 工作有一个不同的紧后工作 C，所以虚工作应由 A 工作发出，即虚工作的开始节点为 A 工作的结束节点。

③ 由于两项工作有相同的紧后工作 D，所以虚工作应指向 D 工作，即虚工作的结束节点为 D 工作的开始节点。

结论：在这四项工作的逻辑关系图中存在 1 个虚工作，由 A 工作的结束节点发出，指向 D 工作的开始节点，即 $A \rightarrow D$。

绘图：A 的紧后工作 C 的开始节点即 A 的结束节点；A 的另一紧后工作 D 需引入 $A \rightarrow D$ 的虚工作来表达；B 的紧后工作 D 的开始节点即 B 的结束节点。四项工作的双代号逻辑关系图如图 4-13 所示。

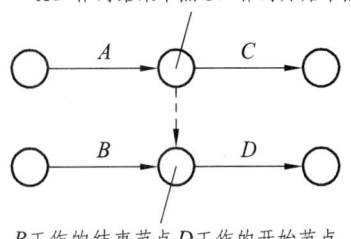

图 4-13 虚工作的判断

4. 绘制双代号网络图的基本规则

网络计划技术在建筑施工中主要用来编制建筑施工企业或工程项目生产计划和工程施工进度计划。因此，网络图必须正确地表达整个工程的施工工艺流程和各工作开展的先后顺序以及它们之间相互制约、相互依赖的约束关系。为此，在绘制网络图时必须遵循一定的规则。

（1）双代号网络图必须正确地表达已确定的逻辑关系。

绘制网络图之前，要正确确定工作之间顺序，明确各工作之间的衔接关系，根据工作的先后顺序逐步把代表各项工作的箭线连接绘制成网络图。各工作间的逻辑关系表示是否正确，是网络图能否反映工程实际的关键。如果逻辑关系错了，网络图中各种时间参数的计算就会发生错误，关键线路和工程总工期的确定也将随之发生错误。

（2）在网络图中严禁出现循环回路。

在网络图中，从一个节点出发沿着某一条线路移动，又回到原出发节点，即在网络图中出现了闭合的循环路线，称为循环回路。如图 4-14 中的 2—3—4—2，就是循环回路。它表示的网络图在逻辑关系上是错误的，在工艺关系上是矛盾的。

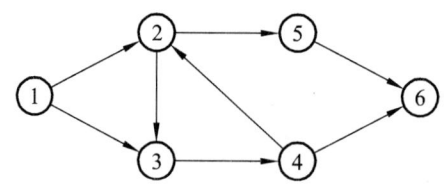

图 4-14 循环回路示意图

（3）双代号网络图中，在节点之间严禁出现带双箭头或无箭头的连线。

用于表示工程计划的网络图是一种有序的有向图，沿着箭头指引的方向进行，因此一条箭线只有一个箭头，不允许出现方向矛盾的双箭头和无方向的无箭头箭线。图 4-15 所示即为错误的工作箭线画法，其工作进行的方向不明确，因而不能达到网络图有向的要求。

（a）双向箭头　　　　　　（b）无箭头

图 4-15 错误的工作箭线画法

（4）网络图中，严禁出现没有箭头节点或没有箭尾节点的箭线，如图 4-16 所示。

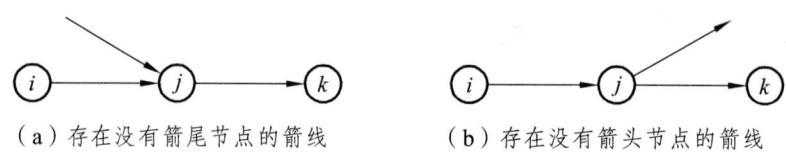

（a）存在没有箭尾节点的箭线　　　　（b）存在没有箭头节点的箭线

图 4-16 错误的画法

（5）当网络图的某些节点有多条内向箭线或多条外向箭线时，为使图形简洁，在不违背"一项工作应只有唯一的一条箭线和相应的一对节点编号"的规定的前提下，可采用母线法绘图。使多条箭线经一条共用的母线线段从节点引出如图 4-17（a）所示；或使多条箭线经一条共用的母线线段引入节点，如图 4-17（b）所示。当箭线线型不同（如粗线、细线、虚线、点画线或其他线型等）时，可在母线引出的支线上标出。

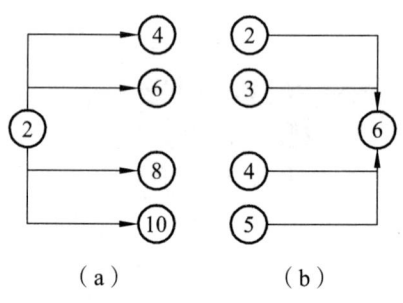

图 4-17 母线法绘图示意

（6）绘制网络图时，箭线不宜交叉；当交叉不可避免时，不能直接相交画出，可选用过桥法或指向法。如图 4-18 所示。

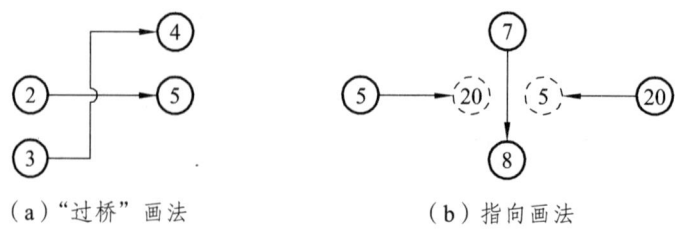

（a）"过桥"画法　　　　　　（b）指向画法

图 4-18 交叉箭线画法示意图

（7）在网络图中，应只有一个起点节点；在不分期完成任务的网络图中，应只有一个终点节点；而其他所有节点均应是中间节点。

如图 4-19（a）所示的网络图中①、③节点均没有内向箭线，故可认为这两个节点都是起点节点，这是不允许的。如果遇到了这种情况，应根据实际的施工工艺流程增加一个虚箭线，如图 4-19（b）才是正确的；在不违背第 3 条规则的情况下也可将没有紧前工作的节点全部并入网络图的起点，如在本例中，可将多余的节点 3 删除，而直接把 1、5 两个节点用箭线连接起来，如图 4-19（c）所示。

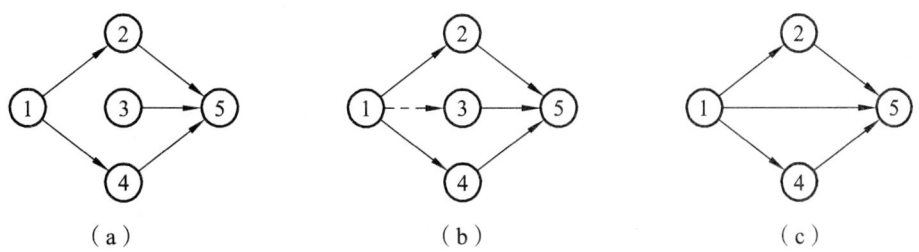

图 4-19　起点节点示意图

如图 4-20（a）所示的网络图中出现了两个没有箭线向外引出的节点 5 和节点 7。它们造成了网络逻辑关系的混乱，1—5 工作何时结束？1—5 工作对后续工作有什么样的制约关系？表达不清楚，这在网络图中是不允许的。如果遇到这种情况，应加入虚箭线调整。如图 5-20（b）所示才是正确的；在不违背第 3 条规则的情况下也可将没有紧后工作的节点 5 删除直接将节点 1 和节点 6 连接起来。

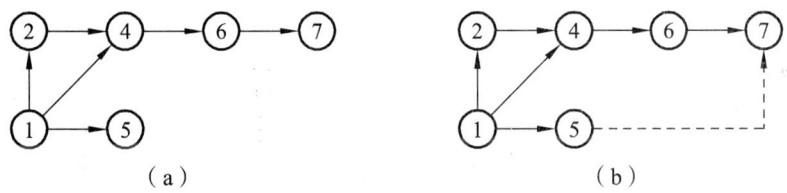

图 4-20　终点节点示意图

以上是绘制网络图应遵循的基本规则。这些规则是保证网络图能够正确反映各项工作之间相互制约关系的前提，要求熟练掌握，灵活运用。

5. 网络图的编号

按照各道工作的逻辑顺序将网络图绘好之后，就要给节点进行编号。编号的目的是赋予每道工作一个代号，便于网络图进行时间参数的计算。当采用电子计算机来进行计算时，工作代号就显得更为必要。

（1）网络图的节点编号应遵循以下规则：

① 一条箭线的箭尾节点的号码应小于箭头节点的号码（即 $i<j$），节点编号时应先编起点节点的代号，用打算使用的最小数，以后的编号每次都应比前一代号大。而且，只有指向一个节点的所有工作的箭尾节点全部编好代号，这个节点才能编一个比所有已编号码都大的代号。

② 在一个网络计划中，所有的节点都不能出现重复的编号。但是号码可以不连续，即中间可以跳号，如编成 1，3，5…或 10，15，20…均可。这样做的好处是在将来需要临时加入工作时可不致打乱全图的编号。

(2)节点编号的方法。

网络图的节点编号除应遵循上述原则外,在编排方法上也有一定的技巧,一般编号方法有水平编号法和垂直编号法两种。

① 水平编号法。

水平编号法是从起点节点开始由上到下逐行编号,每行则自左向右按顺序编排,如图 4-21 (a) 所示。

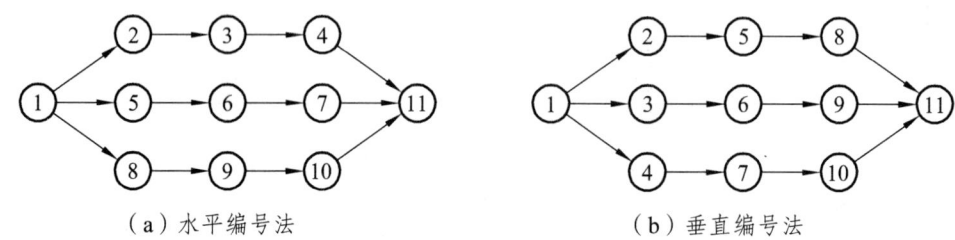

(a)水平编号法　　　　　　　　　　(b)垂直编号法

图 4-21　节点编号的方法

② 垂直编号法。

垂直编号法是从起点节点开始自左向右逐列编号,每列根据编号规则的要求或自上而下,或自下而上,或先上下后中间,或先中间后上下,如图 4-21(b)所示。

6. 网络图的布局要求

网络计划是用来指导实际工作的,所以在保证网络图逻辑关系正确的前提下,要重点突出、层次清晰、布局合理。关键线路应尽可能布置在中心位置,用粗箭线或双线箭头画出;密切相关的工作尽可能相邻布置,避免箭线交叉;尽量采用水平箭线或垂直箭线。

在正式绘制网络图之前,最好先绘成草图,然后再进行整理。图 4-22(a)所示的网络图显得十分凌乱,经过整理,逻辑关系不变,绘制成图 4-22(b),就显得条理清楚,布局也比较合理了。

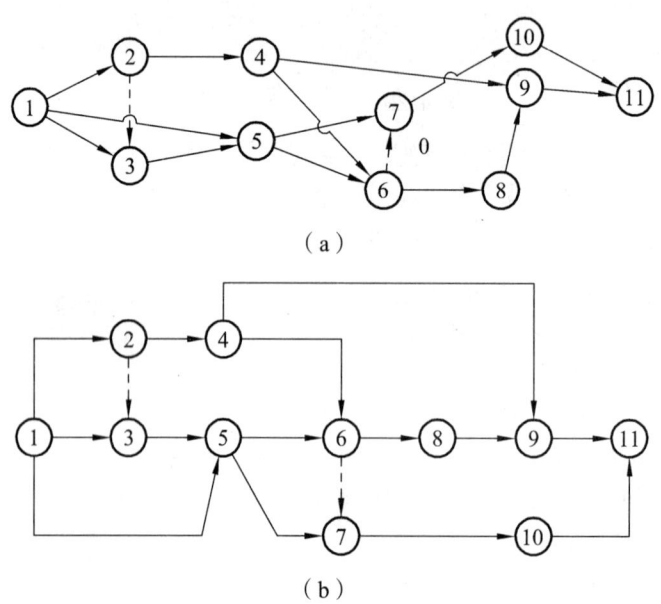

(a)

(b)

图 4-22　网络图布置示意图

7. 双代号网络图绘制实例

【例 4-1】 某现浇多层框架一个结构层的钢筋混凝土工程，由柱梁、楼板、抗震墙组合成整体框架，附设有电梯，均为现浇钢筋混凝土结构。

施工顺序大致如下：

柱和抗震墙先绑扎钢筋，后支模，电梯井先支内模；梁的模板必须待柱子模板都支好后才能开始，楼板支模可在电梯井支内模后开始；梁模板支好后再支楼板的模板；后浇捣柱子、抗震墙、电梯井壁及楼梯的混凝土，然后再开始梁和楼板的钢筋绑扎，同时在楼板上进行预埋暗管的铺设，最后浇捣梁和楼板的混凝土。其工作名称、衔接关系及工作持续时间如表 4-5 所示。

表 4-5　工作明细表

工作名称	代号	紧前工作	持续时间/天	工作名称	代号	紧前工作	持续时间/天
柱扎钢筋	A	—	2	梁支模板	I	C	3
抗震墙扎钢筋	B	A	2	楼板支模板	J	I、H	2
柱支模板	C	A	3	楼梯扎钢筋	K	G、F	1
电梯井支内模板	D	—	2	墙、柱等浇混凝土	L	K、J	3
抗震墙支模板	E	B、C	2	铺设暗管	M	L	1.5
电梯井扎钢筋	F	B、D	2	梁板扎钢筋	N	L	2
楼梯支模板	G	D	2	梁板浇混凝土	P	M、N	2
电梯井支外模板	H	E、F	2				

试根据以上资料，按照网络图绘制的要求和方法，描绘出现浇多层框架一个结构层的钢筋混凝土工程的网络图。

网络图可按以下步骤绘制：

（1）画出没有紧前工作的工作 A 和 D，如图 4-23 所示。

（2）在工作 A 的后面画出紧前工作为 A 的各工作，即工作 B、C。在工作 D 的后面画出紧前工作为 D 的各工作，即工作 G、F，但工作 F 有两道紧前工作 B 和 D，工作 E 的紧前工作有 B 和 C，对此必须引入虚工作表示，如图 4-24 所示。

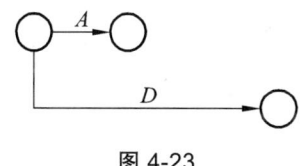

图 4-23

（3）在工作 B 的后面，画出紧前工作为 B 的各工作，即工作 E、F，但工作 E 的紧前工作有工作 B、C，F 的紧前工作有工作 B、D。

在工作 C 的后面，画出紧前工作为 C 的工作 I，如图 4-25 所示。

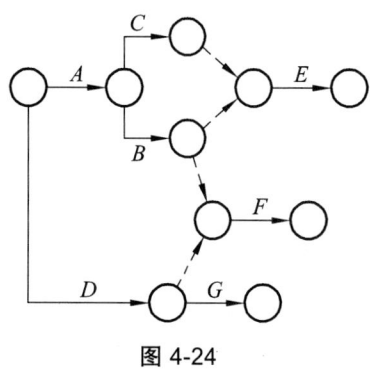

图 4-24

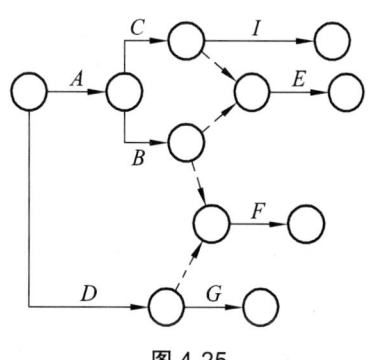

图 4-25

（4）在工作 E 的后面，画出紧前工作为 E 的工作 H，但工作 H 也有紧前工作 F，在工作 G、F 的后面有工作 K，如图 4-26 所示。

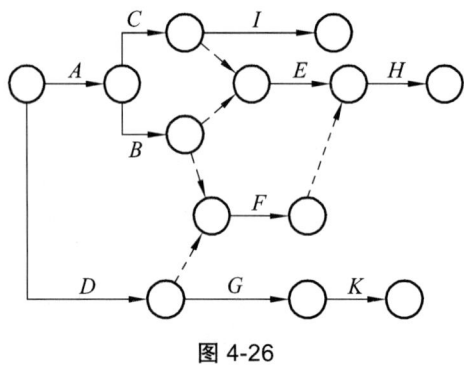

图 4-26

（5）在工作 I、H 后面，有工作 J。在工作 K、J 后有工作 L，如图 4-27 所示。

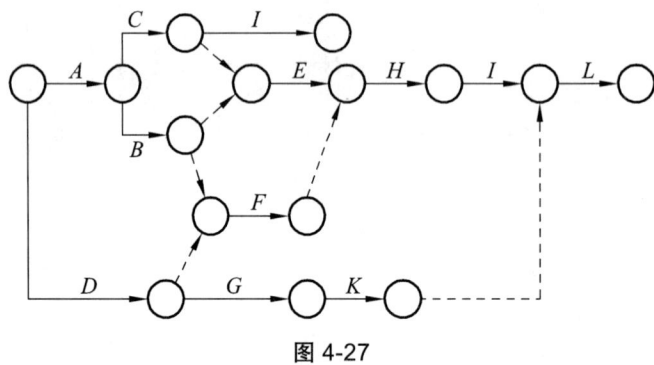

图 4-27

（6）在工作 L 之后有工作 M、N。在工作 M、N 之后有工作 P。

最后，绘制成如图 5-28 所示的网络图。网络图绘好后，将各工作相应的持续时间标注在箭线下方。然后按要求进行编号，并将各节点号码写在圆圈内。

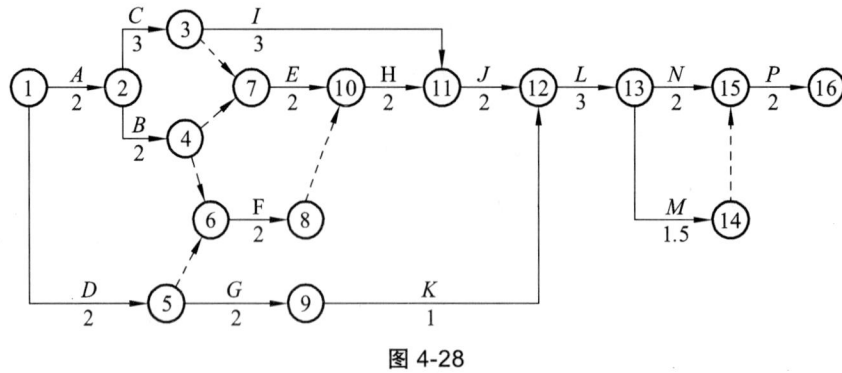

图 4-28

4.2.3 双代号网络计划时间参数的计算

分析和计算网络计划的时间参数，是网络计划方法的一项重要技术内容。通过计算网络计划的时间参数，可以确定完成整个计划所需要的时间——计划的推算工期；明确计划中各项工作的起止时间限制，分析计划中各项工作对整个计划工期的不同影响，从工期的角度区分出关键工作与非关键工作；计算出非关键工作的作业时间有多少机动性（作业时间的可伸缩度）。所以计算网络计划的时间参数，是确定计划工期的依据，是确定网络计划机动时间和关键线路的基础，是计划调整与优化的依据。

网络计划时间参数计算的基础是工作持续时间（Duration，D），工作持续时间的计算可参考第三章第二节的有关内容。

为了简化计算，网络计划的时间参数中的开始和完成时间都以时间单位的终了时刻为准。如第 3 天开始即第 3 天终了（下班）时刻开始，实际是第四天才开始；第 2 周完成即第 2 周终了时才完成。

下面以图 4-29 所示双代号网络计划为例，说明时间参数的计算过程。

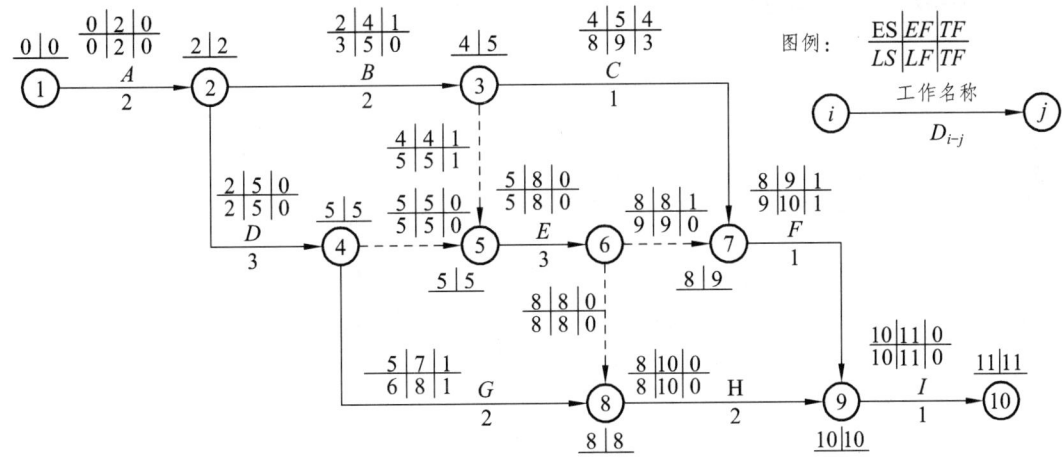

图 4-29 双代号网络图时间参数计算图

1. 按工作计算法

（1）工作最早时间的计算。

工作最早时间包括最早开始时间（ES）和最早完成时间（EF）。工作的最早开始时间是指各紧前工作（紧排在本工作之前的工作）全部完成后，本工作有可能开始的最早时刻。工作最早完成时间指本工作有可能完成的最早时刻。

工作的最早时间，应从网络计划的起点节点开始，顺着箭线方向依次逐项计算；以起点节点为开始节点的工作，当未规定其最早开始时间时，其最早开始时间等于零。例如在本例中，工作 1—2 的最早开始时间就为零，即

$$ES_{1-2} = 0 \tag{4-1}$$

工作最早完成时间可利用下式进行计算：

$$EF_{i-j} = ES_{i-j} + D_{i-j} \tag{4-2}$$

例如在本例中，工作 1 - 2 的最早完成时间为

$$EF_{1-2} = ES_{1-2} + D_{1-2} = 0 + 2 = 2$$

它工作的最早开始时间应等于其紧前工作最早完成时间的最大值，即

$$ES_{i-j} = \max\{EF_{h-i}\} \tag{4-3}$$

式中 ES_{i-j}——工作 $i—j$ 的紧前工作的最早开始时间；

EF_{h-i}——工作 $i—j$ 的紧前工作 $h—i$ 的最早完成时间。

例如在本例中，工作 2—3 的最早开始时间为

$$ES_{2-3} = EF_{1-2} = 2$$

依照公式（4-1）和（4-2）计算图 4-29 中各项工作的最早开始时间和最早完成时间，并将其计算结果标注在图上。

（2）网络计划工期的计算。

① 网络计划的计算工期：

计算工期 T_c 指根据时间参数计算得到的工期，应按下式计算：

$$T_c = \max\{EF_{i-n}\} \tag{4-4}$$

式中 EF_{i-n}——以终点节点（$j = n$）为箭头节点的工作 $i—n$ 的最早完成时间按公式（4-2）计算，图 5-29 的计算工期为

$$T_c = \max\{EF_{i-n}\} = 11$$

② 网络计划的计划工期的计算：网络计划的计划工期，指按要求工期和计算工期确定的作为实施目标的工期。其计算应按下述规定进行：

a. 已规定了要求工期 T_r： $\qquad T_p \leqslant T_r$ （4-5）

b. 未规定要求工期时： $\qquad T_p = T_c$ （4-6）

由于本例未规定要求工期，故其计划工期取其计算工期，即

$$T_p = T_c = 11$$

此工期标注在终点节点⑩之右侧，并用方框框起来。

（3）工作最迟时间的计算。

工作最迟时间包括作最迟完成时间（LF）和最迟开始时间（LS）。工作最迟完成时间是指在不影响整个任务按期完成的前提下，工作必须完成的最迟时刻。工作最迟开始时间是指在不影响整个任务按期完成的前提下，工作必须开始的最迟时刻。工作最迟时间应从网络计划的终点节点开始，逆着箭线方向依次逐项计算。

① 以终点节点（$j = n$）为箭头节点的工作的最迟完成时间 LF_{i-n}，应按网络计划的计划工期 T_p 确定，即

$$LF_{i-n} = T_p \tag{4-7}$$

例如在本例中，工作 9—10 的最迟完成时间为

$$LF_{9-10} = T_p = 11$$

② 工作 $i—j$ 的最迟开始时间应按下式计算：

$$LS_{i-j} = LF_{i-j} - D_{i-j} \tag{4-8}$$

例如在本例中，工作 9—10 的最迟开始时间为

$$LS_{9-10} = LF_{9-10} - D_{9-10} = 11 - 1 = 10$$

其他工作 i—j 的最迟完成时间 LF_{i-j}，应按下式计算：

$$LF_{i-j} = \min\{LF_{j-k} - D_{j-k}\} = \min\{LS_{j-k}\} \tag{4-9}$$

式中　LF_{j-k}——工作 i—j 的各项紧后工作 j—k 的最迟完成时间；

D_{j-k}——工作 i—j 的各项紧后工作（紧排在本工作之后的工作）的持续时间；

LS_{j-k}——工作 i—j 的各项紧后工作 j—k 的最迟开始时间。

例如在本例中，工作 8—9 和工作 5—6 的最迟开始时间为

$$LF_{8-9} = LS_{9-10} = 10$$

$$LF_{5-6} = \min\{LS_{6-8}, LS_{6-7}\} = \min\{8, 9\} = 8$$

依照公式（4-7）、（4-8）和（4-9）分别计算图 4-29 中各项工作的最迟完成时间和最迟开始时间，并将计算结果标注在图上。

（4）工作总时差（TF）的计算。

工作总时差是指在不影响总工期的前提下，本工作可以利用的机动时间。该时间应按下式计算：

$$TF_{i-j} = LS_{i-j} - ES_{i-j} \tag{4-10}$$

$$TF_{i-j} = LF_{i-j} - EF_{i-j} \tag{4-11}$$

例如在本例中，工作 3—7 的总时差为

$$TF_{i-j} = LS_{i-j} - ES_{i-j} = 8 - 4 = 4$$

或

$$TF_{i-j} = LF_{i-j} - EF_{i-j} = 9 - 5 = 4$$

按公式（4-10）或（4-11）分别计算各工作的总时差，并标注在图 4-29 上。

（5）工作自由时差（FF）的计算。

工作自由时差是指在不影响其紧后工作最早开始时间的前提下，本工作可以利用的机动时间。工作 i—j 的自由时差 FF_{i-j} 的计算应符合下列规定：

① 当工作 i—j 有紧后工作 j—k 时，其自由时差应为

$$FF_{i-j} = ES_{j-k} - EF_{i-j} \tag{4-12}$$

例如在本例中，工作 3—7 的自由时差为

$$FF_{3-7} = ES_{7-9} - EF_{3-7} = 8 - 5 = 3$$

② 以终点节点（$j = n$）为箭头节点的工作，其自由时差 FF_{i-j}，应按网络计划的计划工期 T_p 确定，即

$$FF_{i-n} = T_p - EF_{i-j} \tag{4-13}$$

例如在本例中，工作 9—10 的自由时差为

$$FF_{9-10} = T_p - EF_{9-10} = 11 - 11 = 0$$

需要指出的是,对于网络计划中以终点节点为完成节点的工作,其自由时差与总时差相等。此外,工作的自由时差由于是其总时差的构成部分,所以,当工作的总时差为零时,其自由时差必然为零,可不必进行专门计算。例如在本例中,工作 1—2、2—4、5—6、8—9 和 9—10 的总时差为零,故其自由时差也全部为零。

（6）关键工作和关键线路的确定。

① 关键工作的确定。

a. 关键工作的概念：关键工作是网络计划中总时差最小的工作。

当计划工期计算工期相等时,这个"最小值"为 0;

当计划工期大于计算工期时,这个"最小值"为正;

当计划工期小于计算工期时,这个"最小值"为负。

b. 关键工作的确定：根据上述关键工作的定义,本例中的最小总时差为零,故关键工作为 1—2、2—4、4—5、5—6、6—8、8—9、9—10,共 7 项。

② 关键线路的确定。

a. 关键线路的概念：关键线路是自始至终全部由关键工作组成的线路,或线路上总的工作持续时间最长的线路。

b. 关键线路的确定:将关键工作自左而右依次首尾相连而形成的线路就是关键线路。因此,本例的关键线路是 1—2—4—5—6—8—9—10。在关键线路上可能有虚工作存在。

③ 关键工作和关键线路的标注。

关键工作和关键线路在网络图上应当用粗线或双线或彩色线标注其箭线。

2. 按节点计算法

所谓按节点计算法,就是先计算网络计划中各个节点的最早时间和最迟时间,然后据此计算各项工作的时间参数和网络计划的计算工期。在双代号网络计划的使用中,有时并不需要将网络计划的时间参数全部计算出来,而只需要根据节点的时间参数快速地计算出计算工期即可。

（1）节点最早时间（ET_i）的计算。

节点最早时间是指该节点所有紧后工作的最早可能开始时刻。它应是以该节点为完成节点的所有工作最早全部完成的时间。

网络计划的起点节点代表整个网络计划的开始,如未规定最早时间,其值等于零。例如在本例中,起点节点的最早时间为零,即

$$ET_1 = 0 \tag{4-14}$$

其他节点的最早时间应按下式计算：

$$ET_j = \max\{ET_i + D_{i-j}\} \quad (i<j) \tag{4-15}$$

式中　ET_j——工作 $i—j$ 的完成节点 j 的最早时间；

ET_i——工作 $i—j$ 的开始节点 i 的最早时间；

D_{i-j}——工作 $i—j$ 的持续时间。

例如在本例中,节点②和节点⑤的最早时间为

$$ET_2 = \max\{ET_1 + D_{1-2}\} = \max\{0+2\} = 2$$

$$ET_5 = \max\{ET_3 + D_{3-5},\ ET_4 + D_{4-5}\} = \max\{4 + 0,\ 5 + 0\} = 5$$

综上所述，节点最早时间应从起点节点开始计算，假定 $ET_1 = 0$，然后按节点编号递增的顺序进行，直至终点节点为止。

网络计划的计算总工期等于网络计划终点节点的最早时间，即

$$T_c = ET_n \tag{4-16}$$

例如在本例中，其计算工期为

$$T_c = ET_{10} = 11$$

（2）节点最迟时间（LT_i）的计算。

节点最迟时间是指该节点所有紧前工作最迟必须结束的时刻。它是一个时间界限，应是以该节点为完成节点的所有工作最迟必须结束的时刻，若迟于这个时刻，紧后工作就要推迟开始，整个网络计划的工期就要延误。

网络计划终点节点的最迟时间等于网络计划的计划工期，即

$$LT_n = T_p \tag{4-17}$$

式中 LT_n——网络计划终点节点 n 的最迟时间。

例如在本例中，终点节点⑩的最迟时间为

$$LT_n = T_p = 11$$

其他节点的最迟时间应按下式进行计算：

$$LT_i = \min\{LT_j - D_{i-j}\} \tag{4-18}$$

式中 LT_i——工作 i—j 开始节点 i 的最迟时间；

LT_j——工作 i—j 完成节点 j 的最迟时间。

例如在本例中，节点⑨和节点⑥的最迟时间为

$$LT_9 = LT_{10} - D_{9-10} = 11 - 1 = 10$$

$$LT_6 = \min\{LT_7 - D_{6-7},\ LT_8 - D_{6-8}\} = \min\{9 - 0,\ 8 - 0\} = 8$$

综上所述，节点最迟时间的计算从终点节点开始，首先确定 LT_n，然后按照节点编号递减的顺序进行，直到起点节点为止。

（3）根据节点的最早时间和最迟时间判定工作的六个时间参数。

工作的最早开始时间等于该工作开始节点的最早时间，即

$$ES_{i-j} = ET_i \tag{4-19}$$

工作的最早完成时间等于该工作开始节点的最早时间与其持续时间之和，即

$$EF_{i-j} = ET_i + D_{i-j} \tag{4-20}$$

工作的最迟完成时间等于该工作完成节点的最迟时间，即

$$LF_{i-j} = LT_j \tag{4-21}$$

工作的最迟开始时间等于该工作完成节点的最迟时间与其持续时间之差，即

$$LS_{i-j} = LT_j - D_{i-j} \tag{4-22}$$

工作的总时差的可根据公式（4-11）和公式（4-21）得到：

$$TF_{i-j} = LF_{i-j} - EF_{i-j} = LT_j - ET_i - D_{i-j} \qquad (4\text{-}23)$$

工作的自由时差可根据公式（5-12）和公式（5-19）得到：

$$FF_{i-j} = ES_{j-k} - EF_{i-j} = ET_j - ET_i - D_{i-j} \qquad (4\text{-}24)$$

4.2.4 双代号时标网络计划

　　双代号时标网络计划（以下简称时标网络计划）是以时间坐标为尺度表示工作时间的网络计划。时标的时间单位应根据需要在编制网络计划之前确定，可为小时、天、周、月或季等。时标网络计划由于具有形象直观、计算量小的突出优点，在工程实践中应用比较普遍，在编制实施网络计划时其应用面甚至多于无时标网络计划，因此其编制方法和使用方法日益受到应用者的普遍重视。

1. 时标网络计划绘制的一般规定

（1）时标网络计划应以实箭线表示工作，以虚箭线表示虚工作，以波形线表示工作的自由时差。无论哪一种箭线，均应在其末端绘出箭头。

（2）当工作中有时差时，按图4-30所示的方式表达，波形线紧接在实箭线的末端；当虚工作有时差时，按图4-31方式表达，不得在波线之后画实线。

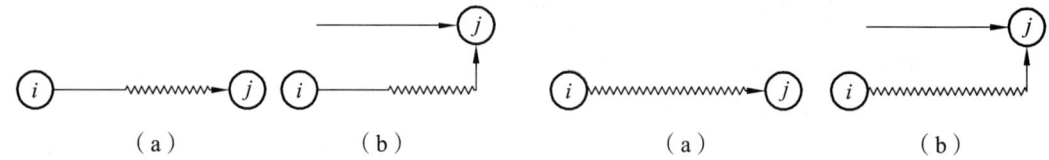

图4-30　时标网络计划的箭线画法　　　图4-31　虚工作含有时差时的表示方法

（3）工作开始节点中心的右半径及工作结束节点的左半径的长度，斜线水平投影的长度均代表该工作的持续时间值。因此为使图形表达清楚、易读易懂易计算，在时标网络计划中尽量不用斜箭线。

（4）时标网络计划宜按最早时间编制，即在绘制时应使节点和虚工作尽量向左靠，但是不能出现逆向虚箭线。这样其时差出现在最早完成时间之后，给时差的应用带来灵活性，并使时差有实际应用的价值。

（5）绘制时标网络计划之前，应先按已确定的时间单位绘出时标表。时标可标注在时标表的顶部或底部（为清楚起见，有时也可在时标表的上下同时标注。）。时标的长度单位必须注明。必要时，可在顶部时标之上或底部时标之下加注日历的对应时间。其表格式如表4-6所示。

表4-6　时标网络计划表

日　历（时间单位）	1	2	3	4	5	6	7	8	9	10	11	12
网络计划												
（时间单位）	1	2	3	4	5	6	7	8	9	10	11	12

注：时标表中的刻度线宜为细线，为使图画清晰，此线也可不画或少画。

2. 时标网络计划的绘制

时标网络计划的绘制，首先需要根据无时标的网络计划草图计算其时间参数并确定关键线路，然后在时标网络计划表中进行绘制。在绘制时应先将所有节点按其最早时间定位在时标网络计划表中的相应位置，然后再用规定线型（实箭线和虚箭线）按比例绘出工作和虚工作。当某些工作箭线的长度不足以到达该工作的完成节点时，需用波形线补足，箭头应画在与该工作完成节点的连接处。下面以图4-29所示网络图为例来加以说明：

（1）绘制网络计划草图，如图4-29所示。

（2）计算节点最早时间（或工作最早时间）并标注在图4-29上。

（3）在时标表上，按节点最早时间确定节点的位置或按最早开始时间确定每项工作开始节点的位置（图形尽量与草图保持一致）。

（4）按各工作的时间长度绘制相应工作的实线部分，使其水平投影长度等于工作持续时间；虚工作因为不占用时间，故只能以点或垂直虚线表示。

（5）用波形线把实线部分与其紧后工作的开始节点连接起来，以表示自由时差。

完成后的时标网络计划如图4-32所示。

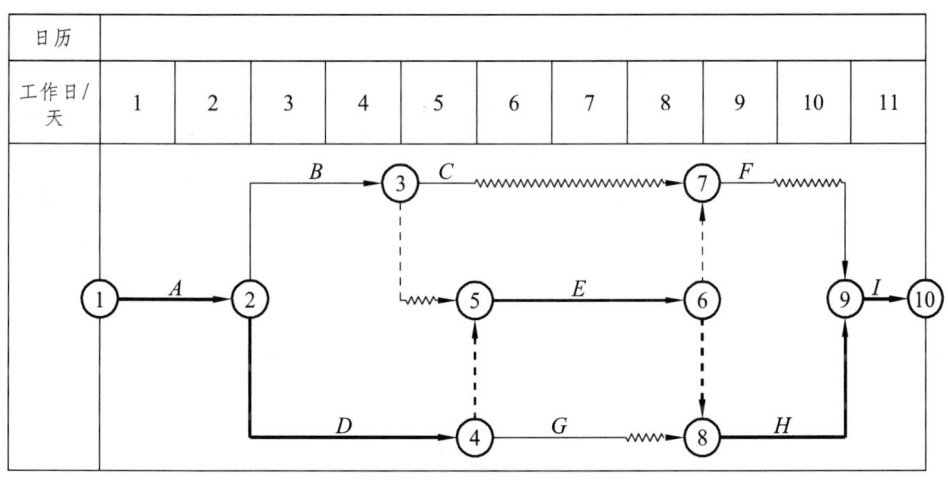

图4-32　时标网络计划

3. 时标网络计划中时间参数的判定

（1）关键线路的判定。

时标网络计划中的关键线路可从网络计划的终点节点开始，逆着箭线方向进行判定，自终至始不出现波形线的线路即为关键线路。其原因是如果某条线路自始至终都没有波形线，这条线路就都不存在自由时差，也就不存在总时差，自然它就没有机动余地，当然就是关键线路。或者说，这条线路上的各工作的最迟开始时间与最早开始时间是相等的，这样的线路特征也只有关键线路才能具备。例如，在图4-32所示时标网络计划中，线路①—②—④—⑤—⑥—⑧—⑨—⑩即为关键线路。

（2）计算工期的判定。

时标网络计划的计算工期，应等于其终点节点所对应的时标值与起点节点所对应的时标值之差。例如，图4-32所示时标网络计划的总工期 $T = 11 - 0 = 11$ 天。

(3) 工作时间参数的判定。

① 工作最早开始时间和最早完成时间的判定。

时标网络计划中每条箭线左端节点中心所对应的时标值为该工作的最早开始时间 ES_{i-j}。当工作箭线中不存在波形线时，其右端节点中心所对应的时标值为该工作的最早完成时间 ES_{i-j}；当工作箭线中存在波形线时，工作箭线实线部分右端所对应的时标值为该工作的最早完成时间 EF_{i-j}。例如，在图 4-32 所示的时标网络计划中，工作 A 和工作 G 的最早开始时间分别为 0 和 5，而它们的最早完成时间分别为 2 和 7。

② 工作自由时差的判定。

时标网络计划中工作的自由时差（FF）值就是该工作箭线中波形线的水平投影长度。

③ 工作总时差的判定。

时标网络计划中工作的总时差应自右向左，在其诸紧后工作的总时差都被判定后才能判定。其值等于其诸紧后工作总时差的最小值与本工作自由时差之和，即

$$TF_{i-j} = \min\{TF_{j-k}\} + FF_{i-j} \tag{4-25}$$

式中 TF_{i-j}——工作 $i—j$ 的总时差；

TF_{j-k}——工作 $i—j$ 的紧后工作 $i—j$ 的总时差。

总时差是线路时差，也是公用时差，其值大于或等于该工作自由时差值。因此，除本工作独用的自由时差必然是总时差值的一部分外，还必然包含紧后工作的总时差值。如果本工作有多项紧后工作的总时差值，只有取其最小总时差值才不会影响总工期。如图 5-32 中的工作 2—3，其紧后工作为 3—5 和 3—7，它们的总时差分别为 1 和 4，则本工作 2—3 的总时差为 1。

必要时，可将工作总时差标注在相应的波形线或实箭线上。

④ 工作最迟开始时间和最迟完成时间的判定。

工作的最迟开始（完成）时间等于该工作的最早开始（完成）时间与其总时差之和，即

$$LS_{i-j} = ES_{i-j} + TF_{i-j} \tag{4-26}$$

$$LF_{i-j} = EF_{i-j} + TF_{i-j} \tag{4-27}$$

图 4-32 所示时标网络计划中的时间参数的判定结果应与图 4-29 所示网络计划时间参数的计算结果完全一致。

4.3 单代号网络计划

单代号网络计划是在工作流线图的基础上演绎而成的网络计划形式。由于它具有绘图简便、逻辑关系明确、易于修改等优点，因此，在国内外日益受到普遍重视。

4.3.1 单代号网络图的绘制

1. 单代号网络图的构成及基本符号

(1) 单代号网络图的构成。

单代号网络图又称节点式网络图，它以节点及其编号表示工作，以箭线表示工作之间的逻辑关系。

（2）节点及其编号。

在单代号网络图中，节点及其编号表示一项工作。该节点宜用圆圈或矩形表示，如图 4-33 所示。圆圈或方框内的内容（项目）可以根据实际需要来填写和列出，如可标注出工作编号、名称和工作持续时间等内容，如图 4-33 所示。

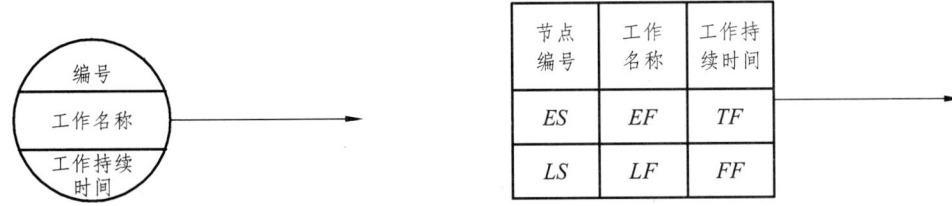

图 4-33 单代号表示法

（3）箭线。

单代号网络图中的箭线表示紧邻工作之间的逻辑关系，箭线应画成水平直线、折线或斜线，箭线水平投影的方向应自左向右，表示工作的进行方向。

箭线的箭尾节点编号应小于箭头节点的编号。

单代号网络图中不设虚箭线。

单代号网络图中一项工作的完整表示方法应如图 4-33 所示，即节点表示工作本身，其后的箭线指向其紧后工作。

箭线既不消耗资源，也不消耗时间，只表示各项工作间的逻辑关系。相对于箭尾和箭头来说，箭尾节点称为紧前工作，箭头节点称为紧后工作。

2. 单代号网络图的绘制

单代号网络图的绘制比双代号网络图的绘制容易，也不易出错，关键是要处理好箭线交叉，使图形规则，便于读图。

单代号网络图工作关系表示方法见表 4-7。

表 4-7 单代号网络图逻辑关系表示方法

序号	工作间的逻辑关系	单代号网络图的表示方法
1	A、B、C 三项工作依次完成	A→B→C
2	A、B 完成后进行 D	A,B→D
3	A 完成后，B、C 同时开始	A→B,C
4	A 完成后进行 C A、B 完成后进行 D	A→C; A,B→D

3. 单代号网络图的绘制规则

单代号网络图的绘图规则与双代号网络图的绘图规则基本相同，主要区别在于：

当网络图中有多项开始工作时，应增加一项虚拟的工作（开始）作为该网络图的起点节点；

当网络图中有多项结束工作时,应增设一项虚拟的工作(结束)作为该网络图的终点节点,如图 4-34 所示,其中开始和结束为虚拟工作。

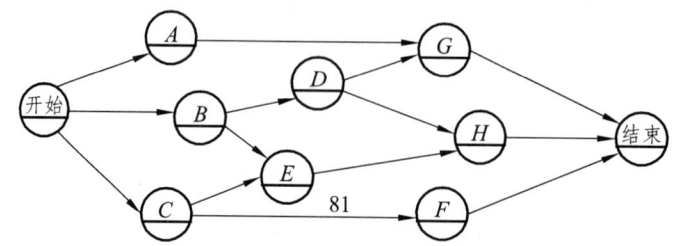

图 4-34 带虚拟起点节点和终点节点的网络图

4.3.2 单代号网络计划时间参数的计算

下面以图 4-35 所示的单代号网络计划为例,说明其时间参数的计算过程。计算结果标注在图上。

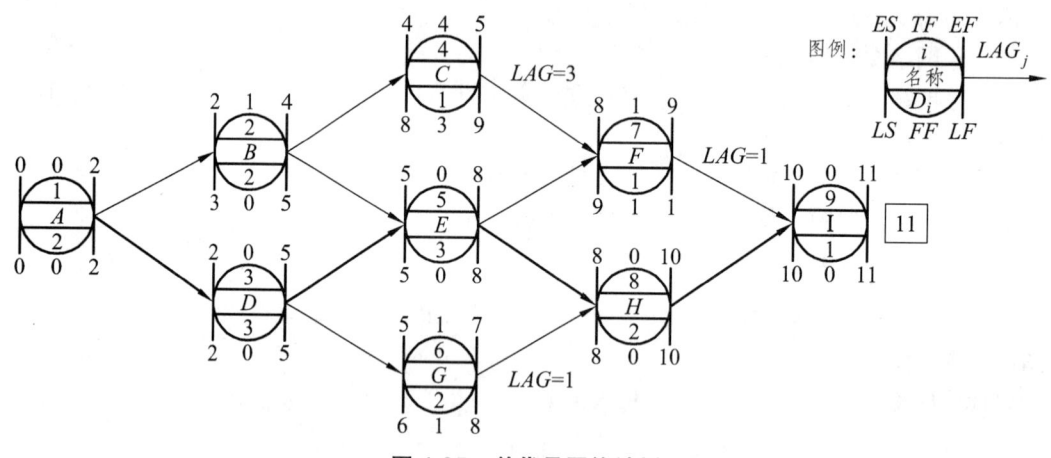

图 4-35 单代号网络计划

1. 工作最早时间的计算

工作最早时间的计算应从网络计划的起点节点开始,顺着箭线方向按节点编号从小到大的顺序依次进行。

(1)起点节点 i 的最早开始时间 ES_i 如无规定时,其取值应等于零。

(2)工作的最早完成时间应等于本工作的最早开始时间与其持续时间之和,即

$$EF_i = ES_i + D_i \tag{4-28}$$

式中　EF_i——工作 i 的最早完成时间;

　　　ES_i——工作 i 的最早开始时间;

　　　D_i——工作 i 的持续时间。

(3)其他工作的最早开始时间应等于其紧前工作最早完成时间的最大值,即

$$ES_j = \max\{EF_i\} \tag{4-29}$$

2. 相邻两项工作之间时间间隔的计算

相邻两项工作之间的时间间隔是指其紧后工作的最早开始时间与本工作最早完成时间的差值，工作 i 和工作 j 之间的时间间隔记为 $LAG_{i,j}$。其计算公式为

$$LAG_{i,j} = ES_j - EF_i \tag{4-30}$$

例如在本例中，工作 C 与工作 F 的时间间隔为

$$LAG_{4,7} = ES_7 - EF_4 = 8 - 5 = 3$$

按公式（5-30）进行计算，并将计算结果标注在两节点之间的箭线上。图 4-35 中，$LAG_{i,j} = 0$ 的未予标注。

3. 网络计划工期的确定

（1）单代号网络计划计算工期的规定与双代号网络计划相同，利用公式（4-4）得

$$T_c = EF_9 = 11$$

（2）网络计划的计划工期的确定亦与双代号网络计划相同，故由于未规定要求工期，其计划工期等于计算工期，即按公式（4-6）进行计算：

$$T_p = T_c = 11$$

将计划工期标注在终点节点旁的方框内。

4. 计算工作的总时差

（1）工作总时差 TF_i 的计算应从网络计划的终点节点开始，逆着箭线方向依次逐项计算。

（2）终点节点所代表的工作的总时差 TF 应等于计划工期与计算工期之差，即

$$TF_n = T_p - EF_n \tag{4-31}$$

（3）其他工作的总时差应等于本工作与其各紧后工作之间的时间间隔加该紧后工作的总时差所得之和的最小值，即

$$TF_i = \min\{TF_j + LAG_{i,j}\} \tag{4-32}$$

例如在本例中，工作 H 和工作 D 的总时差分别为

$$TF_4 = LAG_{4,7} + TF_7 = 3 + 1 = 4$$

根据公式（4-16）可计算出所有工作的总时差，标注在图 4-35 的节点的上部。

5. 计算工作的自由时差

（1）终点节点所代表的工作的自由时差等于计划工期与本工作的最早完成时间之差，即

$$FF_n = T_p - EF_n \tag{4-33}$$

（2）其他工作的自由时差等于本工作与其紧后工作之间时间间隔的最小值，即

$$FF_i = \min\{LAG_{i,j}\} \tag{4-34}$$

根据上式可计算出所有工作的自由时差，标注于图 4-35 各相应节点的下部。

6. 工作最迟时间的计算

工作最迟时间的计算应从网络计划的终点节点开始，逆着箭线方向依次逐项进行。

（1）终点节点所代表的工作 n 的最迟完成时间 LF_n 应等于该网络计划的计划工期 T_p，即

$$LF_n = T_p \tag{4-35}$$

（2）工作的最迟开始时间等于本工作的最迟完成时间与其持续时间之差，即

$$LS_i = LF_i - D_i \tag{4-36}$$

（3）其他工作的最迟完成时间等于该工作各紧后工作最迟开始时间的最小值，即

$$LF_i = \min\{LS_j\} \tag{4-37}$$

或

$$LF_i = EF_i + TF_i \tag{4-38}$$

根据上述各式进行计算，可计算出各工作的最迟开始时间和最迟完成时间，标注于图 4-35 各相应的位置。

7. 确定网络计划的关键工作和关键线路

（1）关键工作的确定。

单代号网络计划关键工作的确定方法与双代号的相同，即总时差为最小的工作为关键工作。按照这个规定，图 4-35 的关键工作是"1"，"3"，"5"，"8"，"9"，共 5 项。

（2）关键线路的确定。

从起点节点开始到终点节点均为关键工作，且所有工作的间隔时间均为零的线路即为关键线路。因此图 4-35 的关键线路为 1—3—5—8—9。

在网络计划中，关键线路可以用粗箭线、双箭线或彩色箭线标出。

4.3.3 单代号搭接网络计划

前面讲的网络计划对逻辑关系的处理有一个共同的特点，那就是必须紧前工作全部完成后，本工作才能开始。但是在工程建设实践中，有许多工作的开始并不是以其紧前工作的完成为条件。只要其紧前工作开始一段时间后，即可进行本工作，而不需要等其紧前工作全部完成之后再开始。工作之间的这种关系称为搭接关系。

如果用前述简单的网络图来表达工作之间的搭接关系，将使得网络计划变得更加复杂。为了简单、直接地表达工作之间的搭接关系，使网络计划的编制得到简化，便出现了搭接网络计划。搭接网络计划一般都采用单代号网络图的表示方法，即以节点表示工作，以节点之间的箭线表示工作之间的逻辑顺序和搭接关系。

1. 搭接关系的表示方法

在搭接网络计划中，各个工作之间的逻辑关系是靠前后两道工作的开始或结束之间的一个规定时间来相互约束的，这些规定的约束时间称为时距（Time Difference）。时距是按照工艺条件、工作性质等特点规定的两道工作间的约束条件。单代号搭接网络计划中的时距共有 5 种。

（1）完成到开始时距（Time Difference of Finish to Start，FTS）。

某一工作完成后与其紧后工作的开始之间的时间差值称为完成到开始时距，如图 4-36 所示。例如，屋面保温层找平结束后 4 天，铺油毡防水层才能开始，这个关系就是 FTS 关系，此时 $FTS = 4$ 天。

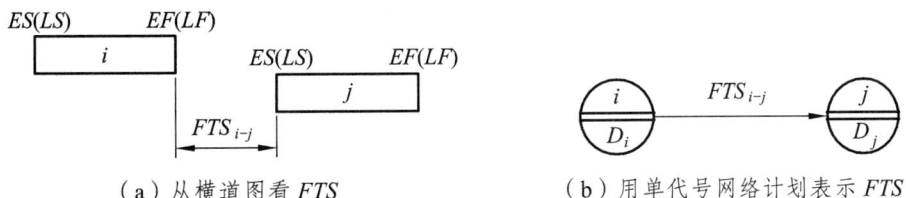

图 4-36 FTS 时距示意图

当 $FTS = 0$ 时，即紧前工作的完成到本工作的开始之间的时间差值为零，这就是前面讲的单代号、双代号网络计划的连接关系，所以可以将基本的逻辑连接关系看成是搭接网络计划的一种特殊情况。

从图 4-36 可直接看出从结束到开始的搭接关系计算公式为

$$ES_j = EF_i + FTS_{i-j} \tag{4-39}$$

$$LF_i = LS_j - FTS_{i-j} \tag{4-40}$$

（2）开始到开始时距（Time Difference of Start to Start，STS）。

某一工作的开始与其紧后工作的开始之间的时间差值称为开始到开始时距，如图 4-37 所示。例如支模板开始 1 天以后，才可以开始绑扎钢筋就是 STS 关系，此时 $STS = 1$ 天。

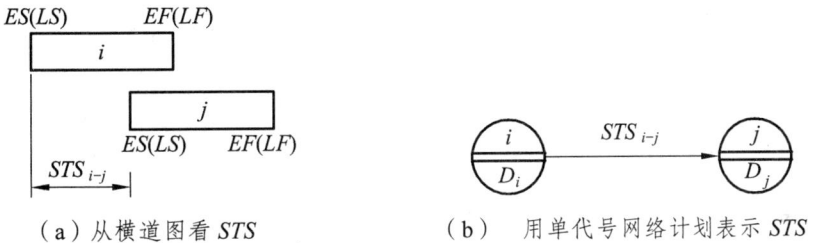

图 4-37 STS 时距示意图

从图 4-37 可直接看出从开始到开始的搭接关系计算公式为

$$ES_j = ES_i + STS_{i-j} \tag{4-41}$$

$$LS_i = LS_j - STS_{i-j} \tag{4-42}$$

（3）完成到完成时距（Time Difference of Finish to Finish，FTF）。

某一工作的完成与其紧后工作的完成之间的时间差值称为完成到完成时距，如图 4-38 所示。例如在基础工程中，要求挖基槽结束 1 天后，浇筑混凝土垫层才能结束，此时 $FTF = 1$ 天。

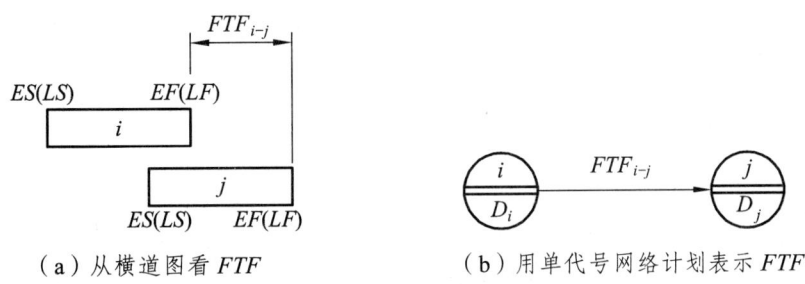

图 4-38 FTF 时距示意图

从图 4-38 可直接看出完成到完成搭接关系的计算公式为

$$EF_j = EF_i + FTF_{i-j} \tag{4-43}$$

$$LF_i = LF_j - FTF_{i-j} \tag{4-44}$$

（4）开始到完成时距（Time Difference of Start to Finish，STF）。

某一工作的开始与其紧后工作的完成之间的时间差值称为开始到完成时距，如图 4-39 所示。例如绑扎现浇梁钢筋，绑钢筋开始 1 天后，开始铺设电缆与管道，待后者结束后，绑扎钢筋才能结束，就是 STF 关系。

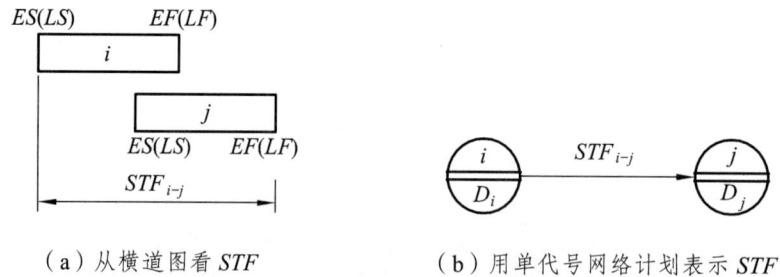

图 4-39　STF 时距示意图

从图 4-39 可直接看出开始到完成的搭接关系计算公式为

$$EF_j = ES_i + STF_{i-j} \tag{4-45}$$

$$LS_i = LF_j - STF_{i-j} \tag{4-46}$$

（5）混合时距。

在搭接网络计划中除了上述四种基本连接关系之外，还有一种情况，就是同时由四种基本关系中的两种或两种以上来限制工作之间的逻辑关系。如图 4-40 所示工作 i，j 同时由 STS 与 FTF 两种时距来限制。这种情况在工程实际中经常遇到，如在管道工程中，挖管沟和铺设管道两道工作之间往往就是这样的关系，假如开始到开始时的距为 2 天，而完成到完成的时距为 1 天，则限制条件为 $STS = 2$ 天，$FTF = 1$ 天。

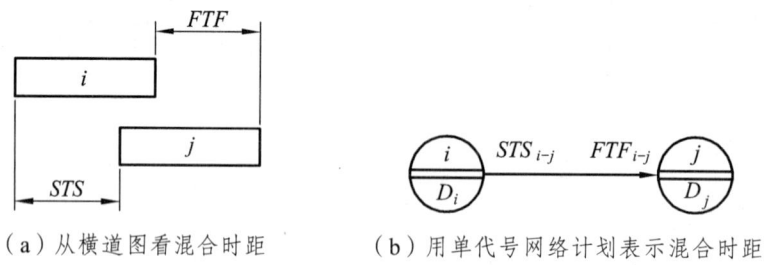

图 4-40　混合时距示意图

图 4-40 说明，相邻工作 i 和 j 之间需同时满足开始到开始和结束到结束两种时距所限制的条件。这就是说，i，j 工作的关系要由这两种时距来控制，应分别按照两种时距各自计算出一组时间参数，然后再取其中具有决定作用的一组。

2. 单代号搭接网络图的绘制

单代号搭接网络图的绘制与单代号网络图的绘图方法基本相同,也要经过任务分解,逻辑关系的确定和工作持续时间的确定,绘制工作逻辑关系表,确定相邻工作的搭接类型与搭接时距;再根据工作逻辑关系表,首先绘制单代号网络图;最后再将搭接类型与时距标注在箭线上即可。其标注方法如图4-41所示。

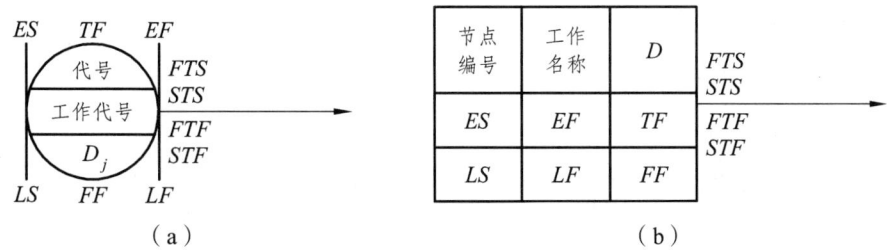

图4-41 常用的搭接网络节点表示方法

3. 搭接网络计划时间参数的计算

单代号搭接网络计划时间参数计算的内容与单代号网络计划是相同的,都需要计算工作时间参数和工作时差。但由于搭接网络具有几种不同形式的搭接关系,所以其计算过程相对比较复杂,需要特别仔细和小心,否则是很容易出错的。下面以图4-42所示搭接网络计划为例,采用图上计算法来说明单代号搭接网络计划时间参数的计算方法。

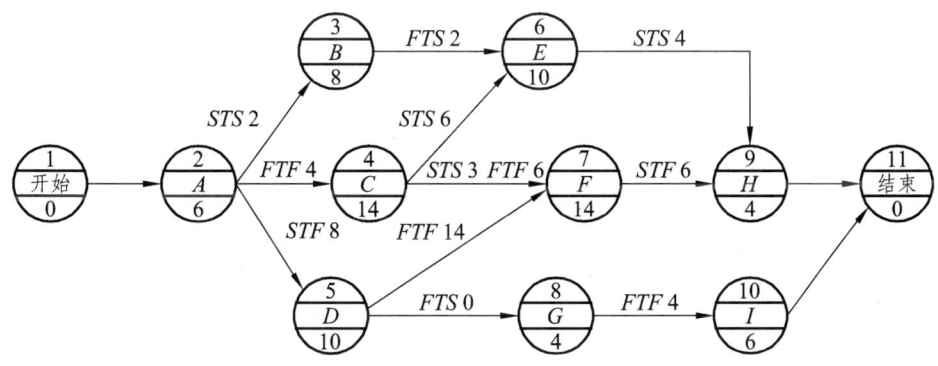

图4-42 某工程搭接网络计划

(1) 工作最早开始时间和最早完成时间的计算。

单代号搭接网络计划工作最早时间的计算与单代号网络计划的计算顺序是相同的,都是从起点节点开始,顺着箭线方向向终点节点进行的。

① 由于起点节点是虚拟的,则其持续时间为 $D_1 = 0$,即

$$ES_1 = 0$$
$$EF_1 = ES_1 + D_1 = 0 + 0 = 0$$

② 由于起点节点是虚拟的,则所有与起点节点相联系的工作的最早开始时间都为零,在本例中:

$$ES_2 = 0$$

$$EF_2 = ES_2 + D_2 = 0 + 6 = 6$$

③ 当相邻两工作之间的时距为 STS 时，如工作 2、3 的时距为 $STS_{2-3} = 2$，按式（4-41）：

$$ES_3 = ES_2 + STS_{2-3} = 0 + 2 = 2$$

$$EF_3 = ES_3 + D_3 = 2 + 8 = 10$$

④ 当相邻两工作之间的时距为 FTF 时，如工作 2、4 的时距为 $FTF_{2-4} = 4$，按式（4-43）：

$$EF_4 = EF_2 + FTF_{2-4} = 6 + 4 = 10$$

$$ES_4 = EF_4 - D_4 = 10 - 14 = -4$$

工作 4 的最早开始时间为负值，表明工作 4 在工程开始施工前 4 天就应该开工，这显然是不合理的。应当用以下方法来处理，即凡某项中间工作的 ES_i 为负值时，应当用虚箭线将该工作与虚拟的起点节点连接起来，如图 4-43 所示，这时工作 4 的最早开始时间就由起点节点所决定，其最早完成时间也应重新计算：

$$ES_4 = 0; \quad EF_4 = 0 + 14 = 14$$

⑤ 当相邻两工作之间的时距为 STF 时，如工作 2、5 的时距为 $STF_{2-5} = 8$，按式（4-45）：

$$EF_5 = ES_2 + STF_{2-5} = 0 + 8 = 8$$

$$ES_5 = EF_5 - D_5 = 8 - 10 = -2$$

工作 5 的最早开始时间也出现了负值，仍按上述方法处理，将工作 5 用虚箭线与虚拟的起点节点连接起来，如图 4-43 所示，这时工作 5 的最早开始时间为

$$ES_5 = 0; \quad EF_5 = 0 + 10 = 10$$

⑥ 当相邻两工作之间的时距为 FTS 时，如工作 3，6 的时距为 $FTS_{3-6} = 2$，按式（4-39）：

$$ES_6 = EF_3 + FTS_{3-6} = 10 + 2 = 12$$

但工作 6 之前有两道紧前工作，应分别进行计算，然后从中取其最大值。

按工作 4，6 之间的搭接关系，得

$$ES_6 = ES_4 + STS_{4-6} = 0 + 6 = 6$$

从两数中取最大值，应为 $ES_6 = 12$

$$EF_6 = 12 + 10 = 22$$

⑦ 当两项工作之间有两种搭接关系即混合时距时，应分别计算后从中取最大值。如工作 4，7 之间有 $STS_{4-7} = 3$ 和 $FTF_{4-7} = 6$ 两种时距。

由 $STS_{4-7} = 3$ 决定时：

$$ES_7 = ES_4 + STS_{4-7} = 0 + 3 = 3$$

由 $FTF_{4-7} = 6$ 决定时：

$$EF_7 = EF_4 + FTF_{4-7} = 14 + 6 = 20$$

$$ES_7 = EF_7 - D_7 = 20 - 14 = 6$$

从两种时距的计算结果中取最大值,得 $ES_7 = 6$。

但工作 7 还有另一紧前工作 5,还应在这两种逻辑关系的计算值中取最大值。

工作 5,7 之间的时距 $FTF_{5-7} = 14$

$$EF_7 = EF_5 + FTF_{5-7} = 10 + 14 = 24$$

$$ES_7 = EF_7 - D_7 = 24 - 14 = 10$$

故应取 $ES_7 = \max\{10, 6\} = 10$

$$EF_7 = 10 + 14 = 24$$

其他各工作均可按此方法计算,并将结果填入图 4-43。

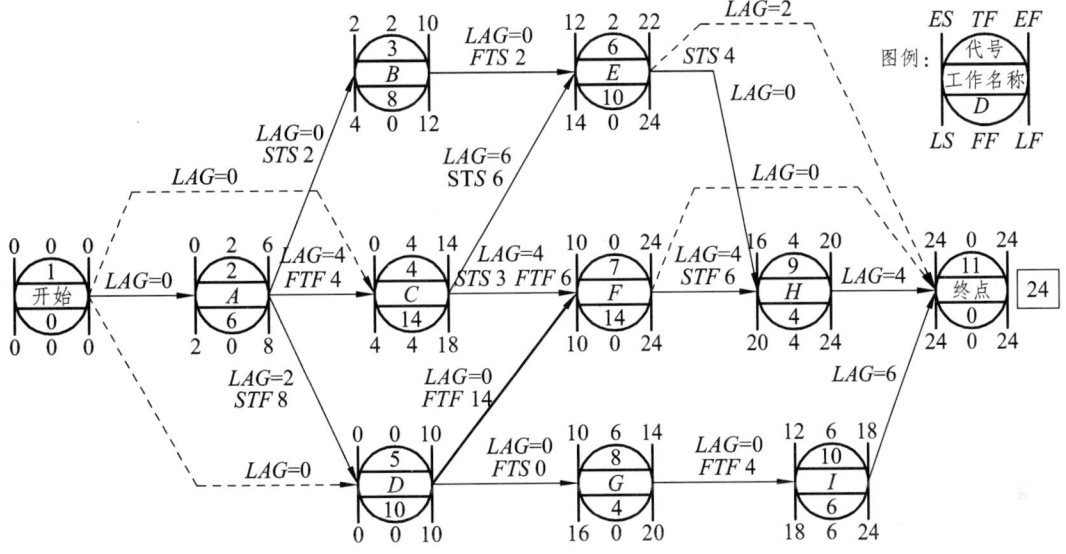

图 4-43 搭接网络计划的时间参数计算

至此,所有工作的最早开始和最早完成时间都已计算完毕。这时,就要把网络图中最早完成时间最大的工作节点找出来,如果这项工作不在终点节点而在虚拟终点节点前的某工作处,则应将此工作用虚箭线连至增加的虚拟终点节点,这时终点节点的最早开始和最早完成时间就都等于全网络图中各个节点最早完成时间的最大值,这就是计划总工期。本例中,最早完成时间最大值是工作 7 的最早完成时间,故应用虚箭线将节点 7 与终点节点连接起来。

(2)最迟开始时间和最迟完成时间的计算。

同单代号网络计划一样,计算工作的最迟时间应从终点节点开始逆箭头方向向起点节点计算;当遇到有多个紧后工作时,应分别计算,再从中取最小值。

① 终点节点的最迟完成时间等于总工期。凡与虚拟终点节点相联系的工作,其最迟成为时间即为总工期。

$$LF_7 = LF_9 = LF_{10} = 24$$

$$LS_7 = LF_7 - D_7 = 24 - 14 = 10$$

$$LS_9 = LF_9 - D_9 = 24 - 4 = 20$$

$$LS_{10} = LF_{10} - D_{10} = 24 - 6 = 18$$

② 当相邻两工作的时距为 STS 时，如工作 6、9 的时距为 $STS_{6-9} = 4$。据式（4-42），得

$$LS_6 = LS_9 - STS_{6-9} = 20 - 4 = 16$$

$$LS_6 = LE_6 - D_6 = 16 + 10 = 26$$

工作 6 的最迟完成时间为 26，大于总工期 24，显然是不合理的。所以应把工作 6 用虚箭线与终点节点连接起来。这时工作 6 的最迟时间除受 H 的约束之外，还受到终点节点的决定性约束，故

$$LF_6 = 24$$

$$LS_6 = LF_6 - D_6 = 24 - 10 = 14$$

③ 当相邻两项工作的时距为 FTF 时，如工作 8，10 时距为 $FTF_{8-10} = 4$，据式（4-44），得

$$LF_8 = LF_{10} - FTF_{8-10} = 24 - 4 = 20$$

$$LS_8 = LF_8 - D_8 = 20 - 4 = 16$$

④ 当相邻两工作的时距为 STF 时，如工作 7，9 的时距为 $STF_{7-9} = 6$。据式（4-46），得

$$LS_7 = LF_9 - STF_{7-9} = 24 - 6 = 18$$

$$LF_7 = LS_7 + D_7 = 18 + 14 = 32$$

因 F 工作之后有两种连接关系，即与终点节点和工作 9 的联系，故应从中取小值，即取：

$$LS_7 = 10$$

$$LF_7 = 24$$

⑤ 当相邻两工作的时距为 FTS 时，如工作 5，8 的时距为 $FTS_{5-8} = 0$。据式（4-40），得

$$LF_5 = LS_8 - FTS_{5-8} = 16 - 0 = 16$$

$$LS_5 = LF_5 - D_5 = 16 - 10 = 6$$

但此工作还有一项紧后工作 7，故还应按与工作 7 的关系进行计算，再从这两者中取最小值。按工作 5，7 的搭接关系，据式（4-44），得

$$LF_5 = LF_7 - FTF_{5-7} = 24 - 14 = 10$$

$$LS_5 = LF_5 - D_5 = 10 - 10 = 0$$

取最小值得 $LS_5 = 0$ 和 $LF_5 = 10$。

⑥ 当两工作之间有两种以上搭接关系时，如工作 4，7 之间的时距有 $STS_{4-7} = 3$ 和 $FTF_{4-7} = 6$，这时应分别计算后取最小值。

由 $STS_{4-7} = 3$ 决定时：

$$LS_4 = LS7 - STS_{4-7} = 10 - 3 = 7$$

由 $FTF_{4-7} = 6$ 决定时：

$$LF_4 = LF_7 - FTF_{4-7} = 24 - 6 = 18$$

$$LS_4 = LF_4 - D_4 = 18 - 14 = 4$$

按以上两种时距关系后，LS 应取最小值 4，但工作 4 还有一项紧后工作 6，故还应按工作 4，6 的关系确定的计算值考虑进去，取其最小值。

$$LS_4 = LS_6 - STS_4{-}6 = 14 - 6 = 8$$

故应取 $LS_4 = 4$；$LF_4 = 4 + 14 = 18$。

其他各项工作都可按上述方法分别计算出最迟时间。将计算结果填至图 4-43 中。

（3）时间间隔（$LAG_{i,j}$）的计算。

在搭接网络计划中决定相邻两工作之间制约关系的是时距，可是往往在相邻两工作之间除满足时距要求之外，还有一段多余的空闲时间，这种时间叫做"间隔时间"，一般用 $LAG_{i,j}$ 表示。

由于各工作之间的搭接关系不同，所以在确定 LAG 时必须根据相应搭接关系和不同时距进行计算。

① 与唯一的紧后工作关系为 STS 时，按公式（4-41），参见图 4-44，当在搭接网络计划中出现 $ES_j > ES_i + STS_{i-j}$ 的情况时，即表明工作 i，j 之间存在 $LAG_{i,j}$。所以：

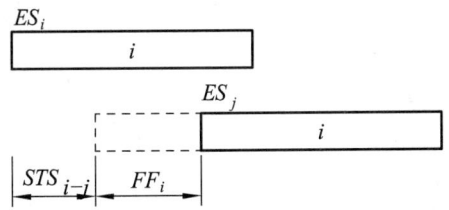

图 4-44　工作间采用时距 STS 时的 LAG

$$LAG_{i,j} = ES_j - (ES_i + STS_{i-j}) = ES_j - ES_i - STS_{i-j} \tag{4-47}$$

② 同理，当紧后工作只有唯一的一项工作且它们之间的关系为 FTF 时，则依公式（4-43）可以推出：

$$LAG_{i,j} = EF_j - EF_i - FTF_{i-j} \tag{4-48}$$

③ 紧后工作只有唯一的一项工作而且它们之间的关系为 STF 时，则依公式（4-45）可以推出：

$$LAG_{i,j} = EF_j - ES_i - STF_{i-j} \tag{4-49}$$

④ 当紧后工作只有唯一的一项工作而且它们之间的关系为 FTS 时，则依公式（4-39）可以推出：

$$LAG_{i,j} = ES_j - EF_i - FTS_{i-j} \tag{4-50}$$

⑤ 当相邻两工作之间有两种时距以上的关系连接时，则应分别计算出其 LAG，然后取用其中的最小值。

在以上四种时距连接关系中，可能会出现任何组合的情况，可用公式（4-51）来进行计算。

$$LAG_{i,j} = \min \begin{cases} ES_j - ES_i - STS_{i \to j} \\ EF_j - EF_i - FTF_{i \to j} \\ ES_j - EF_i - FTS_{i \to j} \end{cases} \quad (4-51)$$

根据上式所列出的计算公式可以求出图 5-43 中各工作之间的时间间隔（LAG）。

例如工作 4, 7 之间存在 STS 和 FTF 两种关系，则其时间间隔为

$$LAG_{4,7} = \min \begin{cases} ES_j - ES_i - STS_{i \to j} \\ EF_j - EF_i - FTF_{i \to j} \end{cases} = \min \begin{cases} 10 - 0 - 3 \\ 24 - 14 - 6 \end{cases} = 4$$

其他所有工作间的时间间隔都可照此求出，其计算结果如图 5-43 中箭线。

（4）时差计算。

① 总时差（TF_i）。

工作总时差是在不影响工程总工期的条件下该工作可能机动利用的最大幅度。以 TF_i 表示。其计算公式也与一般单代号网络计划相同，即

$$TF_i = LS_i - ES_i = LF_i - EF_i \quad (4-52)$$

② 自由时差（FF_i）。

工作自由时差是在不影响所有紧后工作的最早开始时间的条件下该工作可能机动利用的最大幅度，以 FF_i 表示。

工作的自由时差为本工作与其紧后工作之间时间间隔 $LAG_{i,j}$ 的最小值，即

$$LAG_{i,j} = \min\{LAG_{i,j}\} = \min \begin{cases} ES_j - ES_i - STS_{i \to j} \\ EF_j - EF_i - FTF_{i \to j} \\ EF_j - ES_i - STF_{i \to j} \\ ES_j - EF_i - FTS_{i \to j} \end{cases} \quad (4-53)$$

根据以上求总时差与自由时差的关系式，可以计算出图 4-42 中所有工作的总时差和自由时差，如图 4-43 所示。

4. 关键工作和关键线路的确定

单代号搭接网络计划的关键工作是总时差为最小的工作。

单代号搭接网络计划的关键线路应是从起点节点开始到终点节点均为关键工作，且所有工作的时间间隔均为 0（$LAG_{i,j} = 0$）。

还可以利用 LAG 来寻找关键线路，即从终点向起点方向寻找，把 $LAG = 0$ 的线路向前连通，直到起点，这条线路就是关键线路。但是这并不意味着 $LAG = 0$ 的线路都是关键线路，只有 $LAG = 0$ 且从起点至终点贯通的线路才是关键线路。本例的关键线路为起点—D—F—终点。

4.4 网络计划优化

网络计划的优化是指在一定的约束条件下，利用最优化原理，按照既定目标对网络计划进

行不断改进,以寻求满意方案的过程。根据优化目标的不同,网络计划的优化可分为工期优化、资源优化和费用优化。

4.4.1 工期优化

如前面各节所述,完成任务的计划工期是否满足规定的要求是衡量编制计划是否达到预期目标的一个首要问题。工期优化就是以缩短工期为目标,使其满足规定,对初始网络计划加以调整。一般是通过压缩关键工作的持续时间,从而使关键线路的线路时间即工期缩短。需要注意的是,在压缩关键线路的线路时间时,会使某些时差较小的次关键线路上升为关键线路,这时需要再次压缩新的关键线路,如此逐次逼近,直到达到规定工期为止。下面以图4-45所示网络计划为例,说明工期优化的方法和步骤,假定上级指令性工期为100天,图中括号内数据为工作最短持续时间。

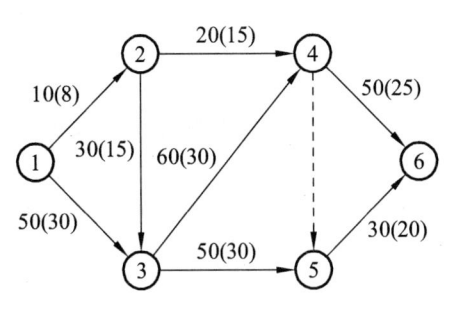

图4-45 某网络计划

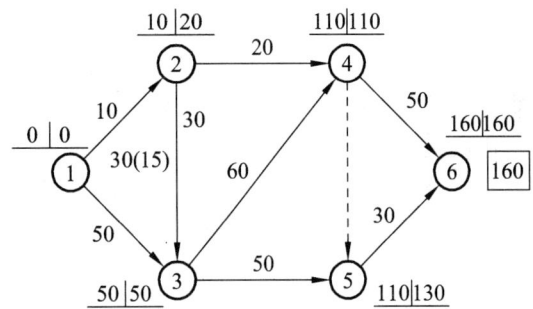

图4-46 某网络计划

(1)计算并找出网络计划的关键线路及关键工作。用工作正常持续时间计算节点的最早时间和最迟时间,如图4-46所示。

其中关键线路用粗实线表示,为1—3—4—6,关键工作为1—3、3—4、4—6。

(2)计算需缩短的工期。根据图4-46所计算的工期得出需要缩短的工期为60天。

(3)确定各关键工作能缩短的持续时间。根据图4-45中数据,关键工作1—3可缩短20天,3—4可缩短30天,4—6可缩短25天,共计可缩短75天。

(4)选择关键工作(应选择缩短持续时间对质量和安全影响不大;有充足备用资源和缩短持续时间所需增加的费用最少的工作),调整其持续时间,并重新计算网络计划的计算工期。在本例中考虑缩短工作4—6增加劳动力较多,故仅缩短10天,重新计算网络计划工期,如图4-47所示。其中关键线路为1—2—3—5—6,关键工作为1—2、2—3、3—5、5—6。

(5)若计算工期仍超过要求工期,则重复以上步骤,直到满足工期要求或已不能再压缩为止。图4-47所示计划工期与上级下达的指令性工期相比尚须压缩20天。综合考虑后,选择工作2—3、3—5各压缩10天,重新计算网络计划,如图4-48所示。

(6)当所有关键工作的持续时间都已达到其能缩短的极限而工期仍不能满足要求时,应对原计划的技术、组织方案进行调整或重新审定要求。图4-48便是满足规定工期要求的网络计划。

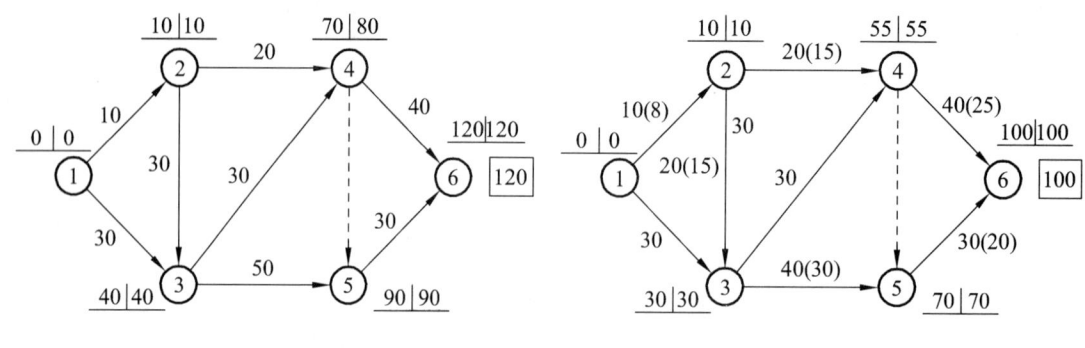

图 4-47 某网络计划   图 4-48 某网络计划

4.4.2 资源优化

这里所说的资源是完成任务所需的劳动力、材料、机械设备和资金等的统称。前面对网络计划的计算和调整，一般都假定资源供应是完全充分的。然而在大多数情况下，在一定时间内所能提供的各种资源有一定限制，即使资源能满足供应，但某一时间资源需求量过大，势必会造成现场拥挤，二次搬运费用增大，劳动管理复杂，管理费用增大，给企业带来不必要的经济损失，因此就需要根据资源情况对网络计划进行调整，在保证规定工期和资源供应之间寻求相互协调和相互适应，这就是资源优化。资源优化共有两种情况，分别介绍如下：

1. 资源有限—工期最短的优化

资源有限-工期最短的优化是指在物资资源供应有限制的条件下，要求保持网络计划各工作之间先后顺序关系不变，寻求整个计划工期最短的方案。

现以图 4-49 所示某工程网络计划为例说明资源有限-工期最短优化的工作最早开始时间调整方法与步骤。图中箭线上方的数字为工作持续时间，箭线下方的数字为工作资源强度（即工作每天需要的物资资源数量），假定每天只有 9 个工人可供使用，如何安排各工作最早开始时间使工期达到最短？

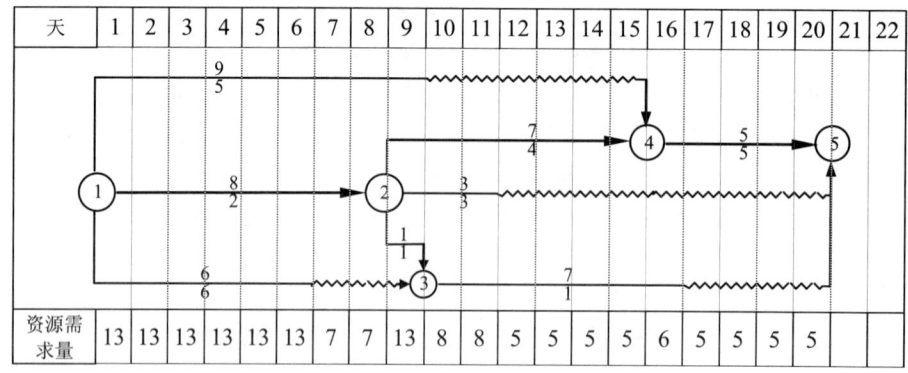

图 4-49 某网络计划

（1）计算网络计划每天资源需用量，填至图 4-49 相应的栏内。
（2）从计算开始日期起，逐日检查每天资源需用量是否超过资源限量，如果在整个工期内每天均能满足资源限量的要求，可行性优化方案就编制完成，否则必须进行工作最早开始时间调整。从图4-49的资源需求量表可看到第一天资源需用量就超过可供资源量（9人）的要求，必须进行调整。

（3）分析超过资源限量的时段（每天资源需用量相同的时间区段），按式（4-54）、（4-55）计算 ΔD，依据它确定新的顺序：

$$\Delta D_{m'-n', i'-j'} = \min\{\Delta D_{m-n, i-j}\} \quad (4\text{-}54)$$

$$\Delta D_{m-n, i-j} = EF_{m-n} - LS_{i-j} \quad (4\text{-}55)$$

式中　$\Delta D_{m'-n', i'-j'}$——在各种顺序安排中，最佳顺序安排所对应的工期延长时间的最小值，它要求将 LS 最大的工作 $i'—j'$ 安排在 $ES_{m'-n'}$ 最小的工作 $m'—n'$ 之后进行；

　　　　$\Delta D_{m-n, i-j}$——在资源冲突的诸工作中，工作 $I—j$ 安排在工作 $m—n$ 之后进行时，工期所延长的时间。

图4-49中，在第1—6天，有工作1—4、1—2、1—3，分别计算 EF_{i-j}、LS_{i-j} 等，确定调整工作最早时间方案，见表4-7。

根据式（4-54）及（4-55），确定 $\Delta D_{m'-n', i'-j'}$ 的最小值。

（4）若最早完成时间 $EF_{m'-n'}$ 的最小值和最迟开始时间 $LS_{i'-j'}$ 最大值同属一个工作，应找出最早完成时间 $EF_{m'-n'}$ 的次小值和最迟开始时间 $LS_{i'-j'}$ 值为次大的工作，分别组成两个顺序方案，再从中选出较小者进行调整。从表4-8可看出 $\min\{EF_{m-n}\}$ 和 $\max\{LS_{i-j}\}$ 属于同一工作，找出的 EF_{m-n} 次小值及 LS_{i-j} 的次大值是8和6，组成两组方案。

表4-8　超过资源限量的时段的工作时间参数表

工作代号 $i—j$	EF_{i-j}	LS_{i-j}
1—4	9	6
1—2	8	0
1—3	6	7

$$\Delta D_{1-3, 1-4} = EF_{1-3} - LS_{1-4} = 6 - 6 = 0$$

$$\Delta D_{1-2, 1-3} = EF_{1-2} - LS_{1-3} = 8 - 7 = 1$$

选择工作1—4安排在工作1—3之后工期不增加，每天资源需要量从13人降到8人，满足要求。如果有多个平行作业工作，当调整一个工作最早开始时间仍不能满足要求时，就继续调整。

（5）绘制调整后的网络计划，重复（1）到（4）步骤直到满足要求为止，图4-49所示网络计划的可行优化方案如图4-50所示。

2. 工期固定-资源均衡优化

安排建设工程进度计划时，需要使资源需用量尽可能地均衡，使整个工程每单位时间的资源需用量不出现过多的高峰和低谷，这样不仅有利于工程建设的组织与管理，而且可以降低工程费用。

"工期固定，资源均衡"的优化方法有多种，如方差值最小法、极差值最小法、削高峰法等。这里仅介绍削高峰法。

削高峰法是利用时差高峰时段的某些工作后移以逐步降低峰值，每次削去高峰的一个资源计量单位，反复进行直到不能再削为止。这种方法比较灵活，只要认为已基本达到要求就可停止，而且为了减少切削的次数，还可以适当地扩大资源的计量单位。

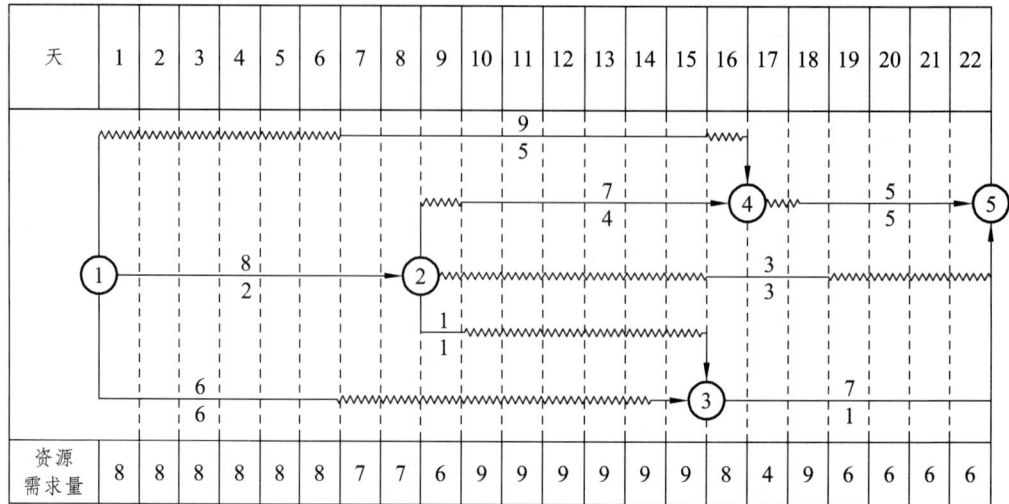

图 4-50　可行的优化网络计划

下面以图 4-51 所示网络计划为例来说明削高峰法的计算方法及步骤（图中箭线上方的数字表示工作持续时间，箭线下方的数字表示工作资源强度）。

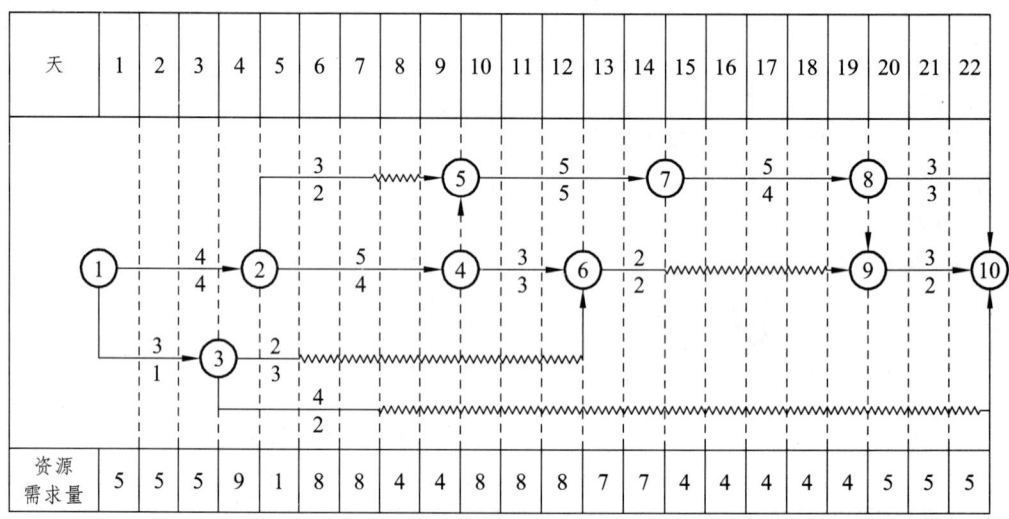

图 4-51　某时标网络计划

（1）计算每日所需资源数量并填在图 4-51 内的相应位置。

（2）确定削峰目标，其值等于每天资源需用量的最大值减一个单位量。参看图 4-51 知最大值为 11，故削峰目标定为 10（= 11 − 1）。

（3）找出高峰时段的最后时间 T_h 及有关工作的最早开始时间 ES_{i-j} 和总时差 TF_{i-j}。

由图 4-51 可以看出 $T_h = 5$。

由图可知，在第 5 天有 2—5、2—4、3—6、3—10 四个工作，相应的 TF_{i-j} 分别为 2、0、12、15，ES_{i-j} 分别为 4、4、3、3。

（4）按下式计算有关工作的时间差值：

$$\Delta T_{i-j} = TF_{i-j} - (T_h - ES_{i-j})$$

（4-56）

优先以时间差值最大的工作 $i'—j'$ 作为调整对象，令 $ES_{i'-j'} = T_h$

在本例中：$\Delta T_{2-5} = TF_{2-5} - (T_h - ES_{2-5}) = 2 - (5 - 4) = 1$

$\Delta T_{2-4} = TF_{2-4} - (T_h - ES_{2-4}) = 0 - (5 - 4) = -1$

$\Delta T_{3-6} = TF_{3-6} - (T_h - ES_{3-6}) = 12 - (5 - 3) = 10$

$\Delta T_{3-10} = TF_{3-10} - (T_h - ES_{3-10}) = 15 - (5 - 3) = 13$

其中工作 3—10 的 ΔT 值最大，故优先将该工作右移动 2 天（即 5 天以后开始），然后计算每日资源数量，看峰值是否小于或等于削峰目标（= 10）。如果工作 3—10 最早开始时间改变，在其他时段中出现超过削峰目标的情况时，则重复 2—4 步骤，直到不超过削峰目标为止。本例工作 3—10 调整后没有再出现超过峰值目标，如图 4-52 所示。

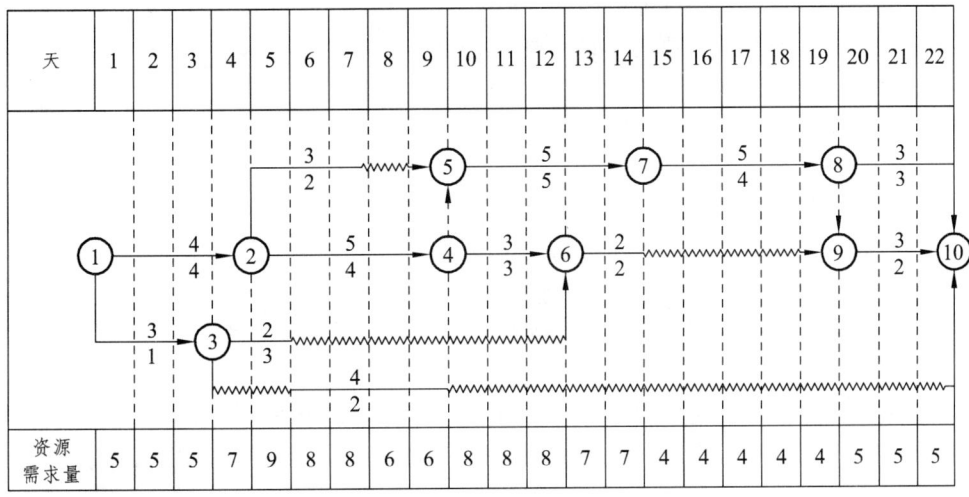

图 4-52　第一次调整后的时标网络计划

（5）若峰值不能再减少，即求得资源均衡优化方案；否则重新确定峰值目标，重复以上步骤，进行新一轮的调整。

本例的优化计算结果见图 4-53。

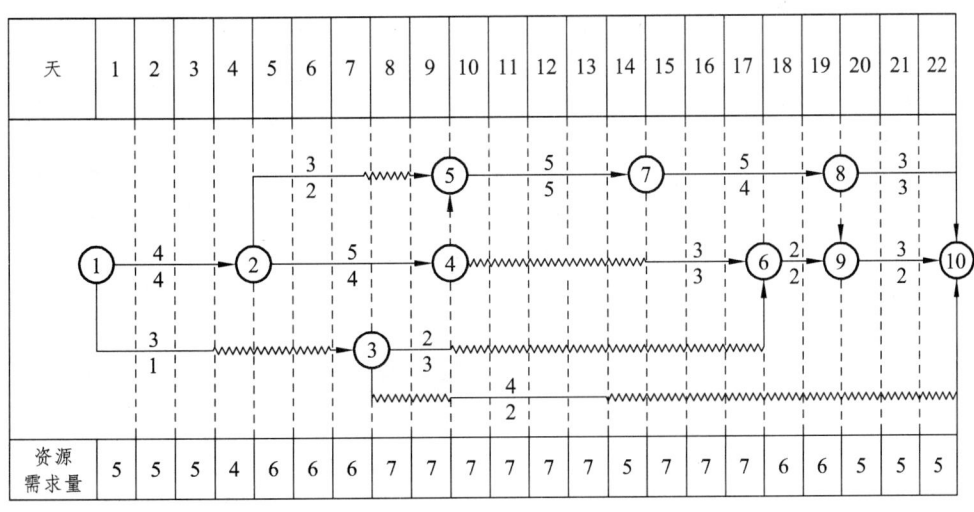

图 4-53　资源调整完成后的时标网络计划

4.4.3 费用优化

费用优化又称工期成本优化,是指寻求工程总成本最低时的工期安排,或按要求工期寻求最低成本的计划安排过程。通常在寻求网络计划的最佳工期大于规定工期或在执行计划需要加快施工进度时,需要进行工期-成本优化。

1. 费用与工期的关系

工程成本包括直接费和间接费两部分。直接费由人工费、材料费、机械使用费、其他直接费及现场经费等组成。施工方案不同,直接费也就不同;如果施工方案一定,工期不同,直接费也会不同,直接费将随着工期的缩短而增加。间接费包括企业经营管理的全部费用,它一般随着工期的缩短而减少。工程费用与工期的关系如图4-54所示。

间接费曲线表示间接费用和工期成正比例关系,通常用直线表示,其斜率表示间接费用在单位时间内的增加(或减少)的值。间接费用与施工单位的管理水平、施工条件、施工组织等有关。

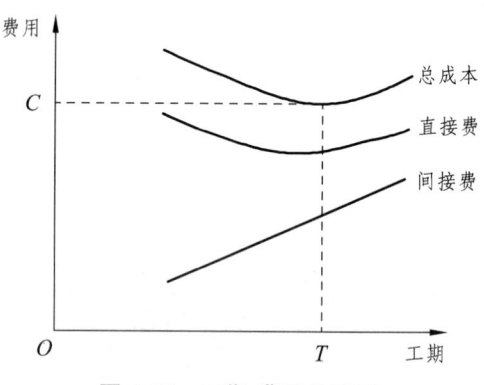

图 4-54 工期-费用关系图

直接费曲线表示直接费用在一定范围内和时间成反比关系。一般在施工时为了加快施工进度必须突击作业,也就是采取加班加点或采取多班制作业,这样就要增加许多非熟练工人,并且增加了高价的材料和劳动力,采用高价的施工方法及机械设备等。这样,工期虽然加快了,但直接费用也随之增加。在施工中存在着一个极限工期(用 DC 表示),是指如果工期超过此限制后,即使再增加施工费用也不能使工期缩短。同时也存在一个无论怎样延长工期也不能使直接费用再减少的工期,这个工期称为正常工期(用 DN 表示),与此相对应的费用称为最低费用,亦称正常费用(用 CN 表示)。其关系见图 4-55。

实际上直接费用曲线并不像图中的那样圆滑,而是由一系列线段所组成的折线,并且越接近最高费用(极限费用,用 CC 表示),其曲线越陡。确定曲线是一件很麻烦的事情,而且就工程而言,也不需要如此精确,所以

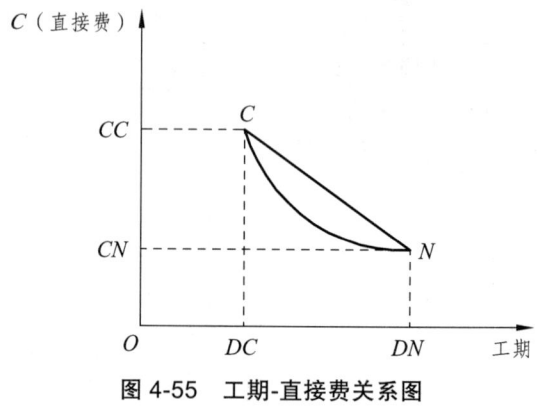

图 4-55 工期-直接费关系图

为了简化计算,一般都将曲线近似表示为直线,其斜率称为费用斜率,表示单位时间内直接费用的增加(或减少)量。其计算公式为

$$\Delta C_{i-j} = \frac{CC_{i-j} - CN_{i-j}}{DN_{i-j} - DC_{i-j}} \quad (4\text{-}57)$$

式中 ΔC_{i-j} ——工作 i—j 的直接费用率。

2. 优化的方法和步骤

费用优化的基本方法就是从组成网络计划的各项工作的持续时间与费用关系中，找出能使计划工期缩短而又能使得直接费增加最少的工作，不断地缩短其持续时间，同时考虑间接费随着工期缩短而减少的影响，把不同工期下的直接费和间接费分别叠加起来，即可求得工程成本最低时的相应最优工期和工期一定时相应的最低工程成本。

下面结合图 4-56 所示网络图（图中箭头上方为工作的正常费用和最短时间的费用（单位：千元），箭头下方为工作的正常持续时间和最短的持续时间。已知间接费率为 120 元/天）来说明费用优化的计算方法和步骤。

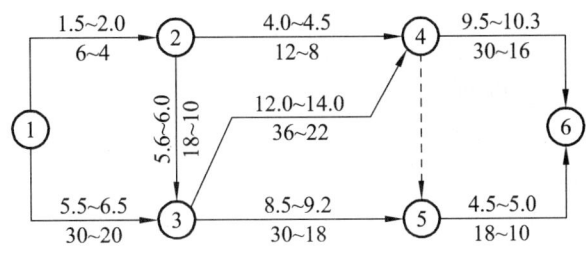

图 4-56　已知网络图

（1）简化网络图。

简化网络图的目的是在缩短工期过程中，删去那些不能变成关键工作的非关键工作，使网络简化，减少计算工作量。

首先，按工作正常持续时间计算时间参数，找出关键线路及关键工作，如图 5-57 所示。

其次，从图 4-57 中看，关键线路为 1—3—4—6，关键工作为 1—3，3—4，4—6。用最短的持续时间置换那些关键工作的正常持续时间，重新计算，找出关键线路及关键工作。重复本步骤，直至不能增加新的关键线路为止。

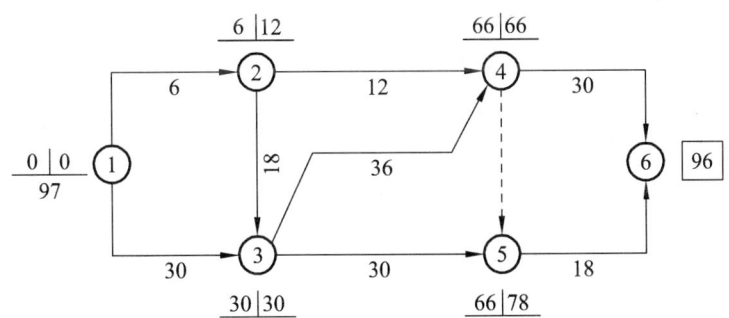

图 4-57　按正常持续时间计算的网络计划

经计算，图 4-57 中的工作 2—4 不能转变为关键工作，故删去它，重新整理成新的网络计划，如图 4-58 所示。

（2）计算各项工作的直接费用率。

工作 1—2 的直接费用率为

$$\Delta C_{1-2} = \frac{CC_{1-2} - CN_{1-2}}{DN_{1-2} - DC_{1-2}} = \frac{2000 - 1500}{6 - 4} = 250 \text{（元/天）}$$

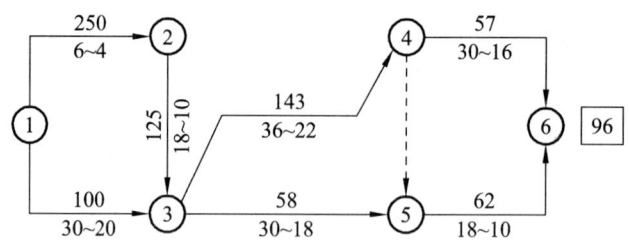

图 4-58 新的网络计划

其他工作的直接费用率均按（4-57）式计算，将它们标注在图 4-58 中的箭线上方。

（3）计算工程总费用。

① 直接费总和：$C_d = 1.5 + 5.5 + 5.6 + 4.0 + 12 + 8.5 + 9.5 + 4.5 = 51.1$（千元）$= 51\ 100$ 元

② 间接费总和：$C_i = 120 \times 96 = 11\ 520$（元）

③ 工程总费用：$C_t = C_d + C_i = 51\ 100 + 11\ 520 = 62\ 620$（元）

3. 找出最低费用率

在简化网络计划中找出费用率（或组合费用率）最低的一项关键工作或一组关键工作，作为缩短持续时间的对象。在图 4-58 中，关键线路为 1—3—4—6，工作费用率最低的关键工作是 4—6。故应选择工作 4—6 为压缩对象。工作 4—6 的直接费用率 57 元/天，小于间接费用率 120 元/天，说明压缩工作 4—6 可使工程总费用降低。

4. 缩短工作时间

缩短找出的工作或一组工作的持续时间，其缩短值必须符合所在关键线路不能变成非关键线路和缩短后其持续时间不小于最短持续时间的原则。

已知关键工作 4—6 的持续时间可缩短 14 天，由于工作 5—6 的总时差只有 12 天，因此，第一次缩短只能是 12 天，工作 4—6 的持续时间应改为 18 天，见图 4-59。

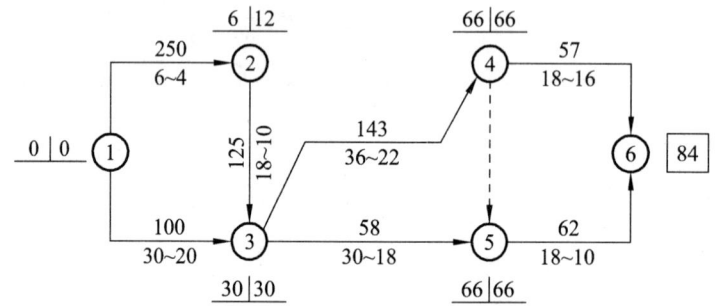

图 4-59 第一次工期缩短的网络计划

5. 计算工期缩短后的工程总费用

$$C_{t1} = C_t + \Delta C_1 - 120 \times 12 = 62\ 620 + 57 \times 12 - 1440 = 61\ 860 \text{（元）}$$

6. 重复第 3，4，5 步骤

重复第 3，4，5 步骤，直到总费用不再降低或已满足工期为止。

第二次压缩：

在本例中，通过第一次缩短后，在图 4-59 中关键线路变成两条，即 1—3—4—6 和 1—3—4—5—6。如果使该计划的工期再缩短，必须同时缩短两条关键线路上的时间。比较后得知：工作费用率最低的关键工作是 1—3。故应选择工作 1—3 为压缩对象。工作 1—3 的直接费用率 100 元/天，小于间接费用率 120 元/天，说明压缩工作 1—3 可使工程总费用降低。

工作 1—3 持续时间可允许缩短 10 天，但 1—2 和 2—3 的总时差只有 6 天，因此工作 1—3 的持续时间只能缩短 6 天，见图 4-60。

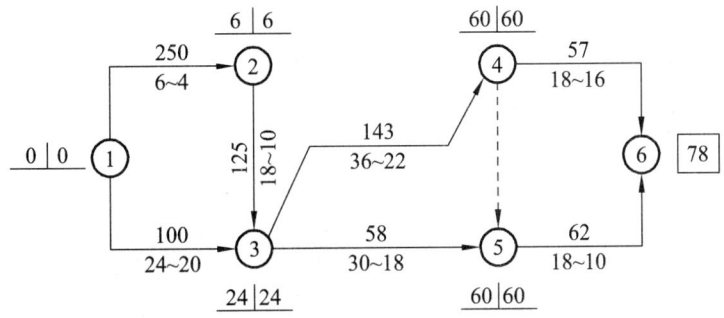

图 4-60　第二次工期缩短的网络计划

计算第二次压缩后的工程总费用：

$$C_{t2} = C_{t1} + \Delta C_2 - 120 \times 6 = 61\,860 + 100 \times 6 - 120 \times 6 = 61\,740（元）$$

第三次压缩：

通过第二次压缩后，关键线路变成了四条，即 1—2—3—4—5—6、1—2—3—4—6、1—3—4—5—6 和 1—3—4—6，如果使该计划的工期再缩短，必须同时缩短四条关键线路上的时间。比较后得知：工作费用率最低的是工作 4—6 和 5—6 组合。故应选择工作 4—6 和 5—6 的组合为压缩对象。工作 4—6 和 5—6 组合的直接费用率为 119 元/天，小于间接费用率 120 元/天，说明压缩工作组 4—6 和 5—6 可使工程总费用降低。

工作 5—6 和 4—6 持续时间只允许再缩短 2 天，故该两项工作的持续时间缩短 2 天。工作 4—6 和 5—6 的持续时间改为 16 天，见图 4-61。

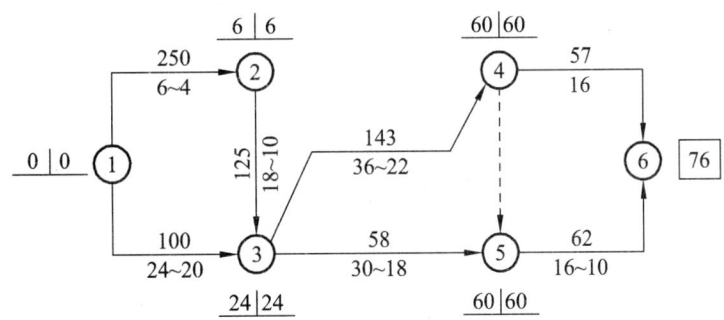

图 4-61　第三次工期缩短的网络计划

计算第三次压缩后的工程总费用：

$$C_{t3} = C_{t2} + \Delta C_3 - 120 \times 2 = 61\,740 + (57 + 62) \times 2 - 120 \times 2 = 61\,738（元）$$

第四次缩短：

从图 4-62 上看，网络计划的关键线路没有改变，但工作 5—6 不能再缩短，工作费用率用 ∞

来表示。比较后得知：工作费用率最低的关键工作是 3—4，故应选择工作 3—4 为压缩对象。工作 3—4 的直接费用率 143 元/天，大于间接费用率 120 元/天，说明压缩工作 3—4 会使工程总费用增加。因此，不需要压缩工作 3—4。也就是说，第三次工期压缩后的网络计划即为最优的网络计划。此时的工程总费用为 61 738 元。

素质提升

1. 在建设工程常用网络计划表示方法中，（　　）是以箭线及其两端节点的编号表示工作的网络图。

   A. 双代号网络图

   B. 单代号网络图

   C. 单代号时标网络图

   D. 单代号搭接网络图

2. 最早开始时间是指（　　）。

   A. 在紧前工作的约束下，本工作有可能开始的最早时刻

   B. 在紧前工作的约束下，本工作有可能完成的最早时刻

   C. 在紧后工作的约束下，本工作必须开始的最早时刻

   D. 在紧后工作的约束下，本工作必须开始的最迟时刻

3. 在双代号网络计划中，关键工作是指网络计划中（　　）。

   A. 总时差为零的工作

   B. 总时差最小的工作

   C. 自由时差为零的工作

   D. 自由时差最小的工作

4. 在计算双代号网络计划的时间参数时，工作的最早开始时间应为其所有紧前工作（　　）。

   A. 最早完成时间的最小值

   B. 最早完成时间的最大值

   C. 最迟完成时间的最小值

   D. 最迟完成时间的最大值

5. 在某工程网络计划中，工作 H 的最早开始时间和最迟开始时间分别为第 20 天和第 25 天，其持续时间为 9 天。该工作有两项紧后工作，它们的最早开始时间分别为第 32 天和第 34 天，则工作 H 的总时差和自由时差分别为（　　）。

   A. 3 天和 0 天　　　B. 3 天和 2 天　　　C. 5 天和 0 天　　　D. 5 天和 3 天

6. 在双代号时标网络计划中，以波形线表示工作的（　　）。

   A. 持续时间　　　B. 自由时差　　　C. 关键线路　　　D. 总时差

7. 检查施工进度时发现只有该工作实际进度拖延，且影响总工期 3 天，则该工作实际进度比进度计划拖延（　　）天。

   A. 3　　　B. 5　　　C. 8　　　D. 10

8. 某工程施工网络计划经工程师批准后实施。已知工作 A 有 5 天的自由时差和 8 天的总时

差，由于第三方原因，使工作 A 的实际完成时间比原计划延长了 15 天。在无其他干扰的情况下，该工程的实际工期将延长（　　）天。

A. 3　　　　　　B. 4　　　　　　C. 7　　　　　　D. 12

9. 在工程网络计划执行过程中，当某项工作的最早完成时间推迟天数超过其自由时差时，将会影响（　　）。

A. 该工作平行工作的最早开始时间

B. 该工作紧后工作的最早开始时间

C. 该工作紧后工作的最迟开始时间

D. 本工作的最迟完成时间

10. 某工程项目总承包单位中标某一沿海城市高层写字楼工程，该公司进场后，给整个工程各工序进行划分，并明确了各工序之间的逻辑关系如下表所示。

工　作	紧前工作	紧后工作	持续时间/月
A	—	C、E	3
B	—	C	4
C	A	D	3
D	C	K	3
E	A	F、H	3
F	E	J、K、M	4
G	B	H	3
H	G、E	I	2
I	H	M	4
J	F	L	5
K	D、F	L	6
L	K、I	—	4
M	F、I		6

在工程施工过程中发生以下事件：

事件一：施工单位施工至 E 工作时，该沿海城市遭受海啸袭击，使该工作持续时间延长了 2 个月。施工单位人工费、机械费、临时建筑损失 18 万元；建筑物受到海水侵蚀，清理、返工费用 25 万元，施工单位提出了工期 2 个月、费用 43 万元的索赔要求。

事件二：施工单位施工至 I 工作时，由于业主指定材料存在质量问题，造成施工单位人工费、机械费损失 5 万元。同时造成持续时间延长 2 个月。施工单位提出了工期、费用索赔要求。

【问题】　根据表中内容绘制该工程的施工进度计划网络图，并写出关键线路及总工期。

11. 案例四：【背景】

已知某工程的网络计划中相关资料如下表所示。

工　作	紧前工作	持续时间/天
A	—	22
B	—	10
C	B、E	13
D	A、C、H	8
E	—	15
F	B、E	17
G	E	15
H	F、G	6
I	F、G	11
J	A、C、I、H	12
K	F、G	20

【问题】

1. 绘制工程网络计划图。
2. 计算总工期。
3. 写出关键线路。

模块 5 施工组织设计

施工组织设计是针对建筑施工过程的复杂性，用系统的思想并遵循技术经济规律，对拟建工程的各阶段、各环节以及所需的各种资源进行统筹安排的技术经济文件。它努力使复杂的生产过程，通过科学、经济、合理地规划安排，达到建设项目能够连续、均衡、协调地进行施工，满足建设项目对工期、质量及投资方面的各项要求。由于建筑产品具有单件性的特点，所以，根据不同工程的特点编制相应的施工组织设计是施工管理中的重要一环。

5.1 概 述

5.1.1 施工组织设计的概念

施工组织设计是指工程项目在开工前，根据设计文件及业主与监理工程师的要求，以及主客观条件，对拟建工程项目施工的全过程在人力和物力、时间和空间、技术和组织等方面所进行的一系列筹划和安排。它是指导拟建工程项目进行施工准备和正常施工的基本技术经济文件。

施工组织设计作为指导拟建工程项目的全局性文件，应尽量适应施工安装过程的复杂性和具体施工项目的特殊性，并且尽可能保持施工生产的连续性、均衡性和协调性，以实现生产活动的最佳经济效果。

施工过程的连续性是指施工过程的各阶段、各工序之间，在时间上具有紧密衔接的特性。保持生产过程的连续性，可以缩短施工周期、保证产品质量和节约流动资金占用。

施工过程的均衡性是指项目的施工单位及其各施工生产环节，具有在相等的时段内，产出相等或稳定递增的特性，即施工生产各环节不出现前松后紧、时松时紧的现象。保持施工过程的均衡性，可以充分利用设备和人力，减少浪费，可以保证生产安全和产品质量。

施工过程的协调性也称施工过程的比例性，是指施工过程的各阶段、各环节、各工序之间，在施工机具、劳动力的配备及工作面积的占用上保持适当比例关系的特性。施工过程的协调性是施工过程连续性的物质基础。施工过程只有按照连续生产、均衡生产和协调生产的要求去组织，才能顺利地进行。

5.1.2 施工组织设计的作用

施工组织设计在每项建设工程中都具有重要的规划作用、组织作用和指导作用，具体表现在：

（1）施工组织设计是施工准备工作的一项重要内容，同时又是指导各项施工准备工作的依据。

（2）施工组织设计可体现实现基本建设计划和设计的要求，进一步验证设计方案的合理性与可行性。

（3）施工组织设计为拟建工程确定施工方案、施工进度等，是指导开展紧凑、有秩序施工活动的技术依据。

（4）施工组织设计所提出的各项资源需要量计划，直接为物资供应工作提供数据。

（5）施工组织设计对现场所作的规划与布置，为现场的文明施工创造了条件，并为现场平面管理提供了依据。

（6）施工组织设计对施工企业的施工计划起决定和控制性的作用。施工计划是根据施工企业对建筑市场所进行科学预测和中标的结果，结合本企业的具体情况，制定出的企业不同时期应完成的生产计划和各项技术经济指标。而施工组织设计是按具体的拟建工程对象的开竣工时间编制的指导施工的文件。因此，施工组织设计与施工企业的施工计划两者之间有着极为密切、不可分割的关系。施工组织设计是编制施工企业施工计划的基础，反过来，制订施工组织设计又应服从企业的施工计划，两者是相辅相成、互为依据的。

（7）施工组织设计是统筹安排施工企业生产的投入与产出过程的关键和依据。建筑产品的生产和其他工业产品的生产一样，都是按要求投入生产要素，通过一定的生产过程，生产出成品，而中间转换的过程离不开管理。建筑施工企业也是如此，从承担工程任务开始到竣工验收交付使用止的全部施工过程的计划、组织和控制的投入与产出过程的管理，基础就是科学的施工组织设计。

（8）通过编制施工组织设计，可充分考虑施工中可能遇到的困难与障碍，主动调整施工中的薄弱环节，事先予以解决或排除，从而提高施工的预见性，减少盲目性，使管理者和生产者做到心中有数，为实现建设目标提供技术保证。

5.1.3　施工组织设计的分类及任务

工程项目施工组织设计是根据合同文件来编制的，根据编制的时间和目的，划分为指导性施工组织设计、实施性施工组织设计和特殊工程施工组织设计。

1. 指导性施工组织设计

指导性施工组织设计是指施工单位在参加工程投标时，根据工程招标文件的要求，结合本单位的具体情况，编制的施工组织设计。中标后，在施工开始之前，施工单位还要进行重新审查、修订或重新编制施工组织设计，这个阶段的施工组织设计称为指导性施工组织设计。

（1）指导性施工组织设计的主要任务如下：

① 确定最合适的施工方法和施工程序，以保证在合同工期内完成或提前完成施工任务。

② 及时而周密地做好施工准备工作、供应工作和服务工作。

③ 合理地组织劳动力和施工机具，使其需要量没有骤增骤减的现象，同时尽量发挥其工作效率。

④ 在施工场地内合理地布置生产、生活、交通等一切设施，最大限度地节约临时用地，节省生产时间，同时方便生活。

⑤ 施工进度计划以及劳动力、机具、材料供应计划，要详细到按月安排，以便于具体进行组织供应工作。

指导性施工组织设计是编制施工预算的主要依据，是组织施工的总计划，所以，应使其尽可能符合客观实际，并随时根据客观情况的变化不断调整和修改。

（2）指导性施工组织设计编制的要求。

① 编制指导性施工组织设计要做到"四个一致"。

投标人的施工组织设计必须满足业主的要求。工程招标文件对编制施工组织设计一般都有很细致的规定，不符合规定的、违背业主意图的投标书，被视为严重错误，作为废标处理。为了避免这种情况的出现，编制指导性施工组织设计必须做到"四个一致"，即与招标文件的要求一致、与设计文件的要求一致、与现场实际情况一致、与评标办法一致。

② 施工组织设计要能反映企业的综合实力，施工方案应科学合理、先进可行，措施得力可靠。投标施工组织设计的目的就是要让业主了解企业的组织和管理水平，反映企业的综合实力。施工组织设计中的施工方案、施工方法及各项保证措施，反映了一个企业施工能力的强弱，施工经验丰富与否，能否让业主放心。为此，参加编制的人员应掌握技术、管理方面的信息，了解施工现场情况，熟悉和了解当今国内外的先进施工机械、施工方法、施工工艺和新材料等，掌握施工程序及施工方法，科学合理地编制施工进度、安排施工顺序、优化配置劳动力和机械设备，做到在保证合同工期的前提下，充分发挥资源作用。

③ 指导性施工组织设计要注重表达方式的选择，做到图文并茂。在标书中的施工组织设计一定要有其独到的表达方式。如果太冗长、重点不突出，提纲紊乱、不一致，逻辑性不强，那么施工方法再先进，方案再科学，评委也不会给高分。

④ 施工组织设计按程序审核和校对，消除低级错误（不应该出现的错误）。指导性施工组织设计的编制是一个紧张的过程，人们的注意力容易偏重在自己工作的狭窄方面，形成定式思维，对低级错误视而不见。消除低级错误的方法之一是依靠编制人员的细心和经验，按照程序自行检查校对；方法之二是要坚持换手检查和校对，很多低级错误通过换人检查很容易发现，换手检查效果非常明显。一般容易犯的低级错误有：关键名词采用口语化，简略化，不按招标文件写；开工竣工时间与招标文件有差异，施工进度前后不一致（尤其是修改工期后，总有一部分工期遗漏改正）；摘抄其他标书时地名、工程名称，不能完全改过来，多人编写的标书前后不一致。

2. 实施性施工组织设计

工程中标后，对于单位工程和分部工程，应在指导性施工组织设计的基础上分别编制实施性的施工组织设计。

实施性施工组织设计的任务如下：

（1）它是用来直接指挥施工的计划，因此应具体制订出按工作日程安排的施工进度计划。这是它的核心内容。

（2）根据施工进度计划，具体计算出劳动力、机具、材料等的日程需要量，并规定工作班组及机械在作业过程中的移动路线及日程。

（3）在施工方法上，要结合具体情况考虑到工程细目的施工细节，具体到能按所定施工方法确定工序、劳动组织及机具配备。

（4）工序的划分、劳动力的组织及机具的配备，既要适应施工方法的需要，还要考虑工作班组的组织结构和设备情况，要最有效地发挥班组的工作效率，便于实行分项承包和结算，还要切实保证工程质量和施工安全。

（5）要考虑到当发生意外情况时留有调节计划的余地。因故中途必须停止计划项目的施工时，要准备机动工程，调动原计划安排的班组继续工作，避免窝工。

实施性施工组织设计，必须具体、详细，以达到指导施工的目的；但应避免过于复杂、烦琐。

3. 特殊工程的施工组织设计

在某些特定情况下，针对工程的具体情况有时还需要编制特殊的施工组织设计，如：

（1）某些特别重要和复杂，或者缺乏施工经验的分部分项工程，如复杂的桥梁基础工程、站场的道岔铺设工程、特大构件的吊装工程、隧道施工中喷锚工程等。为了保证其施工的工期和质量，有必要编制专门的施工组织设计。但是，编制这种特殊的施工组织设计，其开工与竣工的工期要与总体施工组织设计一致。

（2）对一些特殊条件下的施工，如严寒、雨季、沼泽地带和危险地区（如隧道中某段通过瓦斯地层的施工）等，需要采取一些特殊的技术措施，有必要为之专门编制施工组织设计，以保证施工进行和质量要求以及人员的安全。

（3）某些施工时间较长的项目，即跨越几个年度的项目，在编制指导性施工组织设计或实施性施工组织设计时，不可能准确地预见到以后年度各种施工条件的变化，因而也不可能完全切实或详尽地进行施工安排。因此，需要对原定项目施工总设计在某一年进行进一步具体化或做相应的调整与修正。这时，就有必要编制年度的项目施工组织总设计，用以指导施工。

指导性项目施工组织设计是整个项目施工的龙头，是总体的规划。在这个指导文件规划下，再深入研究各个单位工程，从而制订实施性的施工组织设计和特殊的施工组织设计。在编制项目指导性施工组织设计时，某些因素和条件可能未预见到，而这些因素或条件也会影响整个部署。这就需要在编制了局部的施工设计组织后，对全局性的指导性施工组织设计作必要的修正和调整。

5.2 施工组织设计的编制

5.2.1 施工组织设计编制的要求与原则

1. 施工组织设计的编制要求

（1）技术负责人应组织有关施工技术人员、物资装备管理人员、工程质检人员学习、熟悉合同文件和设计文件，将编制任务分工落实，限时完成并应有考核措施。

（2）施工组织设计应有目录，并应在目录中注明各部分的编制者。

（3）尽量采用图表和示意图，做到图文并茂。

（4）应附有缩小比例的工程主要结构物平面图和立面图。

（5）若工程地质情况复杂，可附上必要的地质资料（或图有、岩土力学性能试验报告）。

（6）多人合作编制的施工组织设计，必须由工程技术主管统一审核，以免重复叙述或遗漏等。

（7）如果选择的施工方案与投标时的施工方案有较大差异，应征得监理工程师和业主的认可。

（8）施工组织设计应在要求的时间内完成。

2. 施工组织设计的编制原则

（1）严格遵守合同条款或上级下达的施工期限，保质保量按期完成施工任务。对工期较长的关键项目，要根据施工情况编制单项工程的施工组织设计，以确保总工期。

（2）严格遵守施工规范、规程和制度。

（3）科学而合理地安排施工程序，在保证工程质量的基础上，尽可能缩短工期，加快施工进度。

（4）应用科学的计划方法确定最合理的施工组织方法，根据工程特点和工期要求，因地制宜地快速施工，平行作业。对于复杂工程及控制工期的大中桥涵及高填方部位，通过网络计划进行优化，找出最佳的施工组织方案。

（5）采用先进的施工方法和技术，不断提高施工机械化、预制装配化水平，减轻劳动强度，提高劳动生产率。

（6）精打细算、开源节流，充分利用现有设施，尽量减少临时工程，降低工程成本，提高经济效益。

（7）落实冬、雨季施工的措施，确保全年连续施工，全面平衡工人、材料的需用量，力求实现均衡生产。

（8）妥善安排施工现场，确保施工安全，实现文明施工。

5.2.2 编制施工组织设计的资料准备

在编制施工组织设计之前，要做好充分的准备工作，为施工组织设计的编制提供可靠的第一手资料。

1. 合同文件及标书的研究

合同文件是承包工程项目的施工依据，也是编制施工组织设计的基本依据，对招标文件的内容要认真地研究，重点弄清以下几方面的内容：

（1）承包范围：对承包项目进行全面了解，弄清各单项工程、单位工程名称、专业内容、工程结构、开竣工日期等。

（2）设计图纸供应：要明确甲方交付的日期和份数，以及设计变更通知办法。

（3）物资供应分工：通过合同的分析，明确各类材料、主要机械设备、要安装设备等的供应分工和供应办法。由甲方负责的，要弄清何时能供应，以便制订需用量计划和节约措施，安排好施工计划。

（4）制定合同及标书的技术规范和质量标准：了解指定的技术规范和质量标准，以便为制定技术措施提供依据。

以上是着重了解的内容，当然合同文件及标书还有其他的条款，也不容忽略，只有认真地研究，才能制定出全面、准确、合理的总设计规划。

2. 施工现场环境调查

在编制施工组织设计之前，要对施工现场环境作深入的实际调查。调查的主要内容有：

（1）核对设计文件，了解拟建建筑物的位置、重点施工工程的情况等。

（2）收集施工地区内的自然条件资料，如地形、地质、水文资料。

（3）了解施工地区内的既有房屋、通信电力设备、给排水管道、坟地及其他建筑情况，以便作出拆迁、改建计划。

（4）调查施工区域的技术经济条件。

① 当地水电的供应情况。如可提供的能力、允许接入的条件等。

② 地方资源供应情况和当地条件。如劳动力是否可利用；砂、石等地方建材的供应能力、价格、质量、运距、运费，以及当地可利用的加工修理能力等。

③ 了解交通运输条件。如铁路、公路、水运的情况，公路桥梁承载通过的最大能力，水运可否利用，码头与工地的距离等。

3. 各种定额及概、预算资料

编制施工组织设计时，收集有关的定额及概算（或预算）资料，例如设计采用的预算定额（或概算定额）、施工定额、工程沿线地区性定额，预算单价，工程概算（或预算）的编制依据等。

4. 施工技术资料

合同条款中规定的各种施工技术规范、施工操作规程、施工安全作业规程等，此外还应收集施工新工艺新方法、操作新技术以及新型材料、机具等资料。

5. 施工时可能调用的资源

施工进度由于直接受到资源供应的限制，在编制实施性施工组织设计时，对资源的情况应有十分具体而确切的资料。在编制施工方案和施工组织计划时，资源的供应情况也可由建设单位提供。

施工时可能调用的资源包括以下内容：劳动力数量及技术水平；施工机具的类型和数量；外购材料的来源及数量；各种资源的供应时间。

6. 其他资料

其他资料指施工组织与管理工作的有关政策规定、环境保护条例、上级部门对施工的有关规定和工期要求等。

5.2.3 施工组织设计的内容

1. 工程概况

（1）简要说明工程名称、施工单位名称、建设单位及监理机构、设计单位、质检站名称、合同开工日期和施工日期、合同价（中标价）。

（2）简要介绍拟建工程的地理位置、地形地貌、水文、气候、降雨量、雨季、交通运输、水电等情况。

（3）施工组织机构设置及职责部门之间的关系。

（4）工程结构、规模、主要工程数量表。

（5）合同特殊要求：如业主提供结构材料、指定分包商等。

2. 施工总平面部署

（1）简要说明可供使用的土地、设施、周围环境、环保要求、附近房屋、农田、鱼塘，需要保护或注意的情况。

（2）施工总平面布置必须以平面布置图表示，并应标明：拟建工程平面位置、生产区、生活区、预制场、材料场、爆破器材库位置。

（3）施工总平面布置可用一张图，也可用多张相关的图表示；图上无法表示的，应用文字简单叙述。

3. 技术规范及检验标准

（1）明确本工程所使用的施工技术规范和质量检验评定标准。

（2）注明本工程所使用的作业指导书的编号和标题。

4. 施工顺序及主要工序的施工方法

（1）施工顺序。一般应以流程图表示各分项工程的施工顺序和相关关系，必要时附以文字简要说明。

（2）施工方法。施工方法是施工组织设计重点叙述的部分，它包含主要分项工程的施工方法，重点叙述技术难度大、工种多、机械设备配合多、经验不足的工序和结构关键部位。对于常规的施工工序则简要说明。

（3）施工方法一般以分项工程为单位分别叙述：

① 本分项工程的施工顺序；

② 本分项工程的工程数量；

③ 测量控制及标志的设置；

④ 选择的施工机械设备；

⑤ 如何进行施工和质量控制，特殊过程的监控方法；

⑥ 施工高峰期施工强度和材料供应强度。

5. 质量保证计划

（1）明确工程质量目标。

（2）确定质量保证措施：

① 根据工程实际情况，按分项工程项目分别制订质量保证技术措施，并配备工程所需的各类技术人员；

② 对于工程的特殊过程，应对其连续监控和落实持证上岗作业，并制订相应的措施和规定；

③ 对于分包工程的质量，要制订相应的措施和规定。

6. 安全劳保技术措施

（1）安全合同、安全机构、施工现场安全措施、施工人员安全措施。

（2）水上作业、高空作业、夜间作业、起重安装、预应力张拉、爆破作业、汽车运输和机械作业等的安全措施。

（3）安全用电、防水、防火、防风、防洪、防震的措施。

（4）机械、车辆多工种交叉作业的安全措施。

（5）操作者安全环保的工作环境，所需要采取的措施。

（6）拟建工程施工过程中工程本身的防护和防碰撞措施，维持交通安全的标志。

（7）本措施应遵守行业和公司各类安全技术操作规程和各项预防事故的规定。

（8）本措施应由项目部安全部门负责人审核后定稿。

7. 施工总进度计划

（1）施工总进度计划用网络图和横道图表示。

（2）计划一般以分项工程划分并标明工程数量。

（3）将关键线路（工序）用粗线条（或双线）表示；必要时标明每日、每周或每月的施工强度。如浇筑混凝土××m^3/日，砌体××m^3/周。

（4）根据施工强度配备各类机械设备。

8. 物资需用量计划

（1）本计划用表格表示，并将施工材料和施工用料分开。

（2）计划应注明由业主提供或自行采购。

（3）计划一般按月提出物资需用量，以分项工程为单位计算需用量。

（4）本计划应同时附有物资计划汇总表，将各品种规格、型号的物资汇总。

9. 机械设备使用计划

（1）机械设备使用计划一般用横道图表示。

（2）计划应说明施工所需机械设备的名称、规格、型号和数量。

（3）计划应标明最迟的进场时间和总的使用时间。

（4）必要时，可注明某一种设备是租用外单位的或自行购置。

10. 劳动力需用量计划

（1）劳动力需用量计划以表格表示。

（2）计划应将各技术工种和普杂工分开，根据总进度计划需要，按月列出需用人数，并统计各月工种最多和最少人数。

（3）计划应说明本单位各工种自有人数和需要调配或雇用人数。

11. 大型临时工程

（1）大型临时工程一般指混凝土预制场、混凝土搅拌站、装拼式龙门吊和架桥机、架梁基地、铺轨基地、悬浇混凝土的挂篮、大型围堰、大型脚手架和模板、大型构件吊具、塔吊、施工便道和便桥等。

（2）大型临时工程均应进行设计计算、校核和出具施工图纸，编制相应的各类计划和制订相应的质量保证和安全劳保技术措施。

（3）需要单独编制施工方案的大型临时设施工程，其设计前后均应由公司或项目部组织有关部门和人员对设计提出要求和进行评审。

12. 其他

（1）如果施工准备阶段时间较长、工作较繁多，有必要的，应编制施工准备工作计划。

（2）必要时，编制半成品（预制构件、钢结构加工件）使用计划。

（3）必要时，编制资金使用计划。

（4）必要时，编制成本降低和控制措施计划。

5.2.4 施工组织设计编制程序和步骤

施工组织设计的编制程序见图5-1。

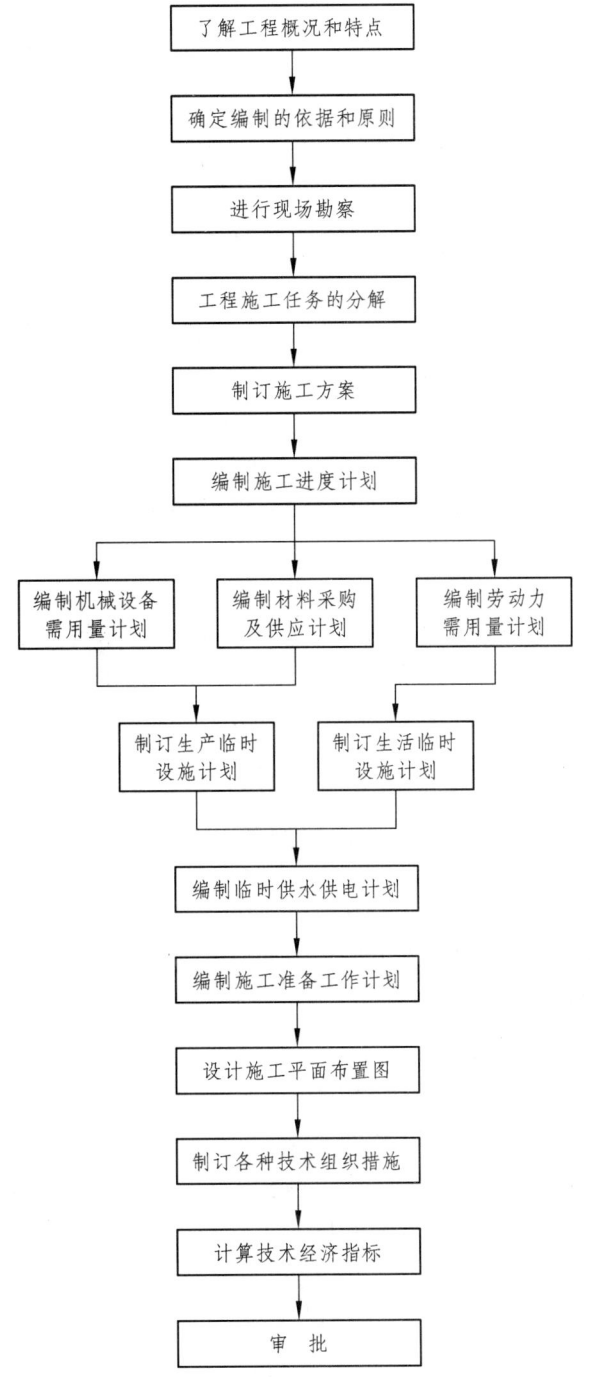

图 5-1 施工组织设计的编制程序

（1）计算工程量。在指导性施工组织设计中，通常是根据概算指标或类似工程计算工程量，不要求很精确，也不要求作全面的计算，只要抓住几个主要项目就基本上可以满足要求，如土石方、混凝土、砂石料、机械化施工量等；而在实施性施工组织设计中则要求计算准确，这样才能保证劳动力和资源需求量计算得正确，便于设计合理的施工组织与作业方式，保证施工生产有序、均衡地进行。同时，许多工程量在确定了方法以后可能还须修改，比如土方工程的施工由利用挡土板改为放坡以后，土方工程量即应增加，而支撑工料就将全部取消。这种修改可在施工方法确定后一次进行。

（2）确定施工方案。在指导性施工组织设计中一般只需对重大问题作出原则性规定即可，如对隧道工程只确定用全断面开挖或喷锚支护或其他开挖方法，在工期上只规定开工与竣工日期，在各单位工程中规定它们之间的衔接关系和使用的主要施工方法；实施性施工组织设计则是对指导性施工组织设计的原则规定进一步的具体化，着重先研究采用何种施工方法，确定选用何种施工机械。

（3）确定施工顺序，编制施工进度计划。除按照各结构部分之间具有依附关系的固定不变的施工顺序外，还要注意组织方面的施工顺序。如大中桥的基础施工，有一个先从哪一桥墩或桥台开始施工的顺序问题，不同的顺序对工期有不同的结果。合理的施工顺序可缩短工程的工期。

确定施工顺序，还要注意因具体施工条件的不同，设计好作业的施工顺序。以大中桥为例，如果模型板和吊装混凝土的塔吊或钢塔架有限，则应以模板和塔吊的倒用来安排施工顺序。

安排施工进度应采用流水作业法，并用网络计划技术进行进度安排，易找出关键工作和关键线路，便于在施工中进行控制。

（4）计算各种资源的需要量和确定供应计划。指导性施工组织设计可根据工程和有关的指标或定额计算，并且只包括最主要的内容，计算时要留有余地，以避免在单位工程施工前编制实施性施工组织设计时与之发生矛盾；实施性施工组织设需要可根据工程量按定额或过去积累的资料，确定每日的工人需要量；按机械台班定额确定各类机械使用数量和使用时间；计算材料和加工预制品的主要种类和数量及其供应计划。

（5）平衡劳动力、材料物资和施工机械的需要量，并修正进度计划。

（6）设计施工现场的各项业务，如水、电、道路、仓库、施工人员住房、修理车间、机械停放库、材料堆放场地、钢筋加工场地等的位置和临时建筑。

（7）设计施工平面图。使生产要素在空间上的位置合理、互不干扰，加快施工进度。

5.2.5 注意事项

编制施工组织设计，特别是编制实施性施工组织设计时，应注意处理好以下几个问题：

（1）根据工程的特点，解决好施工中的主要矛盾，对全线重点部位的桥梁、涵洞、灰土拌和站和沥青拌和站等在施工组织设计中都应重点说明或编制单项的施工组织设计。

（2）认真细致地做好工程排序工作。安排工程进度时，各项工程的施工顺序和搭接关系以及保证重点工程等是施工组织设计必须解决的关键问题。

（3）留有余地，便于调整。由于影响施工的因素很多，所以在计划执行时必然会出现不可预见的问题，这就要求编制计划时力求可行，执行时又可根据现场具体情况进行修改、调整、补充。施工初期计划安排更应留有余地，以免造成人财物的浪费。

（4）注意为工地运输创造条件，如新建公路可逐段通车，方便工程物资与生活资料的补给。

（5）对结构复杂、施工难度大以及采用新工艺和新技术的工程项目，要进行专业性的研究，必要时组织专门会议，邀请有经验的工程技术人员参加。

（6）在施工组织设计编制过程中，要充分发挥各职能部门的作用，吸收他们参与编制和审定；充分利用企业的技术力量和管理能力，统筹安排、扬长避短，发挥企业的优势和水平。

（7）当施工组织设计的初稿完成后，要组织参加编制的人员及单位进行讨论，经逐项逐条地研究修改后，最终形成正式文件，送主管部门审批。

5.3　施工方案的制订

施工方案是根据设计图纸和说明书，决定采用哪种施工方法和机械设备，以何种施工顺序和作业组织形式来组织项目施工活动的计划。施工方案确定了，就基本上确定了整个工程施工的进度、劳动力和机械的需要量、工程的成本、现场的状况等。所以说施工方案的优劣，在很大程度上决定了施工组织设计质量的好坏和施工任务能否圆满完成。施工方案包括施工方法与施工机械选择、施工顺序的合理安排以及作业组织形式和各种技术组织措施等内容。

5.3.1　施工方案制订的原则

（1）制订方案首先必须从实际出发，符合现场的实际情况，有实现的可能性。所制订方案在资源、技术上提出的要求应与当时已有的条件或在一定时间能争取到的条件相吻合，否则是不能实现的。

（2）施工方案的制订必须满足合同要求的工期。按工期要求投入生产，交付使用，发挥投资效益。

（3）施工方案的制订必须确保工程质量和施工安全。工程建设是百年大计，要求质量第一，保证施工安全是员工的权利和社会的要求。因此，在制订方案时应充分地考虑工程质量和施工安全，并提出保证工程质量和施工安全的技术组织措施，使方案完全符合技术规范、操作规范和安全规程的要求。如在质量方面制订工序质量控制标准、岗位责任制与经济责任制和质量保障体系等。

（4）在合同价控制下，尽量降低施工成本，使方案更加经济合理，增加施工生产的盈利。从施工成本的直接费和间接费中找出节约的途径，采取措施控制直接消耗，减少非生产人员，挖掘潜力，使施工费用降低到最低的限度，不突破合同价，取得好的经济效益。

5.3.2　施工方法的选择

施工方法是施工方案的核心内容，它对工程的实施具有决定性的作用。确定施工方法应突出重点，凡是采用新技术、新工艺和对工程质量起关键作用的项目，以及工人在操作上还不够熟练的项目，应详细而具体，不仅要拟订进行这一项目的操作过程和方法，而且要提出质量要求，以及达到这些要求的技术措施。并要预见可能发生的问题，提出预防和解决这些问题的办法。对于一般性工程和常规施工方法则可适当简化，但要提出工程中的特殊要求。

1. 施工方法选择的依据

正确地选择施工方法是确定施工方案的关键。各个施工过程，均可采用多种施工方法进行，而每一种施工方法都有其各自的优势和使用的局限性。我们的任务就是从若干可行的施工方法中选择最可行、最经济的施工方法。选择施工方法的依据主要有：

（1）工程特点。主要指工程项目的规模、构造、工艺要求、技术要求等。

（2）工期要求。要明确本工程的总工期和各分部分项工程的工期是属于紧迫、正常和充裕三种情况的哪一种。

（3）施工组织条件。主要指气候等自然条件、施工单位的技术水平和管理水平，所需设备、材料、资金等供应的可能性。

（4）标书、合同书的要求。主要指招标书或合同条件中对施工方法的要求。例如：既有工程扩建，要求采用的施工方法必须保证既有工程的安全和行车的安全。

（5）设计图纸，主要指根据设计图纸的要求，确定施工方法。如隧道施工设计要求用新奥法施工，确保施工质量和安全，又能保证要求的工期，那么在做施工准备时必须按新奥法施工要求做准备。

（6）施工方案的基本要求。主要是指根据制订施工方案的基本要求确定施工方法。任何工程项目都有多种施工方法可供选择，但究竟采用何种方法，将对施工方案的内容产生巨大的影响。

2. 施工方法的确定与机械选择的关系

施工方法一经确定，机械设备的选择就只能以满足它的要求为基本依据，施工组织也只能在这个基础上进行。但是在现代化的施工条件下，施工方法的确定，主要还是选择施工机械、机具的问题，这有时甚至成为最主要的问题。例如桥梁基础工程施工，仅钻孔灌注桩，就有许多种施工机械可供选择：是选择潜孔钻还是冲击式钻机，或是冲抓式钻机还是旋转式钻机。钻机一旦确定，施工方法也就确定了。

确定施工方法，有时由于施工机具与材料等的限制，只能采用一种施工方案。可能此方案不一定是最佳的，但别无选择。这时就需要从这种方案出发，制定更好的施工顺序，以达到较好的经济性，弥补方案少、无选择余地的不足。

5.3.3　施工机械的选择和优化

施工机械对施工工艺、施工方法有直接的影响，施工机械化是现代化大生产的显著标志，对加快建设速度、提高工程质量、保证施工安全、节约工程成本起着至关重要的作用。

因此，选择施工机械成为确定施工方案的一个重要内容，应主要考虑下列问题：

（1）在选用施工机械时，应尽量选用施工单位现有机械，以减少资金的投入，充分发挥现有机械效率。若现有机械不能满足工程需要，则可考虑租赁或购买。

（2）机械类型应符合施工现场的条件。施工条件指施工场地的地质、地形、工程量大小和施工进度等，特别是工程量和施工进度计划，是合理选择机械的重要依据。一般说，为了保证施工进度和提高经济效益，工程量大应采用大型机械，工程量小则应采用中、小型机械，但也不是绝对的。如一项大型土方工程，由于施工地区偏僻，道路、桥梁狭窄或载重量限制大型机械的通过，如果只是专门为了它的运输问题而修路、桥，显然是不经济的。因此应选用中型机械施工。

（3）在同一建筑工地上的施工机械的种类和型号应尽可能少。为了便于现场施工机械的管理及减少转移，对于工程量大的工程应采用专用机械；对于工程量小而分散的工程，则应尽量采用多用途的施工机械。

（4）要考虑所选机械的运行费用是否经济，避免大机小用。施工机械的选择应以能否满足施工的需要为目的。经常发现有的施工单位存在这个问题。如本来土方量不大，却用了大型的土方机械，结果不到一星期就完工了，但大型机械的台班费、进出场的运输费、便道的修筑费以及折旧费等固定费用相当庞大，使运行费用过高，超过缩短工期所创造的价值。

（5）施工机械的合理组合。选择施工机械时，要考虑到各种机械的合理组合，这是使选择的施工机械能否发挥效率的重要问题。合理组合，一是指主机与辅助机械在台数和生产能力的相互适应；二是指作业线上的各种机械互相配套的组合。

① 主机与辅机的组合，一定要设法在保证主机充分发挥作用的前提下，考虑辅机的台数和生产能力。

② 作业线上各种机械的配套组合。一种机械化施工作业线是由几种机械联合作业组合成一条龙施工才能具备整体生产能力。如果其中的某种机械的生产能力不适应作业线上的其他机械或机械可靠性不好，都会使整条作业线的机械发挥不了作用。如在房建工程中的混凝土拌和机、塔吊、吊斗的一条龙施工，就存在合理配套组合的问题。

（6）选择施工机械时应从全局出发统筹考虑。以全局出发就是不仅考虑本项工程而且考虑所承担的同一现场或附近现场其他工程的施工机械使用问题。这就说从局部考虑选择的机械可能不合理，应从全局的角度出发进行考虑。比如几个工程需要的混凝土量大，而又相距不太远，采用混凝土拌和楼比多台分散各工程的拌和机要经济得多。

5.3.4 施工顺序的选择

施工顺序是指施工过程或分项工程之间施工的先后次序，它是编制施工方案的重要内容之一。施工顺序安排得好，可以加快施工进度，减少人工和机械的停歇时间，并能充分利用工作面，避免施工干扰，达到均衡连续施工的目的，实现科学组织施工，做到不增加资源，加快工期，降低施工成本。

1. 确定施工顺序应考虑的因素

安排好一个施工项目的施工顺序，要考虑到多方面的因素。

（1）统筹考虑各施工过程之间的关系。

在工程施工过程中，任何相邻的施工过程之间总是有先有后，有些是由于施工工艺的要求而固定不变的，也有些不受工艺的限制，有一定的灵活性。如一个项目的各单位工程就存在合理安排施工顺序的问题，路基土方采用机械化施工，首先要安排小桥涵工程在施工机械到达之前完工，并达到承载强度，为机械化施工创造条件，否则就要预留缺口。若有人工施工土方工程，小桥涵可与土方工程搭接作业。所有这些都有统筹安排的问题。

（2）考虑施工方法和施工机械的要求。

如桥梁工程的基础是钻孔灌注桩，施工方法采用钻孔机钻孔。在安排每个基础每根桩的施工顺序时相邻桩不能顺序施工，否则会发生坍孔，所以必须间隔施工。采用间隔施工时，钻机移动的次数会增多，而钻机移动需要拆卸和重新安装，很费时间。此时必须采取措施合理安排桩基的施工顺序，既要保证钻机移动得最少，又要保证钻孔安全，还能加快施工进度。

（3）考虑施工工期与施工组织的要求。

合理的施工顺序与施工工期有较密切的关系，施工工期影响到施工顺序的选用。如有些建筑物，由于工期要求紧张，采用逆作法施工，这样便导致施工顺序变化较大。

一般情况下，满足施工工艺条件的施工方案可能有多个，因此，还应考虑施工组织的要求，通过对方案的分析、对比，选择经济合理的施工顺序。通常，在相同条件下，应优先选择能为后续施工过程创造良好施工条件的施工顺序。

（4）考虑施工质量的要求。

确定施工顺序时，应以充分保证工程质量为前提。当有可能出现影响工程质量的情况时，应重新安排施工顺序或采取必要的技术措施。

（5）考虑当地的气候条件和水文要求。

在安排施工顺序时，应考虑冬季、雨季、台风等气候的影响，特别是受气候影响大的分部工程应尤为注意。在南方施工时，应从雨季考虑施工顺序，可能因雨季而不能施工的应安排在雨季前进行。如土方工程不能安排在雨季施工。在严寒地区施工时，则应考虑冬季施工特点安排施工顺序。桥梁工程应特别注意水文资料，枯水季节宜先施工位于河中的基础等。

（6）安排施工顺序时应考虑经济，降低施工成本。

合理安排施工顺序，加速周转材料的周转次数，并尽量减少配备的数量。通过合理安排施工顺序可缩短施工期，减少管理费、人工费、机械台班费而无需额外的附加资源，降低工程成本，给项目带来显著的经济效益。

（7）考虑施工安全要求。

在安排施工顺序时，应力求各施工过程的搭接不致产生不安全因素，以避免安全事故的发生。

2. 确定合理施工顺序的方法

合理的施工顺序是指在保证后续工作的开工要在本工作提供必需的作业条件下才能开始，后续工作的开工并不影响本工作作业的连续性和顺利进行。

确定同类工程的最优施工顺序，实际上是提高施工组织经济性的一种方法。下面介绍一种最优施工顺序的选择方法——约翰逊-贝尔曼法则。

（1）完成多项任务两道工作时的施工顺序问题。

约翰逊-贝尔曼法则的基本思想是，现行工作施工工期最短的要排在前面施工，后续工作施工工期短的应排在后面施工。即首先列出多道工作的工作持续时间表，然后再依次选取最小数，而且每列只选一次，若此数属于先行工作，则前排，反之则往后排。

现结合例题来说明工程排序的方法和步骤。

例：现有 5 个工程，均需由 A、B 两个施工队来完成，A 是 B 的紧前工作，作业持续时间见表 5-1。试确定其最优施工顺序。

第一步，填写工作持续时间表，如表 5-1 所示。

表 5-1　工作持续时间表

工作名称	工作编号				
	①	②	③	④	⑤
A	8	2	10	4	10
B	9	4	8	6	12

第二步，绘制施工次序排列表，如表 5-2 所示。

第三步，填表排序。即按法则填充表 5-2，从而可将各项工程的施工次序排列出来。

模块 5 施工组织设计

表 5-2 施工次序排序表

填表次序	施工次序				
	1	2	3	4	5
Ⅰ	②				
Ⅱ		④			
Ⅲ			①		③
Ⅳ				⑤	
表中最小数	2	4	8	10	8
工程号	②	④	①	⑤	③

根据表 5-1，各项任务的施工次序排列如下：

第一个最小数为 2，属于先行工作，对应的工程为②，故②号工程应最先施工，删除该工程。

第二个最小数为 4，属于先行工作，对应的工程为④，故④号工程应先施工，删除该工程。

第三个最小数为 8，对应的工程为①、③，将①号工程排第三位施工，则③号工程为最后施工。依次得到工程施工顺序为：②—④—①—⑤—③。

第四步，绘制施工进度图，确定总工期。本例流水施工原理按组织施工，绘制施工进度图（略），其总工期为 44 周。

如果不是按约翰逊-贝尔曼法则确定的序列施工，一般不能取得最短施工总工期。比如，本例若按①—②—③—④—⑤的次序施工，其总工期为 47 周。

（2）完成多个工程项目上的三个施工过程的施工次序问题。

对于这类问题，如果满足以下两个条件之一者，则可把三个施工工程简化为两个工种，然后按前述两个施工过程寻优。

① 第 1 个施工过程中的最小施工持续时间大于或等于第 2 个施工过程中的最大施工持续时间。

② 第 3 个施工过程中的最小施工持续时间大于或等于第 2 个施工过程的最大施工持续时间。

对于多项任务，3 个施工过程的排序问题只要符合上述两条中的一条时，即可按下述方法求得最优施工次序：

第一步，将各项任务中第 1 个施工过程和第 2 个施工过程的施工持续时间依次加在一起；

第二步，将各项任务中第 2 个施工过程和第 3 个施工过程的施工持续时间依次加在一起；

第三步，将上两步中得到的施工工期序列看做 2 个施工过程的施工持续时间（$a+b$、$b+c$）；

第四步，按上述多项任务 2 个施工过程的排序方法，求出最优施工次序；

第五步，按所确定的施工次序绘制施工进度图确定施工总工期。

如果多项任务 3 个施工过程不能满足上述特定条件，就不能用上述简化方法，通常是采用一种叫树枝图的方法，但其计算比较复杂。因此通常对不能满足特定条件的多施工段 3 个施工过程的施工顺序安排，也按 3 个施工过程简化为 2 个施工过程的方法作为其近似解。

（3）多项任务，施工过程多于 3 道时，施工次序的确定。

当施工过程多于 3 道时，求解最优次序的方法比较复杂，但仍可采用将施工过程持续时间按一定方式合并的办法，分别应用约翰逊-贝尔曼法则，求出相应的总工期，最后再从中选取总工期的最小值，即可确定施工次序的最优安排。

施工顺序的安排，除考虑施工速度快外，同时还要考虑施工费用、施工质量和安全。因此必须从实际出发全面加以考虑，使施工顺序的确定能够为好、快、省并安全地完成施工任务创造条件。

5.3.5 技术组织措施的设计

技术组织措施是施工企业为完成施工任务，保证工程工期，提高工程质量，降低工程成本，在技术上和组织上所采取的措施。企业应该把编制技术组织措施作为提高技术水平，改善经营管理的重要工作认真抓好。通过编制技术组织措施，结合企业内部实际情况，很好地学习和推广同行业的先进技术和行之有效的组织管理经验。

1. 技术组织措施

（1）提高劳动生产率，提高机械化水平，加快施工进度方面的技术组织措施。例如推广新技术、新工艺、新材料，改进施工机械设备的组织管理，提高机械的完好率、利用率，科学的劳动组合等方面的措施。

（2）提高工程质量，保证生产安全方面的技术组织措施。

（3）施工中的节约资源，包括节约材料、动力、燃料和降低运输费用的技术组织措施。

为了把编制技术组织措施工作经常化、制度化，企业应分段编制施工技术组织措施计划。

2. 工期保证措施

（1）施工准备抓早抓紧。

尽快做好施工准备工作，认真复核图纸，进一步完善施工组织设计，落实重大施工方案，积极配合业主及有关单位办理征地拆迁手续。主动疏通地方关系，取得地方政府及有关部门的支持，施工中遇到问题影响进度时，统筹安排，及时调整，确保总体工期。

（2）采用先进的管理方法（如网络计划技术等）对施工进度进行动态管理。以投标的施工组织进度和工期要求为依据，及时完善施工组织设计，落实施工方案，报监理工程师审批。根据施工情况变化，不断进行设计、优化，使工序衔接，劳动力组织、机具设备、工期安排等有利于施工生产。

（3）建立多级调度指挥系统，全面、及时掌握并迅速、准确地处理影响施工进度的各种问题。对交叉和施工干扰工程应加强指挥和协调；对重大关键问题超前研究，制定措施，及时调整工序和调动人、财、物、机，保证工程的连续性和均衡性。

（4）加强物资供应计划的管理。每月、旬提出资源使用计划和进场时间。

（5）对控制工期的重点工程，优先保证资源供应，加强施工管理和控制。如现场昼夜值班制度，及时调配资源和协调工作。

（6）安排好冬、雨季的施工。根据当地气象、水文资料，有预见性地调整各项工作的施工顺序，并作好预防工作，使工程能有序和不间断地进行。

（7）注意设计与现场校对，及时进行设计变更。工程项目施工过程常因地质的变化而引起变更设计，进而影响施工进度。为保证工期的要求，就要协调各方面的关系，以便降低对施工进度的影响。如积极地与监理联系，取得认可，再与设计院联系，尽早提出变更设计等措施。

（8）确保劳动力充足，高效。

根据工程需要，配备充足的技术人员和技术工人，并采用各项措施，提高劳动者技术素质和工作效率。强化施工管理，严明劳动纪律，对劳动力实行动态管理，优化组合，使作业专业化、正规化。

3. 保证质量措施

保证质量的关键是对工程对象经常发生的质量通病制订防治措施，从全面质量管理的角度，把措施订到实处，建立质量保证体系，保证"PDCA 循环"的正常运转，全面贯彻执行国际质量认证标准（ISO9000 族）。对采用的新工艺、新材料、新技术和新结构，须制定有针对性的技术措施，以保证工程质量。常见的质量保证措施有：

（1）质量控制机构和创优规划。

（2）加强教育，提高项目全员的综合素质。

（3）强化质量意识，健全规章制度。

（4）建立分部分项工程的质量检查和控制措施。

（5）对技术、质量要求比较高，施工难度大的工作，成立科技质量攻关小组——全面质量管理体系中 QC 小组攻关，确保工程质量。

（6）全面推行和贯彻 ISO9000 标准，在项目开工前，编制详细的质量计划、编写工序作业指导书，保证工序质量和工作质量。

4. 安全施工措施

安全施工措施应贯彻安全操作规程，对施工中可能发生安全问题的环节进行预测，提出预防措施。杜绝重大事故和人身伤亡事故的发生，把一般事故减少到最低限度，确保施工的顺利进展。安全施工措施的内容包括如下：

（1）全面推行和贯彻职业安全健康管理体系（GB/T 28000—2001）标准，在项目开工前，进行详细的危险辨识，制定安全管理制度和作业指导书。

（2）建立安全保证体系，项目部和各施工队设专职安全员，专职安全员属质检科，在项目经理和副经理的领导下，履行保证安全的一切工作。

（3）利用各种宣传工具，采用多种教育形式，使职工树立安全第一的思想，不断强化安全意识，建立安全保证体系，使安全管理制度化，教育经常化。

（4）各级领导在下达生产任务时，必须同时下达安全技术措施检查工作，必须总结安全生产情况，提出安全生产要求，把安全生产贯彻到施工的全过程中去。

（5）认真执行定期安全教育，安全讲话，安全检查制度，设立安全监督岗，支付和发挥群众安全人员的作用，对发现的事故隐患和危及工程、人身安全的事项，要及时处理，作出记录，及时改正，落实到人。

（6）施工临时结构前，必须向员工进行安全技术交底。对临时结构，须进行安全设计和技术鉴定，合格后方可使用。

（7）石方开挖，必须严格按施工规范进行，炸药的运输储存、保管都必须严格遵守国家和地方政府制订的安全法规，爆破施工要严密组织，严格控制药量，确定爆破危险区，采用有效措施，防止人、畜、建筑物和其他公共设施受到危害，确保安全施工。

（8）架板、起重、高空作业的技术工人，上岗前要进行身体检查和技术考核，合格后方可操作。高空作业前必须按安全规范设置安全网，技术工人必须拴好安全绳、戴好安全帽，并按规定佩戴防护用品。

（9）工地修建的临时房、架设照明线路、库房，都必须符合防火、防电、防爆炸的要求，配置足够的消防设施，安装避雷设备。

5. 施工环境保护措施

为了保护环境，防止污染，尤其是防止在城市施工中造成污染，在编制施工方案时应提出防止污染的措施。主要应对以下方面提出措施：

（1）积极推行和贯彻环境管理体系（ISO14000）标准，在项目开工前，进行详细的环境因素分析，制定相应的环境保护管理制度和作业指导书。

（2）进行宣传教育施工环境保护意识，提高对环境保护工作的认识，自觉地保护环境。

（3）防止造成施工周围水土流失和保护绿色覆盖层及植物。

（4）不准随意排放施工过程中的废油、废水和污水，必须经过处理后才能排放。

（5）在居民住宅区附近施工的项目要防止噪声污染。

（6）机械化程度比较高的施工场所，要对机械工作产生的废气进行净化和控制。

6. 文明施工措施

加强全体职工职业道德的教育，制定文明施工准则。在施工组织、安全质量管理和劳动竞赛中切实体现文明施工的要求，发挥文明施工在工程项目管理中的积极作用。

（1）推行施工现场标准化管理。

（2）改善作业条件，保障职工健康。

（3）深入调查，加强地下既有管线的保护。

（4）做好已完工程的保护工作。

（5）不扰民及妥善处理地方关系。

（6）广泛开展与当地政府和群众共建活动，推进精神文明建设，支持地方经济建设。

（7）尊重当地民风民俗。

（8）积极开展建家达标活动。

7. 降低成本措施

施工企业参加工程建设的最终目的是在工期短、质量好的前提下，创造出最佳的经济效益，所以应制定相应的降低成本措施。这些措施的制定应以施工预算为尺度，以企业（或基层施工单位）年度、季度降低成本计划和技术组织措施计划为依据进行编制。要针对工程施工中降低成本潜力大的（工程量大、有采取措施的可能性、有条件的）项目，充分开动脑筋把措施提出来，并计算出经济效果和指标，加以评价决策。这些措施必须是不影响质量的，能保证施工的，能保证安全的。降低成本措施应包括节约劳动力、节约材料、节约机械设备费用、节约工具费、节约间接费、节约临时设施费、节约资金等。一定要正确处理降低成本、提高质量和缩短工期三者的关系，对措施要计算其经济效果。具体的降低成本措施如下：

（1）严格把好材料的供应关。

对于使用量大的主要材料，统一招标；零星材料要货比三家，选择质优价廉的材料，并严格把关，坚决刹住材料供应上的回扣风，决不允许损公肥私现象的出现。同时对原材料的运输要进行经济比选，确定经济合理的运输方法，把材料费控制在投标价范围内。

（2）科学组织施工，提高劳动生产率。

使用项目管理软件，经过周密、科学的分析做出具体计划，巧妙地组织工序间的衔接，有效地使用劳动力，尽量做到不停工、不窝工。施工中采用先进的工艺方法，提高机械化施工水平，力求达到劳动组织好，工效、机械利用率高，定额先进的目的，做到少投入多产出，最大限度地挖掘企业内部的潜力。

（3）完善和建立各种规章制度，加强质量管理，落实各种安全措施，要进一步改善和落实经济责任制，奖罚分明。

充分调动广大员工的积极性，开展劳动竞赛，提高员工的事业心，增强员工的责任感，杜绝因质量问题而引起的返工损失以及因安全事故造成的经济损失，控制造价，增加盈利。

（4）加强经营管理，降低工程成本。

编制技术先进、经济合理的施工组织设计，实事求是地进行施工优化组合，人力、物资、设备各种资源精打细算，做到有标准、有目标。优化施工平面布置，减少二次搬运，节省工时和机械费用。临时设施尽可能做到一房多用，减少修建面积和造价，并尽量利用废旧材料，将临时设施费用降下来，部分临时设施租用民房以降低费用。科学地利用材料，采取限额领料制度，避免造成浪费，把废料降低到最低限度，从管理中出效益。

（5）降低非生产人员的比例，减少管理费用开支。

管理人员力求达到善管理、懂业务、能公关，做到一专多能，减少非管理人员。实现项目部直接对施工队，减少管理层次，实现精兵强将上一线，提高工作效益，以达到管理费用最低的目的。

5.4 施工进度计划的编制

施工进度计划是在选定施工方案的基础上，根据规定工期和各种资源供应条件，按照施工过程的合理施工顺序及组织施工的原则，用横道图或网络图，对工程项目从开工到竣工的全部施工过程在时间上和空间上的合理安排。

施工进度计划是施工组织设计中最重要的组成部分，它必须配合施工方案的选择进行安排，它又是劳动力组织、机具调配、材料供应以及施工场地布置的主要依据，一切施工组织工作都是围绕施工进度计划来进行的。

5.4.1 施工进度的编制目的和基本要求

编制施工进度计划的目的是确定各个项目的施工顺序和开、竣工日期。一般以月、旬、周为单位进行安排，从而据此计算人力、机具、材料等的分期（月、旬、周）需要量，进行整个施工场地的布置和编制施工预算。

编制施工进度计划的基本要求是：保证拟建工程在规定的期限内完成；迅速发挥投资效益；保证施工的连续性和均衡性；节约施工费用。

施工进度计划一般用横道图（见本书第四章）和网络图（见本书第五章）的形式表示。

5.4.2 施工进度计划的编制依据

（1）合同规定的开工竣工日期。施工组织设计不分类别，都是以开工竣工为期限，安排施工进度计划的。指导性施工组织设计中施工进度计划安排必须根据标书中要求的工程开工时间和交工时间为施工期限，安排工程中各施工项目的进度计划。实施性施工组织设计以合同工期的要求作为工程的开工和交工时间安排施工进度计划。重点工程的施组织设计根据总施工进度计划中安排的开工竣工时间或业主特别提出要求的开工交工时间，安排施工进度计划。

（2）工程图纸。熟悉设计文件、图纸，全面了解工程情况，设计工程数量，工程所在地区资源供应情况等；掌握工程中各分部、分项、单位工程之间的关系，避免出现施工倒顺的安排施工进度计划。

（3）有关水文、地质、气象和技术经济资料。对施工调查所得的资料和工程本身的内部联系，进行综合分析与研究，掌握其间的相互关系和联系，了解其发展变化的规律性。

（4）主导工程的施工方案。根据主导工程的施工方案（施工顺序、施工方法、作业方式）、配备的人力、机械的数量、计算完成施工项目的工作时间，排出施工进度计划图。编制施工进度计划必须紧密联系所选定的施工方案，这样才能把施工方案中安排的合理施工顺序反映出来。

（5）各种定额。

编制施工组织设计时，收集有关的定额及概算（或预算）资料，例如设计采用的预算定额（或概算定额）、施工定额、工程沿线地区性定额，预算单价、工程概算（或预算）的编制依据等。有关定额是计算各施工过程持续时间的主要依据。

（6）劳动力、材料、机械供应情况。

施工进度直接受到资源供应的限制，施工时可能调用的资源包括以下内容：劳动力数量及技术水平；施工机具的类型和数量；外购材料的来源及数量；各种资源的供应时间。资源的供应情况直接决定了各施工过程持续时间的长短。

5.4.3　施工进度计划的种类

单位工程施工进度计划应根据工程规模的大小、结构复杂程度、施工工期等来确定编制类型，一般分为两类。

1. 控制性施工进度计划

控制性施工进度计划多用于施工工期较长、结构比较复杂、资源供应暂时无法全部落实，或工作内容可能发生变化和某些构件（或结构）的施工方法暂时还无法确定的工程。它往往只需编制以分部工程项目为划分对象的施工进度计划，以便控制各分部工程的施工进度。

2. 实施性施工进度计划

实施性施工进度计划是控制性施工进度计划的补充，是各分部工程施工时施工顺序和施工时间的具体依据。此类施工进度计划的项目划分必须详细，各分项工程彼此间的衔接关系必须明确。根据实际情况，实施性施工进度计划的编制可与编制控制性进度计划同步进行，也可滞后进行。

5.4.4　施工进度计划的编制程序和步骤

施工进度计划的编制程序如图 5-2 所示。

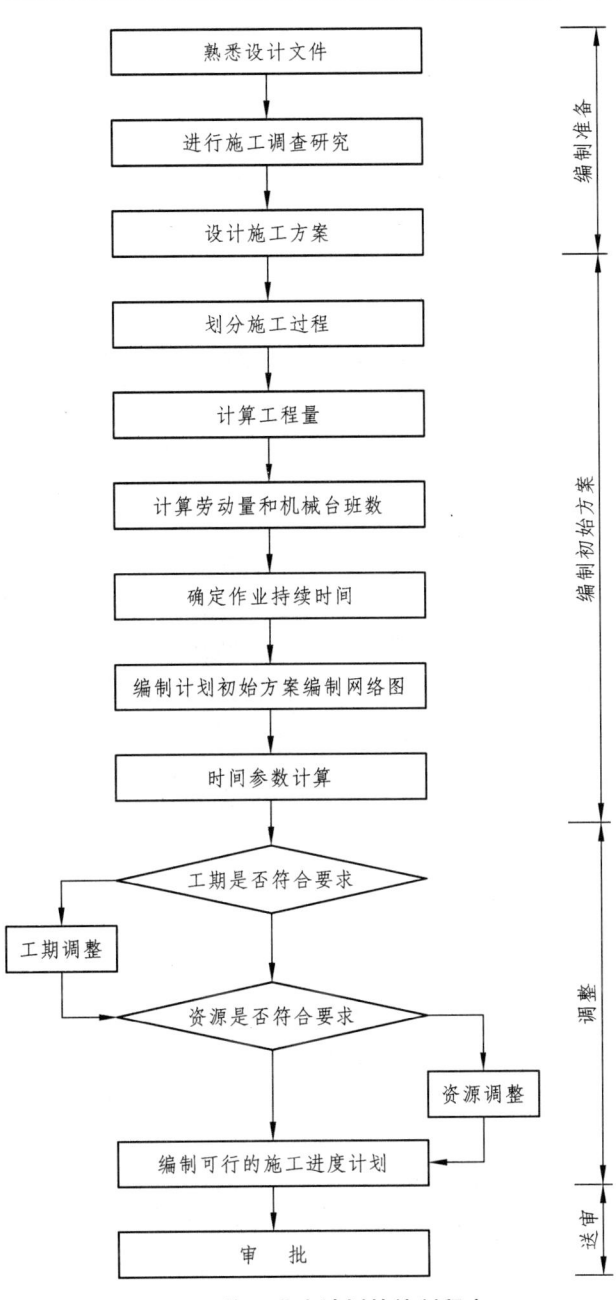

图 5-2 施工进度计划的编制程序

1. 熟悉设计文件

设计文件是编制进度计划的根据。首先要熟悉工程设计图纸,全面了解工程概况,包括工程数量、工期要求、工程地区等,做到心中有数。

2. 调查研究

在熟悉文件的基础上进行调查研究,它是编制好进度计划的重要一步。要调查清楚施工的有关条件,包括:资源(人、机、材料、构配件等)的供应条件,施工条件,气候条件等。凡编制和执行计划所涉及的情况和原始资料都在调查之列。对调查所得的资料和工程本身的内部联系，还必须进行综合的分析与研究，掌握其间的相互关系和联系，了解其发展变化的规律。

3. 确定施工方案

施工方案主要取决于工程施工的顺序、施工方法、资源供应方式、主要指标控制量等。在确定施工方案时，对施工的顺序可作多种方案以便选出最优方案。施工方案的确定与规定的工期、可动用的资源、当前的技术水平有关。这样制订的方案才有可能落实。

4. 划分施工过程（工序）

编制施工进度计划，首先应按施工图纸和施工顺序，将拟建工程的各个分部分项工程按先后顺序列出，并结合施工方法、施工条件和劳动组织等因素，加以适当调整，填在施工进度计划表的有关栏目内。通常，施工进度计划表中只列出直接在建筑物或构筑物上进行施工的建造类施工过程以及占有施工对象空间、影响工期的制备类和运输类施工过程，例如钢筋混凝土柱、屋架等的现场预制。

在确定施工过程时，应注意下述问题：

（1）施工过程划分粗细程度应根据施工进度计划的具体需要而定。控制性进度计划，可划分得粗一些，通常只列出分部工程名称；而实施性进度计划则应划分细一些，特别是对工期有直接影响的项目必须列出，以便于指导施工，控制工程进度。为了使进度计划简明清晰，原则上应在可能条件下尽量减少工程项目的数目，可将某些次要项目合并到主要项目中去，或对在同一时间内，由同一专业工程队施工的项目，合并为一个工程项目，而对于次要的零星工程项目，可合并为"其他工程"一项。如门油漆、窗油漆合并为门窗油漆一项。

（2）施工过程要结合所选择的施工方案来划分。例如单层工业厂房结构安装工程，若采用分件吊装法，则施工过程的名称、数量和内容及安装顺序应按照构件来确定；若采用综合吊装法，则施工过程应按照施工单元（节间、区段）来确定。

（3）所有施工过程应基本按施工顺序先后排列，所采用的施工项目名称应与现行定额手册上的项目名称相一致。

（4）设备安装工程和水暖电卫工程通常由专业工程队组织施工。因此，在一般土建工程施工进度计划中，只要反映出这些工程与土建工程间的配合关系即可。

施工过程划定以后，为使以后使用方便，可列出施工过程一览表。表中必须有施工过程名称（或内容）、作业持续时间、同其他施工过程的关系等，如表5-3所示。

表5-3 ××工程施工过程一览表

序号	施工过程名称	施工过程代号	作业持续时间	紧前工作	搭接关系	搭接时间
1						
……						

5. 计算工程量，并查出相应定额

工程量计算应严格按照施工图纸和现行定额中对工程量计算所作的规定进行。如果已经有了预算文件，则可直接利用预算文件中有关的工程量。当某些项目的工程量有出入但相差不大时，可按实际情况予以调整。计算工程量时应注意以下几个问题：

（1）各分部分项工程的工程量计量单位应与现行定额手册中所规定的单位一致，以便计算劳动量和材料、机械台班消耗量时直接套用，以避免换算。

（2）结合选定的施工方法和安全技术要求，计算工程量。例如，土方开挖工程量应考虑土的类别、挖土方法、边坡大小及地下水位等情况。

（3）结合施工组织的要求，按分区、分段和分层计算工程量。

（4）计算工程量时，尽量结合编制其他计划时使用工程量数据的方便，做到一次计算，多次使用。

根据所计算工程量的项目，在定额手册中查出相应的定额。

6. 确定劳动量和机械台班数量

根据各分部分项工程的工程量、施工方法和现行劳动定额，结合本单位的实际情况计算各施工过程的劳动量或机械台班数。计算公式如下：

$$P = \frac{Q}{S} \tag{5-1}$$

或

$$P = Q \cdot H \tag{5-2}$$

式中　P——完成某施工过程所需的劳动量（工日或台班）；

　　　Q——某施工过程的工程量（m^3、m、t…）；

　　　S——某施工过程的人工或机械产量定额（m^3、m、t…/工日或台班）；

　　　H——某分部分项工程人工或机械的时间定额（工日或台班/m^3、m、t…）。

在使用定额时，遇到一些特殊情况，可按下述方法处理：

（1）计划中的某个项目包括了定额中的同一性质的不同类型的几个分项工程，可用其所包括的各分项工程的工程量与其产量定额（或时间定额）分别算出各自的劳动量，然后求和，即为计划中项目的劳动量。其计算公式如下：

$$P = \frac{Q_1}{S_1} + \frac{Q_2}{S_2} + \cdots + \frac{Q_n}{S_n} = \sum_{i=1}^{n} \frac{Q_i}{S_i} \tag{5-3}$$

式中　n——计划中的某个工程项目所包括定额中同一性质不同类型分项工程的个数；

　　　其他符号含义同前。

（2）当某一分项工程由若干个具有同一性质而不同类型的分项工程合并而成时，按合并前后总劳动量不变的原则计算合并后的综合劳动定额。计算公式如下：

$$\overline{S} = \frac{\sum_{i=1}^{n} Q_i}{\frac{Q_1}{S_1} + \frac{Q_2}{S_2} + \cdots + \frac{Q_n}{S_n}} \tag{5-4}$$

式中　$\overline{S}$——综合产量定额；

　　　其他符号含义同前。

在实际工作中应特别注意合并前各分项工程工作内容和工程量的单位。当合并前各分项工程的工作内容和工程量单位完全一致时，公式中$\sum Q_i$应等于各分项工程工程量之和；反之，应取与综合劳动定额单位一致且工作内容也基本一致的各分项工程的工程量之和。根据工程实际情况，综合劳动定额可与合并前各分项工程的劳动定额单位一致。

（3）在工程施工中，有时会遇到采用新技术或特殊施工方法的分部分项工程，因缺乏足够的经验和可靠资料，定额中未列出，计算时可参考类似项目的定额或经过实际测算，确定临时定额。

（4）计划中的"其他工程"项目所需劳动量，可根据实际工程对象，取总劳动量的一定比例（10%~20%）。

7. 确定各施工过程的作业持续时间

计算各施工过程的作业持续时间主要有两种方法：

（1）按劳动资源的配备计算持续时间。

该方法是首先确定配备在该施工过程作业的人数或机械台数，然后根据劳动量计算出施工持续时间。计算公式如下：

$$t = \frac{P}{R \cdot N} \tag{5-5}$$

式中　t——某施工过程的作业持续时间；
　　　R——该施工过程每班所配备的人数或机械台数；
　　　N——每天工作班数；
　　　P——劳动量或机械台班数

（2）根据工期要求计算。

首先根据总工期和施工经验，确定各分部分项工程的施工天数，然后再按劳动量和班次，确定出每一分部分项工程所需工人数或机械台数。计算公式如下：

$$R = \frac{P}{t \cdot N} \tag{5-6}$$

在实际工作中，可根据工作面所能容纳的最多人数（即最小工作面）和现有的劳动组织来确定每天的工作人数。在安排劳动人数时，应考虑以下问题：

① 最小工作面。最小工作面指为了发挥高效率，保证施工安全，每一个工人或班组施工时必须具有的工作面。一个施工过程在组织施工时，安排人数的多少会受到工作面的限制，不能为了缩短工期而无限制地增加工人人数，否则，会造成工作面不足而出现窝工。

② 最小劳动组合。在实际工作中，绝大多数施工过程不能由一个人来完成，而必须由几个人配合才能完成。最小劳动组合是指某一施工过程要进行正常施工所必需的最少人数及其合理组合。

③ 可能安排的人数。根据现场实际情况（如劳动力供应情况、技工技术等级及人数等），在最少必需人数和最多可能人数的范围内，安排工人人数。通常，若在最小工作面条件下，安排了最多人数仍不能满足工期要求时，可组织两班倒或三班倒。

确定施工持续时间应注意的是，在编制初始进度计划时，并不是完全根据当时的情况（施工条件和工期要求等），而是按照正常条件来确定一个合理的、经济的作业时间，待经过计算后，再根据具体要求运用网络计划技术计算出网络时间，找出关键线路之后，在必须压缩工期时，就可知道该压缩哪些工序，哪些地方有时差可利用，再对计划进行调整。这样做的好处是：一般较合理、费用较低，避免因抢工期而盲目压缩作业时间，造成浪费。

8. 安排施工进度计划，制订进度计划的初始方案

在编制施工进度计划时，应首先确定主导施工过程的施工进度，使主导施工过程能尽可能连续施工。其余施工过程应予以配合，服从主导施工过程的进度要求。具体方法如下：

（1）确定主要分部工程并组织流水施工。

首先确定主要分部工程，组织其中主导分项工程的连续施工并将其他分项工程和次要项目尽可能与主导施工过程穿插配合、搭接或平行作业。例如，现浇钢筋混凝土框架主体结构施工中，框架施工为主导工程，应首先安排其主导分项工程的施工进度，即框架柱扎筋、柱梁（包括板）立模、梁（包括板）扎筋、浇混凝土等主要分项工程的施工进度。只有当主导施工过程优先考虑后，然后才安排其他分项工程施工进度。

（2）按各分部工程的施工顺序编排初始方案。

各分部工程之间按照施工工艺顺序或施工组织的要求，将相邻分部工程的相邻分项工程，按流水施工要求或配合关系搭接起来，组成施工进度计划的初始方案。

（3）计算各项工作的时间参数并求出关键线路。

利用网络图编制施工进度计划时，按工作的最早开始时间计算得到的工期就是计划工期，计算出来后，可与合同工期进行对比。各时间参数计算完成后，就能找出关键线路。应按规定用双箭线或颜色线明确表示出来，以利于分析和应用。

9. 工期的审查与调整

时间参数计算完毕，首先审查总工期，看是否符合合同规定的要求。

若不超过，则在工期上符合要求。若超过，则压缩调整计划工期，如做不到，则要提出充分的理由和根据，以便就工期问题与建设部门做进一步商谈。

10. 资源审查和调整

还要进一步估算主要资源的需要量，审查其供应与需求的可能性。

若某一段时间内供应不能满足资源消耗高峰的需要，则要求这段时间的施工工序加以调整，使它们错开时间，减少集中的资源消费，降到供应水平之下。

11. 编制可行的进度计划方案，并计算技术经济指标

经工期和资源的调整后，计划能适应现有的施工条件与要求，因而是切实可行的。可绘出正规的网络图或横道图，并附以资源消耗曲线。

因是可执行的计划，所以有必要计算一下它的技术经济指标，如与定额工期比较，单方用工、劳动生产率、节约率等，可与过去的或先进的计划进行比较，也可逐步积累经验，对提高管理水平来说，是一项有意义的工作。

5.5 资源需求量计划的编制

编制资源需求量计划时应首先根据工程量查相应定额，便可得到各分部分项工程的资源需求总量，然后再根据进度计划表中分部分项工程的持续时间，得到某分部分项工程在某段时间内的资源需求平均数；最后将进度计划表纵坐标方向上各分部分项工程的资源需要量按类别叠加在一起并连成一条曲线，即为某种资源的动态曲线图和计划表。

5.5.1 劳动力需要量计划

劳动力需要量计划主要作为安排劳动力，调配和衡量劳动力消耗指标，安排生活及福利设施等的依据。

劳动力需要量是根据工程的工程量和规定使用的劳动定额及要求的工期计算完成工程所需要的劳动力。在计算过程中要考虑日历天中扣除节假日和大雨、雪天对施工的影响系数，另外还要考虑施工方法，是人力施工，还是半机械施工及机械化施工。因为施工方法不同，所需劳动力的数量也不同。

（1）人力工施工劳动力需求量的计算。

① 人力施工在不受工作面限制时，可直接查定额与工程量相乘计算需要的总工天，并除以工期即得劳动力数量。其计算公式如下：

$$R = \frac{Q}{T \cdot S} \tag{5-7}$$

式中 R——劳动力的需求量；
Q——人工施工的工程量；
T——工程施工的工作天数。

考虑法定的节假日和气候影响，工程施工的工作天数将小于其日历天数。其计算可按式（5-8）进行：

$$T = 施工期的日历天数 \times 0.71 \cdot K \tag{5-8}$$

式中 0.71——节假日换算系数；
K——气候影响系数；
K——取值随不同地区而变化。

② 人力施工受到工作面限制时，计算劳动力的需要量必须保证每个人最小工作面这个条件，否则会在施工过程中出现窝工现象。每班工人的数量可按式（5-9）计算：

$$R = \frac{施工现场的作业面积（m^2）}{工人施工的最小工作面（m^2/人）} \tag{5-9}$$

（2）半机械化施工方法施工时所需劳动力的计算。

半机械化施工方法主要是指有的施工项目采用机械施工，有的项目采用人力施工。如路基土石方工程，填、挖、运、压实等工序采用机械施工，而边坡、路拱、路肩修整及边坡夯实采用人工施工。

半机械施工方法在计算劳动力需要量时除了根据定额和工程量外，还要考虑充分发挥机械的工作效率和保证工期的要求，否则会出现窝工或者机械的工作效率降低的情况，影响工程施工成本。

（3）机械化施工方法所需劳动力的计算。

机械化施工方法所需要的劳动力主要是司机及维修保养人员和管理人员（即机械辅助施工人员）。因此计算机械施工方法所需的劳动力与机械的施工班次有关，每日一班制配备的驾驶员少于多班次工作的人数，辅助人员也相应较少。其次是与投入施工的机械数有关，投的多所需要劳动力也多。只有同时考虑上述两个方面的问题，才能够较准确地计算所需的劳动力数量。

（4）计算劳动力数量时选择的定额标准不同，其结果也是不同的。

编制指导性施工组织设计时必须按标书上的要求和规定执行。编制实施性施工组织设计时可根据本企业的定额标准或结合施工项目具体情况采取一些补充定额。因为实施性施工组织设计是编制施工成本的依据，而施工成本是项目经济承包以及施工队、班（组）经济承包的依据。因此计算劳动力数量时不采用偏高或偏低的定额。

劳动力需要量计算完成后，需要将施工进度计划表内所列各施工过程的每天（或周、旬、月）所需的工人人数按工种汇总列成表格。其表格形式如表5-4所示。

表5-4　劳动力需求量计划表

序号	工作名称	工种类别	需求量	月　份								
				1	2	3	4	5	6	7	8	…
汇总												

5.5.2　施工机具需求量计划

施工机具需求量计划主要用于确定施工机具类型、数量、进场时间，以及落实机具来源的组织进场。其编制办法是将施工进度计划表中的每一个施工过程，每天所需的机具类型、数量和时间进行汇总，便得到施工机具需求量计划表。其表格形式如表5-5所示。

表5-5　施工机具需求量计划表

序号	机具名称	型号	需求量		货源	使用起止时间	备注
			单位	数量			

5.5.3　主要材料需求量计划

材料需求量计划表是备料、供料、确定仓库、堆场面积及组织运输的依据。其编制方法是根据施工预算的工料分析表、施工进度计划表，材料的储备和消耗定额，将施工中所需材料按品种、规格、数量、使用时间计算汇总，填入主要材料需求量计划表。其表格形式如表5-6所示。

表5-6　主要材料需求量计划表

序号	材料名称	规格	需求量		供应时间	备注
			单位	数量		

5.5.4　构件和半成品需求量计划

构件和半成品需求量计划主要用于落实加工订货单位，并按照所需规格、数量、时间，组织加工、运输和确定仓库或堆场，可按施工图和施工进度计划编制。其表格形式如表 5-7 所示。

表 5-7 构件和半成品需求量计划表

序号	品名	规格	图号	需求量		使用部位	加工单位	供应日期	备注
				单位	数量				

5.6 施工平面图设计

施工现场和场地布置是施工组织设计的基本内容之一，它需要考虑的问题很多、很广泛，也很具体。它是一项实践性、综合性很强的工作，只有充分掌握了现场的地形、地物、熟悉了现场的周围环境和其他有关条件，并对本工程情况有了一个清楚与正确的认识之后，才能做到统筹规划，合理布局。

5.6.1 施工平面图的分类

施工平面图按其作用可分为两类：

（1）施工总平面图。施工总平面图是以整个工程项目或一个合同段为对象的平面布置，主要反映整个工程平面的地形情况、料场位置、运输路线、生活设施等的位置和相互关系。

（2）单位工程或分部、分项工程的施工平面图。指以单位工程或分部、分项工程为对象而设计的平面组织形式。如某合同段的独立大桥施工平面图、附属加工厂施工平面图、基础工程施工平面图以及主梁预制、存放和吊装的施工平面图等。对于分部、分项工程的施工平面图，应当根据各施工阶段现场情况的变化，分别绘制不同施工阶段的施工平面图。

5.6.2 施工平面图布置的原则

（1）应尽量不占、少占或缓占农田，充分利用山地、荒地，重复使用空地，在弃土、清理场地时，有条件的应结合施工造田、复田。

（2）尽量降低运输费用，保证运输方便、减少和避免二次搬运。为了缩短运输距离，各种物资按需要分批进场，弃土场、取土场尽量靠近作业地点布置。

（3）尽量降低临时建筑费用，充分利用原有房屋、管线、道路和可缓拆或暂不拆除的前期临时建筑，为施工服务。

（4）以主体工程为核心，布置其他设施，要有利生产、方便生活，临时设施建筑不应影响主体工程施工进展，工人在工地上往返时间短，居住区和施工区要近，居住区应水源充足且清洁。

（5）遵循技术要求，符合劳动保护和防火要求。如人员与其他设施与爆破点的直线距离不得小于规定的飞块、飞石的安全距离等。

（6）施工指挥中心应布置在适中位置，既要靠近主体工程，便于指挥；又要靠近交通枢纽，方便内外交通联系。

施工现场平面布置的情况应以场地平面布置图表示出来。在施工平面布置图内应表示出拟建建筑物的平面位置，场地内需要修建的各项临时工程和露天料场、作业场的平面位置和占地面积，以及场地内各种运输线路，包括由场外运送材料至工地的进出口线路。

5.6.3 施工平面图设计的内容

施工平面图是根据施工方案、施工进度要求及资源进场存放量进行设计的。其内容的多少与施工期限长短、工程量大小、地形地貌的复杂程度有关。一般应包括以下主要内容：

（1）标定购地界内及附近已有的和拟建的地上、地下建筑物及其他地面附着物、农田、果园、树林、地下洞穴、坟墓等的位置及主要尺寸。

（2）标出需要拆迁的建筑物，永久或临时占用的农田、果园、树林。

（3）标出新建线路中线的位置以及里程、桥涵、隧道等结构物的位置及里程。

（4）标出取土和弃土场位置。当取土和弃土场离施工现场很远在平面布置上无法标注时，可用箭头指向取土或弃土场方向并加以说明。

（5）标出划分的施工区段。当一个施工区段有两个以上施工单位时，要标出其各自的施工范围。

（6）标出既有公路、铁路线路方向和位置里程及与施工项目的关系，因施工需要临时改移公路的位置。

（7）标出既有高压线位置、水源位置（既有的水井）、既有的河流位置及河道改移位置。

（8）临时设施的布置

① 各种运输道路及临时便桥、过渡工程设施的位置。

② 临时生活房屋位置。如管理人员、施工人员的宿舍，管理办公用房，食堂、浴池、文化服务房。

③ 各种加工房屋位置：

a. 钢筋加工棚；b. 混凝土成品预制厂；c. 混凝土拌和楼、站。

④ 各种材料、半成品、成品等仓库或堆栈位置。

⑤ 大堆料的堆放地点及机械设备的设置地点位置。如砂、石堆放处等。

⑥ 临时供电线（变电站）、供水、蒸汽、压缩空气站及其管线和临时通信线路等。

⑦ 其他生产房屋、木工棚、钢筋棚、机具修理棚、车库、油库、炸药库等。

⑧ 现场安全及防火设施等。

⑨ 施工场地排水系统位置。

5.6.4 临时设施的规划和布置

1. 材料加工及机械修配场地的规划和布置

施工单位为满足本身的需要，应设置采石场、采砂场、混凝土构件预制场、金属加工厂、机械修配厂等。

对于预制场，一般宜设在工地，以减少构件的运输。对于砂石材料开采场，宜设在材料产地。如有两个或以上的产地可供选择时，选择的条件首先是材料品质要符合设计要求，其次是运输距离要近，再次是开采的难易程度、成材率的高低。要加以综合考虑，作出综合经济分析。对于材料加工场地，则一般宜设在原材料产地较为有利。

2. 工地临时房屋的规划与布置

工地临时房屋主要包括施工人员居住用房、办公用房、食堂和其他生活福利设施用房，以及实验室、动力站、工作棚和仓库等。这些临时房屋应建在施工期间不被占用、不被水淹、不被坍塌方影响的安全地带。现场办公用房应建在靠近工地，且受施工噪声影响小的地方；工人宿舍、文化生活用房，应避免设在低洼潮湿、有烟尘和有害健康的地方；此外，房屋之间还应按消防规定相互隔离，并配备灭火器。

减少临时房屋费用，是施工组织设计的目标之一。应做周密的计划安排，并应采取以下各项措施：

（1）提高机械化施工程度，减少劳动力需要量；合理安排施工，使施工期间的劳动力需要量均匀分布，避免在某一短时期工人人数出现突出的高峰，这样可以减少临时房屋的需要量。

（2）尽量利用居住在工地附近的劳动力，可以省去这部分人的住房。

（3）尽量利用当地可以租用的房屋。

（4）如设计中需要修建将来管、养道路的房屋，应尽可能提前修建，以便施工期间可以利用。

（5）房屋构造应简单，并尽量利用当地材料。

（6）广泛采用能多次利用的装配式临时房屋。

3. 工地仓库及料场布置

工地储存材料的设施，一般有露天料场、简易料棚和临时仓库等。易受大气侵蚀的材料，如水泥、铁件、工具、机械配件及容易散失的材料等，宜储存在临时仓库中；钢材、木材等宜设置简易料棚堆放；砂、石、石灰等一般是在露天料场中堆放。

仓库、料棚、料场的设置位置，必须选择运输及进出料都方便，而且尽量靠近用料最集中、地形较平坦的地点。设计临时仓库、料棚时，应根据储存材料的特点，进料、出料的便利，以及合理的储备定额，来计算需要的面积。面积过大会增加临时工程费用，过小可能满足不了储备需要及增加管理费用。

材料必须有适当的储备量，以保证施工能不间断地进行。但过多的储备要多建仓库和积压流动资金，而且像水泥这类材料，储存过久会导致受潮结块及标号降低，从而影响工程质量。所以，应正确确定适当的储备量。

4. 施工场内运输的规划

在工地范围内，从仓库、料场或预制场等地到施工点的料具、物资搬运，称为场内运输。场内运输方式应根据工地的地形、地貌，材料在场内的运距、运量，以及周围道路和环境等因素选择。如果材料供应运输与施工进度能密切配合，做到场外运输与场内运输一次完成，即由场外运来的材料直接运至施工使用地点；或场内外运输紧密衔接，材料运到场内后不存入仓库、料场，而由场内运输工具转运至使用地点，这是最经济的运输组织方法。这样可节省工地仓库、料场的面积，减少工地装卸费用。但这种场内外运输紧密结合的组织方法在工程实践中是很难做到的。大量的场内运输工作是不可避免的。

当某些工程的用料数量较大，而运输路线又固定不变时，采用轨道运输是比较经济的。

当用料地点比较分散，运输线路不固定，特别是运输线路中有上下坡及急转弯等情况时，可采用汽车运输。采用汽车运输时，道路应与材料加工厂、仓库的位置结合布置，并与场外道路衔接；应尽量利用永久性道路，提前修建永久路基和简易路面；必须修建临时道路时，要把仓库、施工点贯穿起来,按货流量大小设计其规格,末端应有回车场,并避免与已有永久性铁路、公路交叉。

一些零星的运输工作,不可能或不必要采用上述运输方法的,有时要利用手推车运输,即使在机械化程度很高的工地,这种简单的运输工具也有发挥作用之处。

5. 工地供电的规划

工地用电包括各种电动施工机械和设备的用电,以及室内外照明的用电。工程施工离不开用电,做好工地供电的组织计划,对保证施工的顺利进行有着密切的关系。

工地用电应尽可能利用当地的电力供应,从当地电站、变电站或高压电网取得电能。当地没有电源或电力供应不能满足施工需要的情况下,则要在工地设置临时发电站。最好选用两个来源不同的电站供电或配备小型临时发电装置,以免工作中偶然停电造成损失。同时,还要注意供电线路、电线截面、变电站的功率和数目等的配置,使它们可以互相调剂、不致因为线路发生局部故障而引起停电。

用电安全是供电组织计划中必须考虑的问题。应符合有关用电安全规程的要求。临时变电站应设在工地入口处,避免高压线穿过工地;自备发电站应设在现场中心或主要用电区,考虑便于转移。供电线路不宜与其他管线同路或距离太近。

6. 工地供水的规划

工程施工离不开水,施工组织设计必须规划工地临时供水问题,确保工地用水和节省供水费用。

工地用水分生产用水和生活用水,均应符合水质要求;否则应设置处理设施进行过滤、净化等。工地供水设施包括水泵站、水塔或储水池以及输水管、线路等。布置施工场地时,应尽量使得用水工作地点互相靠近,并接近水源,以减少管道长度和水的损失。

供水管路的设计应尽量使长度最短。在温暖的地方,管道可敷设在地面。穿过场地交通运输道路时,管道要埋入地下30 cm深。在冰冻地区,管道应埋在冰冻深度以下。用明沟等方式输水时,一般在使用地点修建蓄水池,将水注入储水池备用;用钢管或铸铁管输水时,管道抵达用水地点后要安装龙头,并可连接橡皮软管,以便灵活移动出水口位置,供应不同位置的用水需要。

5.6.5 施工平面图设计参考资料

施工平面图设计是一项涉及面很广的复杂工作,不仅涉及理论问题,而且也涉及经验问题。下面仅就施工平面图设计,提供部分资料,以供设计参考。

1. 关于材料及构件堆放

(1)合理确定堆放位置。材料和预制构件的堆放位置应根据施工进度、施工方法、运输机械、搅拌站或预制场位置以及堆放数量等条件,综合考虑确定。

(2)堆放所需面积的确定。堆放位置确定之后,可按下列方法计算其堆放面积。

① 材料储备天数计算堆放面积:

$$A = \frac{Q \cdot K \cdot T_1}{T \cdot M \cdot a} \quad (5\text{-}10)$$

式中 A——仓库、棚、露天堆放所需面积；

Q——年度计划材料需要量；

K——不均衡系数，参见表5-8；

T_1——材料储备天数，参见表5-8；

L——年度计划施工天数，根据施工进度图确定；

M——每平方米储料定额，参见表5-8；

a——储料面积堆放利用系数，参见表5-8。

表5-8 材料储备面积计算参数表

材料名称	单位	N	K	M	K	仓库类别
水泥	t	40～50	1.2～1.4	2	0.65	仓库
小五金、铁件	t	30	1.2～1.5	1.5～2.5	0.5～0.6	仓库
钢丝绳	t	30	1.5	1.2～1.3	0.5～6.6	仓库
汽油、柴油	t	30	1.2	0.6	0.6	半地下库
石灰	t	30～35	1.2～1.4	1.5	0.7	棚
钢筋	t	60～70	1.2～1.4	0.6	0.6	棚
沥青	t	55～60	1.3～1.5	0.6～1.0	0.7	棚
砂	m³	25～35	1.2～1.4	1.2	0.7	露天
石子	m³	25～35	1.2～1.4	1.2	0.7	露天
块石	m³	25～35	1.3～1.7	0.8	0.7	露天
木材	m³	70～80	1.2～1.4	1.4	0.45	露天
圆木	m³	45	1.2～1.4	0.9～1.1	0.4	露天
型钢	t	60～70	1.3～1.5	2～2.4	0.4	露天

② 预制构件堆放场地面积计算：

$$A_{构} = Q_A \cdot N \cdot K_A \frac{1}{M_A} \qquad (5-11)$$

式中 $A_{构}$——某构件所需堆放场地面积，m^2；

Q_A——构件的日产量（m^3/日），按施工进度及图纸工程量计算确定；

N——存放天数，钢筋骨架按5～7天，成品按30天考虑；

K_A——通道系数，参见表5-9；

M_A——堆置定额，参见表5-9。

表5-9 钢筋混凝土预制构件堆存参数表

构件名称	堆置高度/层	通道系数	堆置定额	构件名称	堆置高度/层	通道系数	堆置定额
梁类钢筋骨架	3	1.5	0.05 t/m²	小型梁板构件	6	1.5	0.8 m³/m²
板类钢筋骨架	3	1.9	0.04 t/m²	其他构件	5	1.5	0.8 m³/m²
大型梁类构件	1～3	2.5	0.28 m³/m²				

2. 关于临时工程的布设

工程建设的临时工程，系指临时房屋和小型设施、临时轨道、便道、便桥、临时电力线路以及临时电信线路等。

临时工程应按需布设，但应控制在该项预算金额之内。临时工程布设的参考资料如表 5-9 所示。

（1）时房屋包括行政及生活福利用房。一般工程所需的建筑面积可参考表 5-10 确定。

表 5-10 行政及生活福利用房面积参考表

名 称	单位	面积定额	说 明	名 称	单位	面积定额	说 明
办公室	m²/人	2.1~2.5		招待所	m²/人	0.06	包括家属招待所
宿 舍	m²/人	3~3.5		会议及文娱室	m²/人	0.10	
食 堂	m²/人	0.7		商 店	m²/人	0.07	
诊疗所	m²/人	0.06		其他	%	5	包括商品库、开水房、实验室等
浴室及理发室	m²/人	0.10					

（2）仓库需用面积。按材料储备天数计算，其所需仓库面积可按式（5-9）计算。工具库按 0.3~0.6 m²/人计算。

（3）临时加工厂需用面积，可参考表 5-11 确定。

表 5-11 临时加工厂面积参考表

木材加工厂		钢筋加工厂	
生产总量/m³	厂房面积/(m²/m³)	加工总数/t	厂房面积/(m²/t)
200 以下	0.35~0.45	100 以下	0.8~1.2
200~500	0.30~0.35	100~300	0.5~0.8
500~1000	0.25~0.30	300~1000	0.4~0.5
混凝土搅拌厂		混凝土预制构件厂	
拌和总量/m³	厂房面积/(m²/m³)	预制总量/m³	厂房面积/(m²/m³)
1000 以下	0.03~0.035	1000 以下	0.25~0.30
1000~2000	0.025~0.030	1000~2000	0.20~0.25
2000~4000	0.020~0.025	2000~3000	0.15~2.20
4000~6000	0.010~0.020	3000~5000	0.125~0.150

（4）作业棚需用面积，一般可参考表 5-12 确定。

表 5-12 作业棚面积参考表

名 称	单位	面积/m²	说 明	名 称	单位	面积/m²	说 明
木工作业棚	m²/人	2	占地为棚的 3~4 倍	电工房	m²	15	
电锯房	m²	40	小圆锯 1 台	白铁工房	m²	20	
钢筋作业棚	m²/人	3	占地为棚的 3~4 倍	机钳修理间	m²	20	
混凝土搅拌机	m²/台	10~15	400L	立式锅炉房	m²/台	5~10	
卷扬机	m²/台	6~10	100L	发电机房	m²/kW	0.2~0.3	
锅炉房	m²	30~40	铁工	水泵	m²/台	3~8	
焊工房	m²	20~40		移动式空压机	m²/台	9~15	10~20 m²/分

注：表中人系指技工而言。

（5）作业间、加工厂需用面积，可按下式计算：

$$A = \frac{Q \cdot K}{T \cdot R \cdot a} \tag{5-12}$$

式中　A——临时棚、舍及场地合计面积，m^2；

　　　Q——加工总量，见表5-13；

　　　K——生产不均衡系数，见表5-13；

　　　T——实际作业时间，月；

　　　R——产量定额，见表5-13

　　　a——场地利用系数，见表5-13。

（6）现场临时工程防火间距，可参照表5-14确定，但应符合现行消防规定。

表5-13　作业间面积参考表

名称	A/m^2	Q	K	R	a	说明
钢筋作业间	棚占20% 露天80%	t	1.5	0.53~0.73（t月·m^2）	0.6~0.7	
混凝土构件	场地	m^3	1.3	板0.2 其他0.5（m^3/m^2·月）	0.6	露天预制
木工作业间	棚占20% 露天80%	m^3	1.5	1.5~2.0（m^3/m^2·月）	0.6~0.7	加工模板等
金属焊接场	露天	t	1.5	0.6~0.7（t/m^2·月）	0.6~0.7	露天焊接
制木电锯	临时房	m^3	1.3	1.5（m^3/m^2·月）	0.6~0.9	

表5-14　防火间距表（单位：m）

类别	永久性建筑物及构筑物	办公室、福利建筑、工人宿舍	非易燃仓库露天堆栈	易燃品仓库	锅炉房、厨房及固定生产用火	木料堆积场	废品堆等
永久性建筑及构筑物	—	20	15	20	25	20	30
办公室、福利建筑、工人宿舍	20	3.5~5.0	6	15~20	10~15	15	30
非易燃仓库、露天堆	15	6	6	15	15	10	20
易燃品仓库	20	20	15	20	25	20	20
锅炉房、厨房及固定生产用火	25	15	15	25	—	25	30
木料堆积场	20	15	10	20	25	—	30
废品堆等	30	30	20	30	30	30	—

5.7　施工组织设计的评价

施工组织总设计是对整个建设项目或群体工程施工的全局性、指导性文件，其编制质量的好坏对工程建设的进度、质量和经济效益影响较大。因此，对施工组织设计进行技术经济评价的目的在于对施工组织设计通过定性及定量的计算分析，论证其在技术上是否可行，在经济上是否合算，对照相应的同类型有关工程的技术经济指标，反映所编制的施工组织设计的最后效果，并应反映在施工组织设计文件中，作为施工组织总设计的考核评价和上级审批的依据。

5.7.1 施工组织设计的技术经济评价的指标体系

施工组织设计中常用的技术经济指标有：施工周期、工程质量、全员劳动生产率、主要材料使用指标、机械化施工程度、成本降低指标等。主要指标的公式如下：

1. 施工周期

指工程从开工到竣工所用的全部日历天数。

2. 质量指标

这是施工组织设计中确定的控制目标。

$$质量优良品率 = \frac{优良工程个数（或面积、延长米等）}{施工项目总个数（或面积、延长米等）} \times 100\% \tag{5-13}$$

3. 劳动指标

（1）劳动力不均衡系数：整个施工期间使用劳动力的均衡程度。以接近 1 为好，一般不能大于 2。

$$劳动力不均衡系数 = \frac{施工高峰期人数}{施工平均人数} \tag{5-14}$$

（2）全员劳动生产率：

$$全员劳动生产率 = \frac{完成的工作量（元）}{全体职工平均人数} \tag{5-15}$$

每月的全员劳动生产率应力求均衡。

4. 机械化施工程度

$$机械化施工程度 = \frac{机械化施工完成的工程量}{总工作量} \times 100\% \tag{5-16}$$

5. 工厂化施工程度

$$工厂化施工程度 = \frac{预制加工厂完成的工作量}{总工作量} \times 100\% \tag{5-17}$$

6. 主要材料节约率

$$主要材料节约率 = \frac{主要材料预算用量 - 计划用量}{主要材料预算用量} \times 100\% \tag{5-18}$$

7. 降低成本指标

$$成本降低率 = \frac{预算成本 - 计划成本}{预算总成本} \times 100\% \tag{5-19}$$

8. 临时工程投资比例

指全部临时工程投资费用与总工作量之比，表示临时设施费用支出情况。

$$临时工程投资比率 = \frac{全部临时工程投资额}{总成本} \tag{5-20}$$

5.7.2 施工组织设计的技术经济评价

每一项施工活动都可以采用多种不同的施工方法和应用不同的施工机械、不同的施工方法和不同的施工机械对工程的工期、质量和成本费用等都有不同的影响。因此，在编制施工组织设计时，应根据现有的以及可能获得的技术和机械情况，拟订几个不同的施工方案，然后从技术上、经济上进行分析比较，从中选出最合理的方案，把技术上的可能性与经济上的合理性统一起来，以最少的资源消耗获得最佳的经济效果，多、快、好、省地完成施工任务。

对施工组织设计（施工方案）进行技术经济分析，常用的有两种方法，即定性分析法和定量分析法。现分述如下：

1. 定性分析法

定性分析法是根据实际施工经验对不同施工方案的优劣进行分析比较。例如：对垂直运输设备，是采用井字架适当，还是采用塔吊适当；划分流水作业时，是二段流水有利于加快施工进度，还是三段流水有利于加快施工进度；钢筋混凝土烟囱是采用滑模施工，还是采用提模施工；冬季混凝土施工是采用保温法冬施方案，还是采用电热法冬施方案。

定性分析法主要凭经验进行分析、评价，虽比较方便，但精确度不高，也不能优化，决策易受主观因素的制约，一般常在施工实践经验比较丰富的情况下采用。

2. 定量分析法

定量分析法是对不同的施工方案进行一定的数学计算，将计算结果进行优劣比较。如有多个计算指标的，为便于分析、评价，常常对多个计算指标进行加工，形成单一（综合）指标，然后进行优劣比较。定量分析法一般有评分法和价值法两种方法。

（1）评分法是通过综合打分来分析评价施工方案的优劣并择优选用。

例如：某钢筋混凝土圆筒库主体工程施工时，曾提出滑模施工（第一方案）和翻模施工（第二方案）两种施工方法，在对两种方案进行技术经济分析时，采用了评分法。根据企业的实际情况和工程具体要求（工期较急、质量要求较高），从工期长短、质量可靠、安全性、施工费用四个方面进行打分，并确定四个方面的权数比例。打分结果如表 5-15 所示。

表 5-15 某主体工程两种施工方案的比较

指 标	权 数	得 分	
		滑模方案	翻模方案
工期长短	0.35	95	80
质量可靠	0.25	95	95
施工安全	0.20	90	80
施工费用	0.20	80	95

滑模方案总分：$m_1 = 95 \times 0.35 + 95 \times 0.25 + 90 \times 0.2 + 80 \times 0.2$
$= 33.25 + 23.75 + 18 + 16 = 91$（分）

翻模方案总分：$m_2 = 80 \times 0.35 + 95 \times 0.25 + 80 \times 0.2 + 95 \times 0.2$
$= 28 + 23.75 + 16 + 19 = 86.75$（分）

通过打分计算，滑模方案明显优于翻模方案。从权数分配情况来看，该工程工期上较急，采用滑模方案能有效地缩短施工周期，故选用滑模方案是合理的。

（2）价值法是对各方案计算出的最终价值，用价值量的大小来评定方案的优劣并择优选用。某工程对钢筋的接头形式，进行了多方案的经济比较，其值如表5-16所示。

表5-16 某工程钢筋接头各方案的经济比较

项 目	电渣压力焊		帮条焊		绑 扎	
	用量	金额/元	用量	金额/元	用量	金额/元
钢 材	0.189 kg	0.095	4.04 kg	2.02	7.1 kg	3.55
材料（焊药、焊条、铅丝）	0.5 kg	0.40	1.09 kg	1.64	0.022 kg	0.023
人 工	0.14 工日	0.28	0.20 工日	0.40	0.025 工日	0.05
电量消耗	2.1 kW·h	0.168	25.2 kW·h	2.02	—	—
合 计		0.943		6.08		3.623

通过计算，可看出电渣压力焊最省。该工程项目共有1200个接头，如采用电渣压力焊，则耗金额1131.6元，比帮条焊节省6164.4元，比绑扎节省3216元，故采用电渣压力焊是最优的一种接头形式。

有时，通过技术经济分析，确定某一施工方案之后，接着对机械设备的来源，是采用投资添置，还是采用租赁，还须进一步进行方案比较后才能确定。

如前面所述，钢筋混凝土圆筒库的施工方案，通过技术经济分析后可知，采用滑模施工工艺对加快工程施工进度有明显优势，结合工程工期急的实际情况，决定采用滑模施工工艺。接下来就要解决滑模设备的来源问题，面临两种方案的决策：一是自己制造一套滑模模板以及购置一定量的油压千斤顶等设备，一次性投资和经常性维修费用估计为120万元，设备可使用7年；另一方案是向有关设备公司租赁，支付租赁费。下面运用决策论原理来进行分析比较，以作出科学决策。

根据历年施工任务的分析和今后施工任务的预测，估计每年滑模设备利用率高的可能性为40%，利用率低的可能性为45%，不用的可能性为15%。在上述三种情况下，可计算出每年因采用滑模施工可增加的利润，如表5-17所示。

表5-17 滑模施工可获利润的比较

设备利用状态	可能性（概率）	不同方案能获得利润	
		自制（未扣除设备投资费用）	租赁（已扣除设备租赁费用）
利用率高	0.40	45万元/年	22万元/年
利用率低	0.45	21万元/年	10.5万元/年
不用	0.15	0万元/年	0万元/年

画出如图5-3所示的决策图，图中小方框"□"为决策点，从它引出的分枝叫方案分枝；小圆圈"○"为自然状态点，它所引出的线叫概率分枝。

计算各分枝方案的期望值，就是计算各方案可能获得的最大收益的估算值。计算如下：
甲点（自制方案）的期望值为

（45×0.4 + 21×0.45 + 0×0.15）万元×7 − 120万元 = 192.15 − 120 = 72.15万元

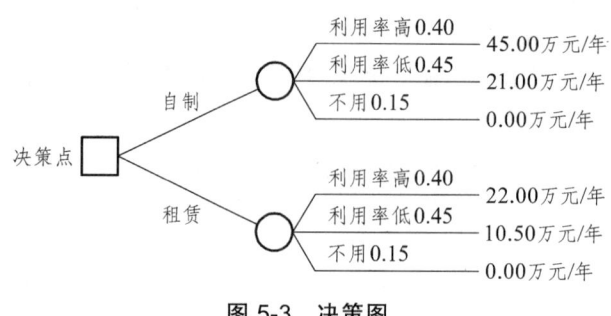

图 5-3 决策图

乙点（租赁方案）的期望值为

$$(22 \times 0.4 + 10.5 \times 0.45 + 0 \times 0.15) 万元 \times 7 = 94.675 万元$$

比较两种方案得到的期望值，可知自制方案的经济效益不如租赁方案。这仅是静态效益的比较，如果加上自制设备中一次性投资的利息损失，则自制设备的期望值更低。现以月息6‰的单利计算，则一次性投资7年的利息总值将达：

$$120 \times 0.006 \times 12 \times 7 = 60.48（万元）$$

这样，甲点的期望值为

$$72.15 - 60.48 = 11.67（万元）$$

通过以上分析，可知采用租赁方案比自制方案的经济效益好得多，因此，在编制施工组织设计时，能科学决策，采用租赁滑模设备的方案。

附表 某工程工程招标评分标准表

序号	评审内容	最高得分	评分标准
一	技 术 组	47.0	
（一）	工期及进度安排	7.0	
1	阶段工期	1.0	满足标底要求得1.0分，否则每超期1天扣0.1分，直至不得分
2	最终竣工时间	2.0	符合标底要求得2.0分，否则不得分
3	施工总日历天数	1.0	符合平均先进水平得1.0分，否则酌情扣分
4	工期安排科学、合理	3.0	工期安排科学、合理，有网络控制图，主要工序线清晰可行得3.0分，否则酌情扣分
（二）	质量目标及控制	12.0	
1	创优规划	3.0	有独立的创优规划，有质量保证体系，通过ISO9000认证的，得3.0分，每少一项扣1.0分
2	验收合格率、优良率	2.0	工程一次验收合格率、单位工程优良率与标底相同各得1.0分；高于标底，不加分；低于标底，每项扣1.0分，直至不得分
3	质量保证措施	6.0	质量保证措施得力、可行得6.0分，否则酌情扣分
4	对招标人质量管理规定的态度	1.0	投标人明确承诺协议条款第39条的各项规定得1.0分，否则酌情扣分

续表

序号	评审内容	最高得分	评分标准
（三）	施工组织	28.0	
1	总体规划及布置	5.0	有施工布置总图，各种临时设施布置科学合理得5.0分，否则酌情扣分
2	施工方案、工艺、方法	6.0	施工过渡方案切实可行得6.0分，否则酌情扣分；若本标段有与既有铁路、国、省级公路、水利相互干扰的工程项目必须有指导性的过渡方案，如缺少一项扣0.5分，最多扣2.0分
3	劳动力组织、管理机构	3.0	管理机构健全，劳动力安排合理得3.0分，否则酌情扣分
4	安全、文明施工措施	6.0	安全管理体系、安全生产、文明施工措施得力得6.0分，否则酌情扣分
5	施工机械	3.0	施工机械设备满足工程需要、来源具体可靠、配备齐全得3.0分，否则酌情扣分
6	环保措施	3.0	环境保护及水土保持措施具体、合理得3.0分，否则酌情扣分
7	文物保护措施	2.0	有较强的文物保护意识，有相应的保护措施得2.0分，否则酌情扣分
二	商务组	40.0	
（一）	投标报价	40.0	
1	报价基本得分	40.0	报价最高得分40.0分
2	包干系数偏离扣分	≤3.0	等于标底不扣分；低于标底不加分；高于标底每高0.1%扣0.3分，高于标底1.0%内，用插入法计算，最多扣3.0分
3	降造系数偏离扣分	≤3.0	等于标底不扣分；高于标底不加分；低于标底每低0.1%扣0.3分，高于标底1.0%内，用插入法计算，最多扣3.0分
4	主要指标偏离扣分	≤2.0	报价指标与标底指标相差在±3%以内不扣分，超过±3%，每超一项扣0.2分，最多扣2.0分
5	算术复核偏差扣分	≤2.0	计算错误每处扣0.2分，最多扣2.0分
三	资信组	13.0	
（一）	社会信誉、施工经验	5.0	
1	履约能力	1.0	通过银行3A资信证明得0.5分，2A得0.2分；财务状况良好，得0.5分，否则酌情扣分
2	对已完成工程质量审评	1.0	通过资格预审的投标人得0.5分，拟参加胶新线施工的处级单位，获得过国家级优质工程，得0.5分；获得过省部级优质工程，得0.3分（已获得国家级优质工程者，此项不再得分），没有不得分。近三年来发生重大质量事故，扣0.5分；发生大质量事故，扣0.3分，累计扣分不超过1.0分

续表

序号	评审内容	最高得分	评分标准
3	安全生产审评	1.0	通过资格预审的投标人得 1.0 分。拟参加的公司级单位，近两年来发生重大行车事故，每次扣 0.5 分；大行车事故，每次扣 0.3 分；发生多人伤亡事故，每起扣 0.2 分，累计扣分不超过 1.0 分
4	施工信誉	1.0	业绩信誉良好的单位得 1.0 分
5	对主要负责人管理经验业绩的审评	1.0	通过资格预审的投标人得 0.5 分，正、副指挥长，主管过"部优、国优"工程时，得 0.5 分，没有不得分，累计加分不超过 1.0 分
（二）	承诺	8.0	
1	投标文件及合同协议条款	1.0	全部承诺招标文件及所附合同协议条款得 1.0 分，否则不得分
2	招标范围外工程结算原则	0.5	同意按中标相应单价和包干系数、降造系数计算招标范围外的工程款得 0.5 分，否则不得分
3	对招标人要求承诺的承诺	1.0	接受招标人所提出的全部承诺得 1.0 分，否则不得分
4	其他有价值的承诺	≤1.5	招标人每采纳一条加 0.5 分，最多不超过 1.5 分
5	交纳质量保证金	3.0	投标人交纳质量保证金系数与标底相同得 3.0 分；超过标底不加分；低于标底，每低 0.1%，扣 1.5 分；直至不得分
6	交纳安全风险抵押金	1.0	按协议条款交纳安全风险抵押金，接受甲方对不安全因素的处罚得 1.0 分，否则不得分

素质提升

1. 施工组织总设计包括如下工作：（1）计算主要工种工程的工程量；（2）编制施工总进度计划；（3）编制资源需求量计划；（4）拟订施工方案。其正确的工作顺序是（　　）。
　　A.（1）（2）（3）（4）　　　　B.（1）（4）（2）（3）
　　C.（1）（3）（2）（4）　　　　D.（4）（1）（2）（3）

2. 对整个建设工程项目的施工进行战略部署，并且是指导全局性施工的技术和经济纲要的文件是（　　）。
　　A. 施工总平面图　　　　　　B. 施工组织总设计
　　C. 施工部署及施工方案　　　D. 施工图设计文件

3. 下列选项中，属于施工组织总设计编制依据的是（　　）。
　　A. 建设工程监理合同　　　　B. 单位工程施工组织设计
　　C. 批复的可行性研究报告　　D. 各项资源需求量计划

4. 编制施工组织设计时，下列各项内容中应首先确定的是（　　）。
　　A. 施工平面图　　　　　　　B. 施工进度计划
　　C. 施工方案　　　　　　　　D. 施工准备工作计划

5. 审查施工组织设计属于（　　）建设监理工作的主要任务。

A. 设计阶段 B. 施工招标阶段
C. 施工准备阶段 D. 工程施工阶段

6. 根据《建设工程安全生产管理条例》第五十七条规定，工程监理单位未对施工组织设计中的安全技术措施进行审查的（   ）。
   A. 责令限期改正 B. 处 10 万元以上 30 万元以下的罚款
   C. 责令停业整顿 D. 降低资质

7. 下列施工组织设计内容中，应当首先确定的是（   ）。
   A. 施工平面图设计 B. 机具设备需要计划
   C. 施工进度计划 D. 施工方案

8. 下列关于项目经理的说法错误的是（   ）。
   A. 项目经理应是承包人正式聘用的员工
   B. 承包人应向发包人提交项目经理与承包人之间的劳动合同
   C. 承包人为项目经理缴纳社会保险的有效证明
   D. 承包人为项目经理缴纳意外伤害保险的有效证明

9. 下列有关施工组织设计的表述，正确的有（   ）。
   A. 施工平面图是施工方案及施工进度计划在空间上的全面安排
   B. 单位工程施工组织设计是指导分部分项工程施工的依据
   C. 只有在编制施工总进度计划后才可编制资源需求量计划
   D. 对于简单工程，可以只编制施工方案及施工进度计划和施工平面图
   E. 只有在编制施工总进度计划后才可制订施工方案

10. 关于施工组织总设计编制程序的说法正确的是（   ）。
    A. 计算主要工种工程量后才能确定施工总体部署
    B. 施工总平面图设计后才能编制施工准备工作计划
    C. 拟订施工方案后才可编制施工总进度计划
    D. 编制资源需求量计划后才能编制施工准备工作计划
    E. 编制施工总进度计划后才可编制资源需求量计划

11. 对于简单的单位工程的施工组织设计，其内容一般只包括（   ）。
    A. 施工特点分析 B. 施工方案 C. 施工进度计划
    D. 施工平面图 E. 技术组织措施、质量保证措施和安全施工措施

模块6 建筑工程项目成本管理

建筑工程项目成本管理应从工程投标报价开始,直至项目保证金返还为止,贯穿于项目实施的全过程。成本作为项目管理的一个关键性目标,包括责任成本目标和计划成本目标,它们的性质和作用不同。前者反映公司对施工成本目标的要求,后者是前者的具体化,把施工成本在公司层和项目经理部的运行有机地连接起来。根据成本运行规律,成本管理责任体系应包括公司层和项目经理部。公司层的成本管理除生产成本以外,还包括经营管理费用;项目经理部应对生产成本进行管理。公司层贯穿于项目投标、实施和结算过程,体现效益中心的管理职能;项目经理部则着眼于执行公司确定的施工成本目标,发挥现场生产成本控制中心的管理职能。

6.1 概述

6.1.1 施工项目成本的概念及分类

施工项目成本是指在建设工程项目的施工过程中所发生的全部生产费用的总和,包括:所消耗的原材料、辅助材料、构配件等费用;周转材料的摊销费或租赁费,施工机械的使用费或租赁费;支付给生产工人的工资、奖金、工资性质的津贴;以及进行施工组织与管理所发生的全部费用支出等。建筑工程项目费用组成如图6-1所示。施工项目成本不包括劳动者为社会所创造的价值(税金和计划利润),也不包括不构成施工项目价值的一切非生产性支出。

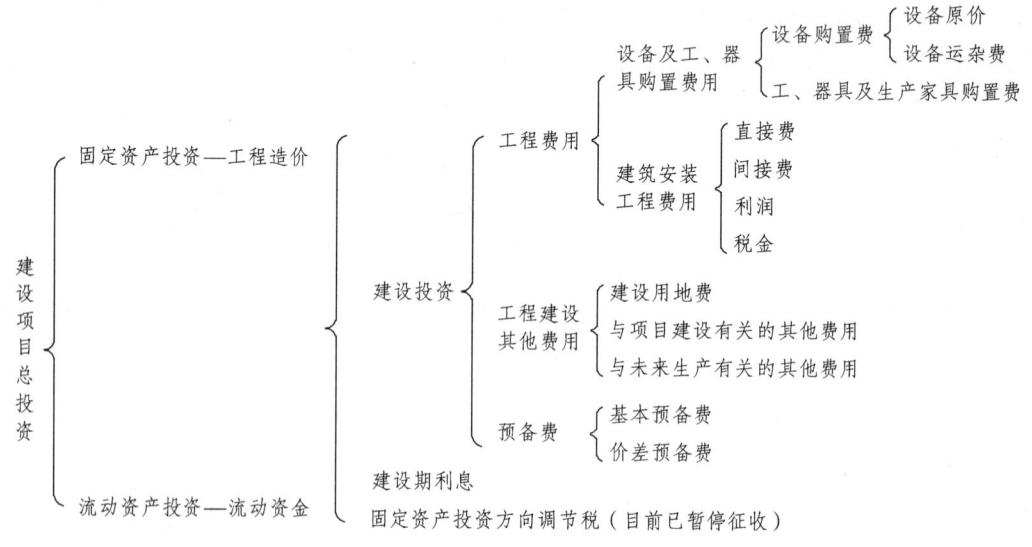

图6-1 建筑工程项目费用组成

施工项目成本是施工企业的产品成本,也成为工程成本,一般以项目的单位工程作为成本核算的对象,通过各单位工程成本核算的综合来反映施工项目成本。

根据建筑产品的特点和成本管理的要求不同，施工项目成本可按不同的标准应用范围进行划分。

（1）按成本计价的定额标准，施工项目成本可分为预算成本、计划成本和实际成本。

预算成本指按照建筑安装工程的实物量和国家或地区制定的预算定额单价及取费标准计算的社会平均成本。它是以施工图预算为基础进行分析、归集、计算确定的。一般按本期已完工程和竣工单位工程分别计算。本期已完工程预算成本，是根据每个单位工程中已完分部分项工程的实物量、预算单价和规定的取费标准计算的。在实际工作中，通常由统计部门于月末先行测量已完工程的实物量，再根据预算单价和管理费定额，通过编制"已完工程结算表"计算确定。竣工单位工程预算成本，是在施工图预算基础上，根据施工过程中增减变更的各项经济技术资料进行调整，通过编制"竣工结算书"确定的。工程预算成本是企业成本开支的最高限额，是考核工程成本开支的重要尺度，也是统计工程进度和与建设单位结算价款的重要依据。

计划成本，即通过编制成本计划所确定的工程成本。它是在预算成本基础上，根据上级下达的降低工程成本指标，结合施工生产的实际情况和技术组织措施而确定的企业标准成本。工程计划成本是企业控制成本支出的标准，也是降低成本的奋斗目标。

实际成本，指完成某项建筑安装工程所实际发生的实际耗费的总和，包括实际耗用的人工费、材料费、机械使用费、其他直接费和管理费用等。工程实际成本是一项综合性指标，综合地反映出企业施工生产活动的耗费水平。

预算成本、计划成本和实际成本，既有区别，又相互联系、相互作用。工程实际成本与预算成本比较，可以反映对社会平均成本的超支或节约情况，综合地反映了企业的经济效益；计划成本与预算成本比较，反映企业在计划期内的成本降低任务；计划成本与实际成本比较，反映出成本降低任务的完成情况。

（2）按计算项目成本对象，施工项目成本可分为建设工程成本、单项工程成本、单位工程成本、分部工程成本、分项工程成本。

（3）按工程完成程度不同可分为本期施工成本、已完成工程施工成本、未完成工程成本和竣工施工工程成本。

（4）按费用与工程量关系，施工项目成本可分为固定成本与变动成本。

固定成本是指在一定时期和一定的工程量范围内，其发生的成本额不受工程量增减变动的影响而相对固定的成本。如折旧费、大修理费、管理人员工资、办公费等。所谓固定，指其总额而言，关于分配到每个项目单位工程量上的固定费用则是变动的。

变动成本是指发生总额随着工程量的增减变动而成正比例变动的费用，如直接用于工程的材料费、实行计划工资制的人工费等。所谓变动，也是就其总额而言，对于单位分项工程上的变动费用往往是不变的。

将施工过程中发生的全部费用划分为固定成本和变动成本，对于成本管理和成本决策具有重要作用。它是成本控制的前提条件。由于固定成本是维持生产能力所必需的费用，要降低单位工程量的固定费用，只有通过提高劳动生产率，增加企业总工程量数额并降低固定成本的绝对值入手，降低成本只能是从降低单位分项工程的消耗定额入手。

（5）按成本的经济性质，施工项目成本由直接成本和间接成本组成。

① 直接成本，是指施工过程中直接耗费的构成工程实体或有助于工程形成的各项支出，包括人工费、材料费、机械使用费和其他直接费。所谓其他直接费，是指施工过程以外施工过

程中发生的其他费用,包括冬雨季施工增加费、特殊地区施工增加费、夜间施工增加费、小型临时设施返销费及其他。

② 间接成本,是指企业的各项目经理部为施工准备、组织和管理施工生产所发生的全部施工间接费支出。施工项目间接成本应包括施工现场管理人员的人工费、教育费、办公费、差旅费、固定资产使用费、管理工具用具使用费、保险费、工程保修费、劳动保护费、施工队伍调遣费、流动资金贷款利息以及其他费用等。

6.1.2 施工项目成本管理

施工项目成本管理是指在保证满足工程质量、工程施工工期的前提下,对项目实施过程中所发生的费用,通过计划、组织、控制和协调等活动实现预定的成本目标,并尽可能地降低施工项目成本费用的一种科学管理活动。主要通过施工技术、施工工艺、施工组织管理、合同管理和经济手段等活动来最终达到施工项目成本控制的预定目标,获得最大限度的经济利益。

为了取得施工项目成本管理的理想成效,应当从多面采取措施实施管理,通常可以将这些措施归纳为组织措施、技术措施、经济措施、合同措施。

1. 组织措施

组织措施是从施工成本管理的组织方面采取的措施,如实行项目经理责任制,落实施工成本管理的组织机构和人员,明确各级施工成本管理人员的任务和职能分工、权利和责任,编制本阶段施工成本控制工作计划和详细的工作流程图等。施工成本管理不仅是专业成本管理人员的工作,各级项目管理人员都负有成本控制责任。组织措施是其他各类措施的前提和保障,而且一般不需要增加什么费用,运用得当可以收到良好的效果。

2. 技术措施

技术措施不仅对解决施工成本管理过程中的技术问题是不可缺少的,而且对纠正施工成本管理目标偏差也有相当重要的作用。因此,运用技术纠偏措施的关键,一是要能提出多个不同的技术方案;二是要对不同的技术方案进行技术经济分析。在实践中,要避免仅从技术角度选定方案而忽视对其经济效果的分析论证。

3. 经济措施

经济措施是最易为人接受和采用的措施。管理人员应编制资金使用计划,确定、分解施工成本管理目标。对施工成本管理目标进行风险分析,并制定防范性对策。通过偏差原因分析和未完工程施工成本预测,可发现一些潜在的问题会引起未完工程施工成本的增加,对这些问题应以主动控制为出发点,及时采取预防措施。由此可见,经济措施的运用绝不仅仅是财务人员的事情。

4. 合同措施

成本管理要以合同为依据,因此合同措施就显得尤为重要。对于合同措施,从广义上理解,除了参加合同谈判、修订合同条款、处理合同执行过程中的索赔问题、防止和处理好与业主和分包商之间的索赔之外,还应分析不同合同之间的相互联系和影响,对每一个合同作总体和具体分析等。

6.1.3 施工项目成本管理的内容

施工项目成本管理是施工企业项目管理中的一个子系统,这一系统的具体工作内容包括:成本预测、成本决策、成本计划、成本控制、成本核算、成本分析和成本考核等一系列内容。项目经理部在项目施工过程中,对所发生的各种成本信息,通过有组织、有系统地进行预测、计划、控制、核算和分析等一系列工作,促使工程项目系统内各种要素,按照一定的目标运行,使施工项目的实际成本能够在预定的计划成本范围内。

1. 项目成本预测

项目项目成本预测是通过成本信息和项目的具体情况,并运用一定的专门方法,对未来的成本水平及其可能发展趋势做出科学的估计,其实质就是工程项目在施工以前对成本进行核算。通过成本预测,可以使项目经理部在满足业主和企业要求的前提下,选择成本低、效益好的最佳成本方案,并能够在工程成本形成过程中,针对薄弱环节,加强成本控制,克服盲目性,提高预见性。因此,项目成本预测是项目成本决策与计划的依据。

2. 项目成本计划

项目成本计划是项目经理部对进行项目成本管理的工具。它是以货币形式编制工程项目在计划期内的生产费用、成本水平、成本降低率以及为降低成本所采取的主要措施和规划的书面方案,是建立项目成本管理责任制、开展成本控制和核算的基础。一般来讲,一个项目成本计划应包括从开工到竣工所必需的施工成本,它是该工程项目降低成本的指导文件,是设立目标成本的依据。可以说,成本计划是目标成本的一种形式。

3. 项目成本控制

项目成本控制指项目在施工过程中,对影响项目成本的各种因素加强管理,并采取各种有效措施,将施工中实际发生的各种消耗和支出严格控制在成本计划范围内,随时揭示并及时反馈,严格审查各项费用是否符合标准,计算实际成本和计划成本之间的差异并进行分析,消除施工中的损失浪费现象,发现和总结先进经验。通过成本控制,使之最终实现甚至超过预期的成本目标。项目成本控制应贯穿于施工项目从招投标阶段开始直至项目竣工验收的全过程,它是企业项目成本管理的重要环节。因此,必须明确各级管理组织和各级人员的责任和权限,这是成本控制的基础之一,必须给以足够的重视。

4. 项目成本核算

项目成本核算是指工程项目施工过程中所发生的各种费用和形成项目成本的核算。它包括两个基本环节:一是按照规定的成本开支范围对项目施工费用进行归集,计算出工程项目施工费用的实际发生额;二是根据成本核算对象,采取适当的方法,计算出该工程项目的总成本和单位成本。项目成本核算所提供的各种成本信息,是成本预测、成本计划、成本控制、成本分析和考核等各个环节的依据。因此,加强项目成本核算工作,对降低项目成本、提高企业的经济效益有积极的作用。

5. 成本分析

成本分析是在成本形成过程中,对项目成本进行的对比评价和剖析总结工作,它贯穿于项目成本管理的全过程。也就是说项目成本分析主要利用工程项目的成本核算资料(成本信息),与目标成本(计划成本)、预算成本以及类似的工程项目的实际成本等进行比较,了解成本的变动情况，同时也要分析主要技术经济指标对成本的影响，系统地研究成本变动的因素，检查成本计划的合理性，并通过成本分析，深入揭示成本变动的规律，寻找降低项目成本的途径，以有效地进行成本控制，减少施工中的浪费，促使企业和项目经理部遵守成本开支范围和财务纪律，更好地调动广大职工的积极性，加强项目的全员成本管理。

6. 项目成本考核

所谓成本考核，就是工程项目完成后，对项目成本形成中的各责任者，按项目成本责任制的有关规定，将成本的实际指标与计划、定额、预算进行对比和考核，评定项目成本计划的完成情况和各责任者的业绩，并以此给以相应的奖励和处罚。通过成本考核，做到有奖有罚、赏罚分明，才能有效地调动企业的每一个职工在各自的施工岗位上努力完成目标成本的积极性，为降低项目成本和增加企业的积累，作出自己的贡献。

施工项目成本管理系统中每一个环节都是相互联系和相互作用的。成本预测是成本决策的前提，成本计划是成本决策所确定目标的具体化。成本控制是对成本计划的实施进行监督，保证决策的成本目标实现；而成本核算又是成本计划是否实现的最后检验，它所提供的成本信息又是对下一个项目成本预测和决策提供基础资料。成本考核是实现成本目标责任制的保证和实现决策的目标的重要手段。

6.2 施工项目成本控制方法

在施工企业中，加强施工项目成本管理，不断降低成本，具有十分重要的意义。首先，施工项目成本的降低表明施工企业在施工过程中的活劳动和物化劳动的节约。活劳动的节约说明企业劳动生产率的提高；物化劳动的节约，说明企业机械设备利用率的提高和建筑材料消耗率的降低。由此可见，施工项目成本是反映企业经营效果的综合指标。成本控制的方法很多，而且具有一定的随机性。根据各种情况，应采取与之相应的控制手段和控制方法，但一般都有成本预测、成本计划、成本核算等。本节就一般常用的成本控制方法论述如下：

6.2.1 以施工图预算控制成本支出

在施工项目的成本控制中，按施工图预算，实行"以收定支"或者叫"量入为出"，是最有效的方法之一。

具体的处理方法如下：

1. 人工费的控制

假定预算定额规定的人工费单价为 13.80 元，合同规定人工费补贴 20 元/工日，二者相加，人工费的预算收入为 33.80 元/工日。在这种情况下，项目经理部与施工队签订劳务合同时，应将人工费单价控制在 30 元以下（辅工还可再低一些），其余部分考虑用于定额外人工费和关键工序的奖励费。如此安排，人工费就不会超支，而且还留有余地，以备关键工序的不时之需。

2. 材料费的控制

在按"量价分离"方法计算工程造价的条件下，水泥、钢材、木材等"三材"的价格随行就市，实行高进度高出：地方材料的预算价格 = 基准价 ×（1 + 材差系数）。在对材料成本进行控制的过程中，首先要以上述预算价格来控制地方材料的采购成本，至于材料消耗数量的控制，则应通过"限额预料单"去落实。

材料的市场价格变动频繁，往往会发生预算价格与市场严重背离而使采购成本失去控制的情况。因此，项目材料管理人员有必要经常关注材料市场价格的变动，并积累系统、翔实的市场信息，如遇材料价格大幅度上涨，可向"定额管理"部门反映，同时争取甲方按实补贴。

3. 钢管脚手、钢模板等周转设备使用费的控制

施工图预算中的周转设备使用费 = 耗用数×市场价格，而实际发生的周转设备使用费 = 使用数×（企业内部的租赁单价或摊销价）。由于两者的计量基础和计价方法各不相同，只能以周转设备预算收费的总量来控制实际发生的周转设备使用费的总量。

4. 施工机械使用费的控制

施工图预算中的机械使用费 = 工程量×定额台班单价。项目施工由于具有特殊性，实际的机械利用率可能达到预算定额的取定水平；再加上预算定额所设定的施工机械原值和折旧率又有较大的滞后性，因而使工图预算的机械使用费往往小于实际发生的机械使用费，形成机械使用费超支。

由于上述原因，有些施工项目在取得甲方的谅解后，于工程合同中明确规定一定数额的机械费补贴。在这种情况下，就可以施工图预算的机械使用和增加的机械费补贴来控制机械费支出。

5. 构件加工费和分包工程费的控制

在市场经济体制下，钢门窗、木制成品、混凝土构件、金属构件和成型钢筋的加工，以及打桩、土方、吊装、安装、装饰和其他专项工程（如屋面防水等）的分包，都要通过经济合同来明确双方的权利和义务。在签订这些经济合同的时候，特别要坚持"以施工图预算控制合同金额"的原则，绝不允许合同金额超过施工图预算。根据部分工程的历史资料综合测算，上述各种合同金额的总和占全部工程造价的55%~70%。由此可见，将构件加工和分包工程的合同金额控制在施工图预算以内，是十分重要的。

6.2.2 以施工预算控制人力资源和物质资源的消耗

资源消耗数量的货币表现就是成本费用。因此，资源消耗的减少，就等于成本费用的节约；控制了资源消耗，也等于是控制了成本费用。

施工预算控制资源消耗的实施步骤和方法如下：

（1）项目开工以前，应根据设计图纸计算工程量，并按照企业定额或上级统一规定的施工预算定额编制整个工程项目的施工预算，作为指导和管理施工的依据。如果是边设计边施工的项目，则编制分阶段的施工预算。

在施工过程中，如遇工程变更或改变施工方法，应由预算员对施工预算做统一调整和补充，其他人不得任意修改施工预算，或故意不执行施工预算。

施工预算对分部分项工程的划分，原则上应与施工工序相吻合，或直接使用施工作业计划的"分项工程工序名称"，以便与生产班组的任务安排和施工任务单的签发取得一致。

（2）对生产班组的任务安排，必须签发施工任务单和限额领料单，并向生产班组进行技术交底。施工任务单和限额领料单的内容，应与施工预算完全相符，不允许篡改施工预算，也不允许有定额不用而另行估工。

（3）在施工任务单和限额领料单的执行过程中，要求生产班组根据实际完成的工程量和实耗人工、实耗材料做好原始记录，作为施工任务单和限额领料单结算的依据。

（4）任务完成后，根据回收的施工任务单和限额领料单进行结算，并按照结算内容支付报酬（包括奖金）。一般情况下，绝大多数生产班组能按质按量提前完成生产任务。因此，施工任务单和限额领料单不仅能控制资源消耗，还能促进班组全面完成施工任务。

为了保证施工任务单和限额领料单结算的正确性，要求对施工任务单和限额领料单的执行情况进行认真的验收和核查。

为了便于任务完成后进行施工任务单和限额领料单与施工预算的逐项对比，要求在编制施工预算时对每一个分项工程工序名称进行统一编号，在签发施工任务单和限额领料单时也要按照施工预算的统一编号对每一个分项工程工序名称进行编号，以便对号检索对比，分析节超。施工任务单和限额领料单的数量由于比较多，对比分析的工作量也很大，可以应用计算机来代替人工操作（对分项工程工序名称进行统一编号，可为应用计算机创造条件）。

6.2.3 建立资源消耗台账，实行资源消耗的中间控制

1. 材料消耗台账的格式和举例

从材料消耗台账的账面数字看：第一、第二两项分别为施工图预算数和施工预算数，也是整个项目用料的控制依据；第三项为第一个月的材料消耗数；第四、第五两项为第二个月的材料消耗数和到第二个月为止的累计耗用数；第五项以下，以此类推，直至项目竣工为止。

2. 材料消耗情况的信息反馈

项目财务成本员应于每月初根据材料消耗台账的记录，填制"材料消耗情况信息表"，向项目经理和材料部门反馈。

3. 材料消耗的中间控制

由于材料成本是整个项目成本的重要环节，不仅比重大，而且有潜力可挖。材料成本如果出现亏损，必将使整个成本陷入被动。因此，项目经理应对材料成本有足够的重视；至于材料部门，更是责无旁贷。

按照以上要求，项目经理和材料部门收到"材料消耗情况信息表"以后，应该做好以下两件事：

（1）根据本月材料消耗数，联系本月实际完成的工程量，分析材料消耗水平和节超原因，制订材料节约使用的措施，分别落实给有关人员和生产班组。

（2）根据尚可使用数，联系项目施工的形象进度，从总量上控制今后的材料消耗，而且要保证有所节约。这是降低材料成本的重要环节，也是实现施工项目成本目标的关键。

6.2.4 应用成本与进度同步跟踪的方法控制分部分项工程成本

长期以来，普遍认为计划工作是为安排施工进度和组织流水作业服务的，与成本控制的要求和管理方法截然不同。其实，成本控制与计划管理、成本与进度之间有着必然的同步关系。即施工到什么阶段，就应该发生相应的成本费用。如果成本与进度不对应，就要作为"不正常"现象进行分析，找出原因，并加以纠正。

为了便于在分部分项工程的施工中同时进行进度与费用的控制,掌握进度与费用的变化过程,可以按照横道图和网络图的特点分别进行处理。

1. 横道图计划的进度与成本的同步控制

在横道图计划中,表示作业进度的横线有两条,一条为计划线,一条为实际线,可用颜色来区别,也可用单线和双线(或细线和粗线)来区别。计划线上的"C",表示与计划进度相对应的计划成本;实际线下的"C",表示与实际进度相对应的实际成本,如图6-2所示。

项目编号	项目名称	费用数额/千元	费用偏差/千元	进度偏差/千元
001	平整场地	2.40 / 2.40 / 2.40	0	0
002	夯填土	0.92 / 0.83 / 0.83	0	-0.09
003	垫层	27.00 / 21.60 / 21.60	0	-5.4
004	缸砖面结合	152.00 / 106.40 / 126.00	-19.6	-45.6
005	踢脚	21.95 / 15.39 / 15.68	-0.29	-6.56
	合计	204.27 / 146.62 / 166.50	-19.89	-57.65

注:因空间所限,表中各项工作的横道比例尺大小不同。

■ 计划工作预算费用(BCWS) □ 已完工作预算费用(BCWS) ■ 已完工作预算费用(ACWP)

图 6-2

根据上述横道图可以掌握以下信息:

(1)每道工序(即分项工程,下同)的进度与成本的同步关系,即施工到什么阶段,就将发生多少成本。

(2)每道工序的计划施工时间与实际施工时间《从开始到结束》之比(提前或拖期),以及对后道工序的影响。

(3)每道工序的计划成本与实际成本之比(节约或超支),以及对完成某一时期责任成本的影响。

(4)每道工序施工进度的提前或拖期对成本的影响程度(如蟹斗挖土提前一天完成,共节约机械台班费和人工费等752元)。

(5)整个施工阶段的进度和成本情况(如基础阶段共提前进度两天,节约成本费用7245元,成本降低率达到6.96%)。

通过进度与成本同步跟踪的横道图,要求实现:

(1)以计划进度控制实际进度。

(2)以计划成本控制实际成本。

(3)随着每道工序进度的提前或拖期,对每个分项工程的成本实行动态控制,以保证项目成本目标的实现。

2. 网络图计划的进度与成本的同步控制

网络图计划的进度与成本的同步控制，与横道图计划有异曲同工之处。所不同的是，网络计划在施工进度的安排上更具逻辑性，而且可在破网后随时进行优化和调整，因而对每道工序的成本控制也更为有效。

网络图的表示方法为：代号为工序施工起止的节点（系指双代号网络），箭杆表示工序施工的过程，箭杆的下方为工序的计划施工时间，箭杆上方"C"后面的数字为工序的计划成本（以千元为单位）；实际施工的时间和成本，则在箭杆附近的方格中按实填写」这样，就能从网络图中看到每道工序的计划进度与实际进度、计划成本与实际成本的对比情况，同时也可清楚地看出今后控制进度、控制成本的方向。

6.2.5 以用款计划控制成本费用支出

（1）以月度施工作业计划为龙头，并以月度计划产值为当月财务收入计划，同时由项目各部门根据月度施工作业计划的具体内容编制本部门的用款计划。

（2）项目财务成本员应根据各部门的月度用款计划进行汇总，并按照用途的轻重缓急平衡调度，同时提出具体的实施意见，经项目经理审批后执行。

（3）在月度财务收支计划的执行过程中，项目财务成本员应根据各部门的实际用款做好记录，并于下月初反馈给相关部门，由各部门自行检查分析节超原因，吸取经验教训。对于节超幅度较大的部门，应以书面分析报告分送项目经理和财务部门，以便项目经理和财务部门采取针对性的措施。

建立项目月度财务收支计划制度的优点：

① 根据月度施工作业计划编制财务收支计划，可以做到收支同步，避免支大于收形成资金紧张；

② 在实行月度财务收支计划的过程中，各部门既要按照施工生产的需要编制用款计划，又要在项目经理批准后认真贯彻执行，使资金使用（成本费用开支）更趋合理；

③ 用款计划经过财务部门的综合平衡，又经过项目经理的审批，可使一些不必要的费用开支得到严格的控制。

6.2.6 建立项目成本审核签证制度，控制成本费用支出

引进项目经理责任制后，需要建立以项目为成本中心的核算体系。这就是：所有的经济业务，不论是对内或对外，都要与项目直接对口。在发生经济业务的时候，首先要由有关项目管理人员审核，最后经项目经理签证后支付。这是项目成本控制的最后一关，必须十分重视。其中，以有关项目管理人员的审核尤为重要，因为他们熟悉自己分管的业务，有一定的权威性。

审核成本费用的支出，必须以有关规定和合同为依据。主要有：

（1）国家规定的成本开支范围。

（2）国家和地方规定的费用开支标准和财务制度。

（3）内部经济合同。

（4）对外经济合同。

项目的经济业务比较繁忙，如果事无巨细都要由项目经理"一支笔"审批，难免分散项目经理的精力，不利于项目管理的整体工作。因此，可从实际出发，在需要与可能的条件下，将

6.2.7 加强质量管理，控制质量成本

质量成本是指项目为保证和提高产品质量而支出的一切费用，以及未达到质量标准而产生的一切损失费用之和。质量成本包括两个主要方面：控制成本和故障成本。控制成本包括预防成本和鉴定成本，属于质量保证费用，与质量水平成正比关系，即：工程质量越高，鉴定成本和预防成本就越大；故障成本包括内部故障成本和外部故障成本，属于损失性费用，与质量水平成反比关系，即：工程质量越高，故障成本就越低。

控制质量成本，首先要从质量成本核算开始，而后是质量成本分析和质量成本控制。

1. 质量成本核算

即将施工过程中发生的质量成本费用，按照预防成本、鉴定成本、内部故障成本和外部故障成本的明细科目归集，然后计算各个时期各项质量成本的发生情况。

质量成本的明细科目，可根据实际支付的具体内容来确定。

预防成本下设置：质量管理工作费、质量情报费、质量培训费、质量技术宣传费、质量管理活动费等子目。

鉴定成本下设置：材料检验试验费、工序监测和计量服务费、质量评审活动费等子目。

内部故障成本下设置：返工损失、返修损失、停工损失、质量过剩损失、技术超前支出和事故分析处理等子目。

外部故障成本下设置：保修费、赔偿费、诉讼费和因违反环境保护法而发生的罚款等。

进行质量成本核算的原始资料，主要来自会计账簿和财务报表，或利用会计账簿和财务报表的资料整理加工而得。但也有一部分资料需要依靠技术、技监等有关部门提供，如质量过剩损失和技术超前支出等。

2. 质量成本分析

质量成本分析，即根据质量成本核算的资料进行归纳、比较和分析，共包括四个分析内容：

（1）质量成本总额的构成内容分析。
（2）质量成本总额的构成比例分析。
（3）质量成本各要素之间的比例关系分析。
（4）质量成本占预算成本的比例分析。

上述分析内容可在质量成本分析表中予以反映。

3. 质量成本控制

根据以上分析资料，对影响质量成本较大的关键因素，采取有效措施，进行质量控制。

6.2.8 坚持现场管理标准化，堵塞浪费漏洞

1. 现场平面布置管理

施工现场的平面布置是根据工程特点和场地条件，以配合施工为前提合理安排的，有一定的科学根据。但是，在施工过程中，往往会出现不执行现场平面布置，造成人力、物力浪费的情况，例如：

（1）材料、构件不按规定的地点堆放，造成二次搬运，不仅浪费人力，材料、构件在搬运过程中还会受到损失。

（2）钢模和钢管脚手架等周转设备，用后不予整修并堆放整齐，而是任意乱堆放，即影响场容整洁，又容易造成损失。特别是将周转设备放在路边，一旦有车辆开过，轻则导致设备变形，重则导致设备报废。

（3）任意开挖道路，又不采取措施，造成交通中断，影响物资运输。

（4）排水系统不畅，一旦下雨，现场积水严重，造成电气设备受潮而容易导致触电，水泥受潮就会变质报废，至于用钢模铺路的现象更是比比皆是。

由此可见，施工项目一定要强化现场平面布置图的管理，堵塞一切可能发生的漏洞，争创"文明工地"。

2. 现场安全生产管理

现场安全生产管理的目的在于保护施工现场的人身安全和设备安全，减少和避免不必要的损失。要达到这个目的，必须建立完善的现场安全管理制度，并令行禁止地执行，不允许有任何细小的疏忽，否则会造成难以估量的损失。

现场安全管理措施是为实现安全生产而采取的，重点是进行人的不安全行为和物的不安全状态的控制，落实安全管理决策与目标，消除一切安全隐患，避免安全事故的发生。

一是落实安全生产责任制，实施责任管理；

二是加强安全教育与培训，提高现场人员的安全意识与安全技能；

三是严格落实安全检查，及时发现并排除安全隐患；

四是现场作业的标准化；

五是生产技术与安全技术的统一；

六是及时分享安全事故案例，正确对待安全事故的调查与教育。

6.2.9 应用成本分析法来控制项目成本

作为控制成本分析控制的手段之一的成本分析表，包括月度成本分析表和最终成本控制报告表。其中，月度成本分析表又分为直接成本分析表和间接成本分析表两种。

1. 月度直接成本分析表

月度直接成本分析表主要反映分部分项工程实际完成的实物量和成本相对应的情况，以及与预算成本和计划成本相对比的实际偏差和目标偏差，为分析偏差产生的原因和核对偏差采取相应的措施提供依据。

2. 月度间接成本分析表

月度间接成本分析表主要反映间接成本的发生情况，以及与预算成本和计划成本相对比的实际偏差和目标偏差，为分析偏差产生的原因和针对偏差采取相应的措施提供依据；此外，还要通过间接成本占产值的比例来分析其支用水平。

3. 最终成本控制报告表

主要是通过已完实物进度、已完产值和已完累计成本，联系尚需完成的实物进度，尚可上报的产值和还将发生的成本，进行最终成本预测，以检验实现成本目标的可能性，并可为项目成本控制提出新的要求。这种预测，工期短的项目应该每季度进行一次，工期长的项目可每年一次。

以上项目成本的控制方法，不可能也没有必要在一个工程项目全部同时使用，可由各工程项目根据自己的具体情况和客观需要，选用具有针对性的、简单实用的方法，这将会收到事半功倍的效果。

6.2.10 定期开展"三同步"检查，防止项目成本管理成本盈亏异常

项目经济合算的"三同步"，就是统计核算、会计核算、业务核算的"三同步"。统计核算即产值统计，业务核算即人力资源和物质资源的消耗统计，会计核算即成本会计核算。根据项目经济活动的规律，这三者之间表现为规律性的同步关系，即完成多少产值，消耗多少资源，发生多少成本。否则，项目成本就会出现盈亏异常现象。

开展"三同步"检查的目的，就在于阐明不同步的原因，纠正项目成本盈亏异常的偏差。"三同步"的检查方法，可从以下三个方面入手：

（1）时间上的同步。即产值统计、资源消耗统计和成本核算的时间应该统一。如果在时间上不统一，就不可能实现核算口径的同步。

（2）分部分项工程直接费的同步。即产值统计是否与施工任务单的实际工程量和形象进度相符，资源消耗统计是否与施工任务单的实际消耗人工和限额领料单的实际消耗材料相符，机械和周转材料的租费是否与施工任务单的施工时间相符。如果不符，应查明原因，予以纠正，直到同步为止。

（3）其他费用是否同步。这要通过统计报表和财务付款逐项核对才能查明原因。

在选用控制方法时，应充分考虑与各项施工管理工作相结合。例如，在计划管理、施工任务管理、限额领料单管理、合同预算管理等工作中，跟踪原有的业务管理程序，利用业务管理所取得的资料进行成本控制，不仅省时省力，还能帮助各业务部门落实责任成本，从而得到他们应有的配合和支持。

6.3 施工项目成本降低途径

降低施工项目成本应从加强施工管理、技术管理、劳动工资管理、机械设备管理、材料管理、费用管理、正确划分成本中心，使用先进的成本管理方法和考核手段入手，制订既开源又节流，或者说既增收又节约的方针，从两个方面来降低施工项目成本。如果只开源不节流，或者说只节流不开源，都不太可能达到降低成本的目的，至少是不会得到理想的降低成本的效果。

1. 认真会审图纸积极提出修改意见

在项目施工过程中施工单位必须按图施工。图纸是由设计单位按照用户要求和项目所在地的自然地理和环境条件设计的，对施工中遇到的实际问题可能欠考虑。因此施工单位在满足用户要求和保证工程质量的前提下，应结合项目施工的主、客观条件对设计图纸认真会审，积极提出有科学依据的合理化建议。这样既有利于加快工程速度、保证工程质量和方便施工，又降低资源消耗。在取得用户和设计单位同意后修改设计图纸，同时办理增减账。会审时，对于结构复杂、施工难度大的项目要加倍认真。

2. 加强合同预算管理

（1）正确编制施工图预算。在编制施工图预算时要深入研究招标文件和合同内容，充分考虑可能发生的费用，包括合同规定的属于包干性质的各项定额补贴，并将其列入施工图预算。但不能将因项目管理不善造成的损失也列入施工图预算，更不允许违反政策向甲方高估冒算或乱收费。

（2）把合同规定的"开口"项目作为增加预算收入的重要方面。如合同规定，预算定额缺项的项目可由乙方参照相近定额进行换算，经监理师复核后报甲方认可，在定额换算的过程中可根据统计要求提出合理的换算依据，以此来摆脱原有定额偏低的约束。

（3）根据工程变更资料及时办理增减账由于设计、施工和甲方使用要求等原因，项目施工过程中经常会发生工程变更，工程的变更必然会带来工程内容的增减和施工工序的改变，从而也影响成本费用的支出。因此项目承包方应就工程变更对既定施工方法、机械设备使用、材料供应、劳动力调配和工期目标等的影响程度以及为实施变更内容所需要的各种资源进行合理估价，及时办理增减账手续并通过工程款结算。

3. 制定先进施工方案落实技术组织措施

施工方案主要包括四项内容：施工方法的确定、施工机具的选择、施工顺序的安排和流水施工的组织。施工方案不同，则工期、机具、费用也会不同，因此正确选择施工方案是降低成本的关键。必须强调施工方案应该同时具有先进性和可行性，如果只先进不可行，不能在施工中发挥有效的指导作用，就不是最佳施工方案。

落实技术组织措施是技术与经济相结合，以技术优势取得经济效益，是降低项目成本的又一个关键。一般情况下，开工以前根据工程情况制定技术措施作为降低成本计划的内容，列入施工组织设计。在编制月度施工作业计划的同时也可按照作业计划的内容编制月度计划、组织措施计划。例如乌鲁木齐改扩建油料公司油库 25 000 m^3 储油罐环墙基础配筋的绑扎工程，整个基础配筋立筋高 3.5 m，环筋直径 24 m、箍筋间距为 200 mm，在绑扎过程中如按常规方法施工变形较大，达不到规范要求。针对这一情况，提出先绑扎上、下两道环筋，再穿立筋，用支撑将整个配筋悬起，在下圈环筋底部垫支块留出保护层位置，再绑扎中间环筋的方案，圆满解决了环墙基础配筋绑扎变形大、达不到施工规范要求的难题，给施工提供了方便，得到了现场监理与甲方代表的好评。

4. 降低材料成本

材料成本在整个项目成本中所占比重最大，达 70% 左右，并具有较大的节约潜力，往往在其他成本项目如人工费、机械费等出现亏损时要靠材料成本的节约来弥补，因此节约材料成本也是降低项目成本的关键。

节约材料费用的途径十分广阔，大体有：①节约采购成本，如选择运费少、质量好、价格低的供应单位；②认真计量验收，如遇账量不足、质量不合格的情况要进行索赔；③严格执行材料消耗定额，可通过限额领料落实；④减少资金占用，根据施工需要合理储备；⑤加强现场管理，合理堆放、减少搬运、减少仓储和摊基损耗。

5. 开展机械租赁增强流通活力

机械设备租赁在我国刚刚起步，总的来说它可以盘活资金、加强流通活力，为施工项目带来额外的经济效益。主要体现在：①减少设备的投入和固定资产的占用。既利于资金的合理分配，也解决了机械的闲置问题，极大地提高投资效益。② 提高机械的完好率和利用率。租赁公司对机械实施集中管理，配备专人负责及时维修保养，机械的技术状况可得到保证，随着完好率的提高，其利用率也将大大提高，极大地发挥机械性能。③ 利于设备革新和提高企业形象。成立租赁公司后资金集中，可以及时购买新型先进的机械，保持较高的装备水平；提高机械化施工能力，彻底改变过去建筑企业长期使用落后设备的现象。

6. 用好用活激励机制调动职工积极性

用好用活激励机制有一定的随机性，应从实际出发采取以下主要措施。

（1）对关键工序施工的关键班组实行重奖。如高层施工的每一层结构施工结束后对质量起主要保证作用的班组实行重奖，这对激励职工的生产积极性，促进项目建设的高速、优质、低耗有明显的效果。

（2）材料损耗大的工序由生产班组直接承包。如将玻璃、马赛克等易碎、易脱胶物品直接交生产班组验收、保管和使用，并按规定的损耗率结算，节约有奖，实施效果很好。

（3）实行班组落手清承包。施工现场的落手清一直是现场管理的老大难问题，它不仅影响场容的整洁，更带来材料的浪费，导致施工成本的增加，如将落手清工作交给班组承包就会有很大的改观。经过验收做到了落手清，按定额用工增加 10%，如果没有做到落手清，按定额用工倒扣 10%。如此奖罚必然引起班组对落手清的重视，从而可使建筑垃圾减少到最低限度。

素质提升

1. 施工项目成本管理工作从（　　）开始直到项目竣工结算完成，贯穿于项目实施全过程。
　　A. 设计阶段　　　B. 投标报价阶段　　　C. 施工准备阶段　　　D. 正式开工

2. 按照建标〔2003〕206 号关于印发《建筑安装工程费用组成》的通知，我国现行建筑安装工程费用项目组成为（　　）。
　　A. 直接费 + 间接费 + 计划利润 + 税金
　　B. 直接费 + 间接费 + 利润 + 税金
　　C. 直接工程费 + 措施费 + 规费 + 企业管理费
　　D. 直接工程费 + 现场经费 + 管理费 + 临时措施费

3. 根据《建筑安装工程费用项目组成》（建标〔2003〕206 号），施工企业生产工人的劳动保护费应计入建筑安装工程（　　）。
　　A. 直接工程费中的人工费　　　B. 措施费
　　C. 企业管理费中的劳动保险费　　　D. 社会保障费

4. 建筑安装工程直接费由直接工程费和措施费组成，下列费用中属于直接工程费材料费的是（　　）。
　　A. 进行建筑材料质量一般性鉴定检查所发生的费用
　　B. 搭设临时设施所耗材料费
　　C. 施工机械安装及拆卸所耗材料费
　　D. 跳板、脚手架等的摊销费

5. 根据《建筑安装工程费用项目组成》（建标〔2003〕206 号），施工中所用建筑材料的一般鉴定、检查费用应计入建筑安装工程（　　）。

A. 材料费　　B. 规费　　C. 措施费　　D. 企业管理费

6. 建筑安装工程直接工程费中的材料费包括（　　）。

   A. 材料运杂费

   B. 材料二次搬运费

   C. 搭设临时设施的材料费

   D. 对建筑材料进行一般性鉴定、检查支出的费用　　E. 材料运输损耗费

7. 根据《建筑安装工程费用项目组成》（建标〔2003〕206 号），施工企业发生的下列费用中，应计入企业管理费的是（　　）。

   A. 劳动保险费　　B. 医疗保险费　　C. 住房公积金　　D. 养老保险费

8. 某土方工程直接工程费为 1000 万元，以直接费为基础计算建筑安装工程费；相关费用和费率如下：措施费 100 万元，间接费费率为 10%，利润率为 5%，综合税率为 3.41%。则该土方工程的含税总造价为（　　）万元。

   A. 1194.39　　B. 1251.26　　C. 1302.97　　D. 1313.82

9. 根据《建筑安装工程费用项目组成》（建标〔2003〕206 号），大型土石方开挖机械进出场费用属于（　　）。

   A. 建筑安装工程机械使用费　　B. 建筑安装工程机械措施费

   C. 施工企业管理费　　D. 工程建设其他费用

10. 项目经理部现场办公室搭建费用应该从（　　）中开支。

    A. 建筑安装工程材料费　　B. 施工企业管理费

    C. 建筑安装工程措施费　　D. 建设单位管理费

模块7 建筑工程项目进度控制

7.1 概 述

7.1.1 基本概念

1. 进度控制

工程进度控制是指对工程项目建设各阶段的工作内容、工作程序、持续时间和衔接关系根据进度总目标及资源优化配置的原则编制计划并付诸实施,然后在进度计划的实施过程中经常检查实际进度是否按计划要求进行,对出现的偏差情况进行分析,采取补救措施或调整、修改原计划后再付诸实施,如此循环,直到建设工程竣工验收交付使用。工程进度控制的最终目的是确保工程项目按预定的时间动用或提前交付使用。工程进度控制的总目标是建设工期。

2. 施工进度控制

施工进度控制是项目施工进度计划实施、监督、检查、控制和协调的综合过程,其监控效果如何,将是衡量项目管理水平的重要标志之一。

项目施工进度控制是一个动态实施过程。施工进度计划在实施过程中,会因为新情况的产生、各种干扰因素和风险因素的作用而发生变化,使人们难以执行原定的进度计划。因此,进度控制人员必须按照动态控制原理,在计划执行过程中不断检查工程项目实际进展情况,并将实际状况与计划安排进行对比,从中得出偏离计划的信息,然后在分析偏差及其产生原因的基础上,通过采取组织、技术、经济等措施维持原计划的正常实施。如果采取措施后不能维持原计划,则需要对原进度计划进行调整或修正,再按新的进度计划实施。这样在进度计划的执行过程中不断进行检查和调整,以保证建设工程进度得到有效控制。

7.1.2 影响项目施工进度的因素

由于现代工程项目具有规模庞大、工程结构与工艺技术复杂、建设周期长及相关单位多等特点,决定了工程项目进度将受到许多因素的影响,要想有效地控制工程项目进度,就必须对影响进度的有利因素和不利因素进行全面、细致地分析和预测。这样,一方面可以促进对有利因素的充分利用和对不利因素的妥善预防;另一方面也便于事先制定预防措施,事中采取有效对策,事后进行妥善补救,以缩小实际进度与计划进度的偏差,实现对工程项目进度的主动控制和动态控制。

影响工程项目进度的不利因素很多,如人为因素,技术因素,设备、材料及构配件因素,机具因素,资金因素,水文、地质与气象因素,以及其他自然与社会环境等方面的因素。

(1)业主因素。如业主使用要求改变而进行设计变更;应提供的施工场地条件不能及时提供或所提供的场地不能满足工程正常需要;改变原施工进度计划,致使施工速度放慢或停工等因素;不能及时向施工承包单位或材料供应商付款等。

（2）勘察设计因素。如勘察资料不准确，特别是地质资料错误或遗漏；设计内容不完善，规范应用不恰当，设计有缺陷或错误；设计对施工的可能性未考虑或考虑不周；施工图纸供应不及时、不配套或出现重大差错等。

（3）施工技术因素。包括：低估项目施工技术上的难度，采用施工工艺错误；不合理的施工方案；施工安全措施不当；没有考虑某些设计或施工问题的解决方法；没有进行相应的科研和实验；对项目设计意图和技术要求没有完全领会；应用新技术、新材料或新结构方面缺乏经验，导致盲目施工，以致出现工程质量缺陷等技术事故。

（4）自然环境因素。在项目施工中，可能遇到地下水、地下断层、溶洞或地面沉陷等不利地质条件；不明的水文气象条件；地下埋藏文物的保护、处理；洪水、地震、台风等不可抗力等。

（5）社会环境因素。如外单位邻近工程施工干扰；节假日交通、市容整顿的限制；临时停水、停电、断路；以及国外常见的法律及制度变化，经济制裁、战争、骚乱、罢工、企业倒闭等。

（6）组织管理因素。如向有关部门提出各种申请审批手续的延误；合同签订时遗漏条款、表达失当；计划安排不周密，组织协调不力，导致停工待料、相关作业脱节；领导不力，指挥失当，使参与工程建设的各个单位、各个专业、各个施工过程之间交接、配合上发生矛盾等。

（7）材料、设备因素。如材料、构配件、机具、设备供应环节的差错，品种、规格、质量、数量、时间不能满足工程的需要；特殊材料及新材料的不合理使用；施工设备不配套，选型失当，安装失误，有故障等。

（8）资金因素。相关方拖欠资金，资金短缺；汇率浮动和通货膨胀等。如建设单位不能按项目承包合同规定按期拨付工程预付款或工程进度付款。

7.1.3 进度控制的过程

进度控制的基本对象是工程活动。项目进度状况通常是通过各工程活动完成程度（百分比）逐层统计汇总计算得到的。其控制过程如图 7-1 所示。

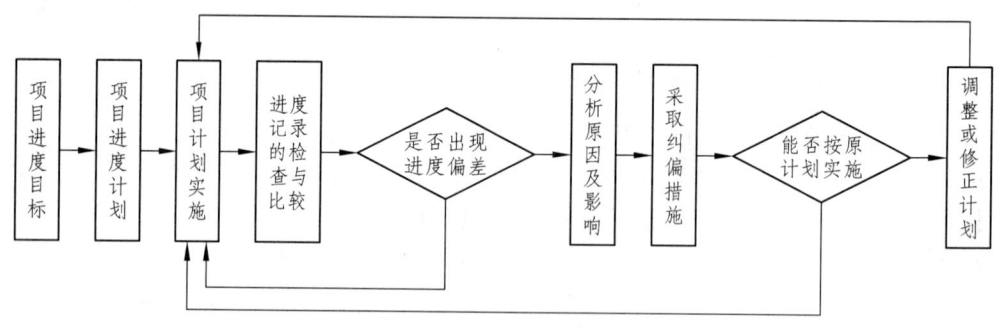

图 7-1 施工项目进度控制循环图

（1）采用各种控制手段保证项目及各个工程活动按计划及时开始，在工程过程中记录各工程活动的开始和结束时间及完成程度。

（2）在各控制期末（如月末、季末，一个工程阶段结束）将各活动的完成程度与计划对比确定整个项目的完成程度，并结合工期、生产成果、劳动效率、消耗等指标，评价项目进度状况，分析其中的问题。

（3）对下期工作作出安排，对一些已开始但尚未结束的项目单元的剩余时间作估算，提出调整进度的措施。根据已完成状况作新的安排和计划，调整网络（如变更逻辑关系、延长/缩短持续时间、增加新的活动等），重新进行网络分析，预测新的工期状况。

（4）对调整措施和新计划作出评审，分析调整措施的效果，分析新的工期是否符合目标要求。

7.1.4　进度控制的作用

（1）通过项目施工进度控制，可以有效地缩短项目建设周期。

（2）通过项目施工进度协调，可以减少不同单位和部门之间的相互干扰。

（3）通过项目工进度控制，可以落实承建单位各项施工计划，保证施工项目成本、进度和质量目标顺利实现。

（4）通过项目施工进度控制，可以为防止或提出项目施工索赔提供依据。

7.2　进度控制的原理

7.2.1　项目施工进度控制原理

通常，项目施工进度控制可采用系统控制、分工协作控制、弹性控制、信息反馈控制和循环控制等基本原理。

1. 系统控制原理

该原理认为，项目施工进度控制本身是一个系统工程，它包括项目施工进度计划系统和项目施工进度实施系统两部分内容。项目经理必须按照系统控制原理，强化其控制全过程。

为做好项目施工进度控制工作，必须根据项目施工进度控制目标要求，制订出项目施工进度计划系统。它应该包括：施工准备工作计划、施工总进度计划、单位工程施工进度计划及分部分项工程进度计划以及年度施工计划、季度施工计划和月（旬）作业计划等内容。

2. 分工协作控制原理

该原理认为，项目施工进度控制由分工和协作两个系统组成，它是根据项目施工进度控制机构层次，明确其进度控制职责，并建立纵向和横向两个控制系统。项目施工进度纵向控制系统，由公司领导班子和项目经理部构成；而项目施工进度横向控制系统，则由项目经理部各职能部门构成。

为了提高项目施工进度控制效率，必须在上述分工的基础上，加强两个控制系统的协作，使其成为高效率的项目施工进度控制协作系统。

3. 弹性控制原理

该原理认为，项目施工进度控制涉及因素多、变化大和持续时间长，不可能十分准确地预测未来，或做出绝对准确的项目施工进度安排，不能期望项目施工进度目标会完全按照计划日程实现，在确定项目施工进度目标时，必须留有余地，以使项目施工进度控制具有较强的应变能力。

4. 信息反馈控制原理

该原理认为,要做好项目施工进度控制的协调工作,必须加强项目施工进度的信息反馈。当项目施工进度出现偏差时,相应的信息就会反馈到项目进度控制主体,由该主体做出纠正偏差的反应,使项目施工进度朝着计划目标进行,并达到预期效果。这样就使项目施工进度计划的执行、检查和调整过程,成为信息反馈控制的实施过程。

5. 循环控制原理

该原理认为,项目施工进度控制包括项目施工进度计划、实施、检查和调整四个过程,这实质便构成一个循环控制系统。在项目实施过程中,可分别以单项工程、单位工程、分部工程或分项工程为对象,建立不同层次的循环控制系统,并使其循环下去。这样每循环一次,其项目管理水平就会提高一步。

7.2.2 项目施工进度控制的内容

项目施工进度控制的内容可分为事前控制、事中控制和事后控制三部分。

1. 施工进度事前控制内容

（1）编制建设项目施工进度计划。
（2）编制单项工程施工进度计划。
（3）编制项目施工进度实施细则。
（4）协调项目施工进度实施过程。

2. 施工进度事中控制内容

（1）实施项目施工进度计划。
（2）做好项目施工进度记录。
（3）严格进行项目施工进度检查。
（4）分析项目施工进度执行情况,并找出偏差。
（5）修改和调整项目施工进度计划。
（6）向有关单位和部门报告项目施工进展状况。

3. 施工进度事后控制内容

（1）及时进行项目施工验收工作。
（2）办理工程索赔。
（3）整理项目进度资料,并建立相应档案。
（4）加强项目竣工验收管理。

7.3 进度计划实施中的监测与调整

确定合理的工程进度目标,编制科学的进度计划是实现进度控制的必要前提。但是在工程项目的实施过程中,由于外部环境和条件的变化,进度计划的编制者很难事先对项目在实施过程中可能出现的问题进行全面的估计。气候的变化、不可预见事件的发生以及其他条件的变化均会对工程进度计划的实施产生影响,从而造成实际进度偏离计划进度,如果实际进度与计划进度的偏差得不到及时纠正，势必影响进度总目标的实现。为此，在进度计划执行过程中，必须采取有效的监测手段对进度计划的实施过程进行监控，以便及时发现问题，并运用行之有效的进度调整方法来解决问题。

7.3.1 进度计划实施中的监测过程与方法

1. 进度监测的系统过程

在工程进度计划实施过程中，应经常地、定期地对进度计划的执行情况进行跟踪检查，发现问题后，及时采取措施加以解决。进度监测系统过程如图 7-2 所示。

（1）实际进度数据收集。

对进度计划的执行情况进行动态跟踪是计划执行信息的主要来源，是进度分析和调整的依据，也是进度控制的关键步骤。动态跟踪的主要工作是及时收集反映工程实际进度的有关数据，收集的数据应当全面、真实、可靠，不完整或不正确的进度数据将导致判断不准确或决策失误。

一般说来，动态跟踪进度控制的效果与收集数据资料的时间间隔有关，而进度检查的时间间隔又与工程项目的类型、规模、现场条件等多方面因素相关。究竟多长时间进行一次进度检查，可视工程的具体情况，每月、每半月或每周，甚至需要每天进行一次进度检查。

（2）实际进度数据的加工处理。

为了进行实际进度与计划进度的比较，必须对收集到的实际进度数据进行加工处理，形成与计划进度具有可比性的数据。例如，对检查时段实际完成工作量的进度数据进行整理、统计和分析，确定本期累计完成的工作量、本期已完成的工作量占计划总工作量的百分比等。

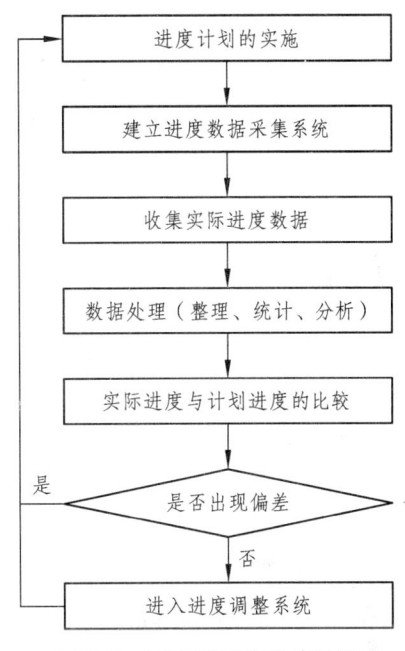

图 7-2 进度监测的系统过程

（3）实际进度与计划进度的比较分析。

将实际进度数据与计划进度数据进行比较，可以确定建设工程实际执行情况与计划目标之间的差距。为了直观反映实际进度偏差，通常采用表格或图形进行实际进度与计划进度的对比分析，从而得出实际进度比计划进度超前、滞后还是一致的结论。

2. 实际进度与计划进度的比较方法

实际进度与计划进度的比较是建设工程进度监测的主要环节。常用的进度比较方法有：横道图比较法、S 曲线比较法、香蕉曲线比较法、前锋线比较法和列表比较法。

（1）横道图比较法。

横道图比较法是指将项目实施过程中检查实际进度收集到的数据，经加工整理后直接用横道线平行绘于原计划的横道线处，进行实际进度与计划进度比较的方法。采用横道图比较法，可以形象、直观地反映实际进度与计划进度的比较情况。例如某工程项目基础工程的计划进度和截止到第 9 周末的实际进度如图 7-3 所示，其中细线条表示该工程计划进度，粗实线表示实际进度。从图中实际进度与计划进度的比较可以看出，到第 9 周末进行实际进度检查时，挖土方和做垫层两项工作已经完成；支模板按计划也应该完成，但实际只完成 75%，任务量拖欠 25%；绑扎钢筋按计划应该完成 60%，而实际只完成 20%，任务量拖欠 40%。

根据各项工作的进度偏差，进度控制者可以采取相应的纠偏措施对进度计划进行调整，以确保该工程按期完成。需注意的是，图 7-3 所表达的比较方法仅适用于工程项目中的各项工作都是均匀进展的情况，即每项工作在单位时间内完成的任务量都相等的情况。

工作名称	持续时间	进度计划/周														
		1	2	3	4	5	6	7	8	9	10	11	12	13	14	15	16
挖土方	6																
做垫层	3																
支模板	4																
绑钢筋	5																
混凝土	4																
回填土	5																

——— 计划
——— 实际
▲ 检查

图 7-3 某基础工程实际进度与计划进度比较图

（2）S 曲线比较法。

S 曲线比较法是以横坐标表示时间、纵坐标表示累计完成任务量，绘制一条按计划时间累计完成任务量的 S 曲线，然后将工程项目实施过程中各检查时间实际累计完成任务量的 S 曲线也绘制在同一坐标系中，进行实际进度与进度计划比较的一种方法。

从整个工程项目实际进展全过程看，单位时间投入的资源量一般是开始和结束时较少，中间阶段较多。与其相对应，单位时间完成的任务量也成同样的变化规律，如图 7-4（a）所示；而随工程进展，累计完成的任务量则应呈 S 形变化，如图 7-4（b）所示。由于其形似英文字母 "S"，S 曲线因此而得名。

① S 曲线的绘制方法。

a. 定单位时间计划完成任务量；

b. 计算不同时间累计完成任务量；

c. 根据累计完成任务量绘制 S 曲线。

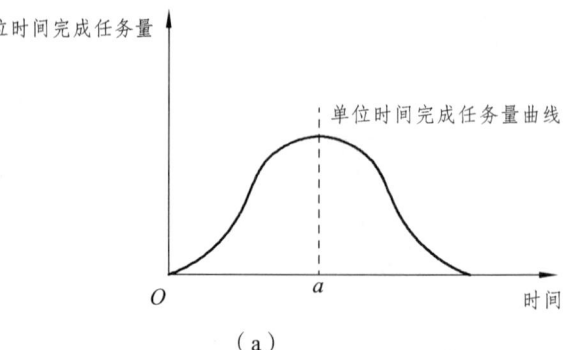

（a）

模块 7　建筑工程项目进度控制

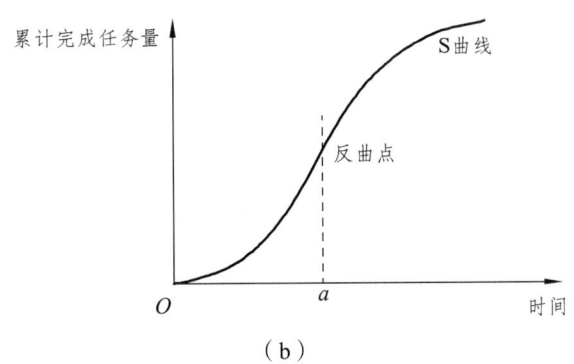

(b)

图 7-4　时间与完成任务量关系曲线

② 实际进度与计划进度的比较。

同横道图比较法一样，S 曲线比较法也是在图上进行工程项目实际进度与计划进度的直观比较。在工程项目实施过程中，按照规定时间将检查收集到的实际累计完成任务量绘制在原计划 S 曲线图上，即可得到实际进度 S 曲线，如图 7-5 所示。通过比较实际进度 S 曲线和计划进度 S 曲线，可以获得如下信息：

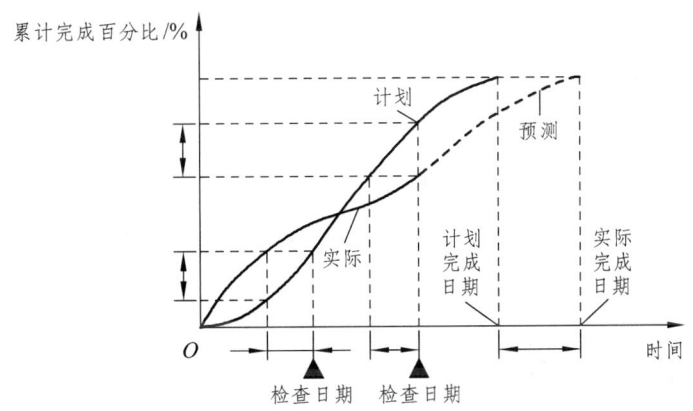

图 7-5　S 曲线比较图

a. 工程项目实际进展状况。

如果工程实际进展点落在计划 S 曲线左侧，表明此时实际进度比计划进度超前，如图 7-5 中的 a 点；如果工程实际进展点落在 S 计划曲线右侧，表明此时实际进度拖后，如图 7-5 中的 b 点；如果工程实际进展点正好落在计划 S 曲线上，则表示此时实际进度与计划进度一致。

b. 工程项目实际进度超前或拖后的时间。

在 S 曲线比较图中可以直接读出实际进度比计划进度超前或拖后的时间。如图 7-5 所示，ΔT_a 表示 T_a 时刻实际进度超前的时间；ΔT_b 表示 T_b 时刻实际进度拖后的时间。

c. 工程项目实际超额或拖欠的任务量。

在 S 曲线比较图中也可直接读出实际进度比计划进度超额或拖欠的任务量。如图 7-5 所示，ΔQ_a 表示 T_a 时刻超额完成的任务量，ΔQ_b 表示 T_b 时刻拖欠的任务量。

d. 后期工程进度预测。

如果后期工程按原计划速度进行，则可做出后期工程计划 S 曲线，如图 7-5 中虚线所示，从而可以确定工期拖延预测值 ΔT。

3. 香蕉曲线比较法

香蕉曲线是由两条 S 曲线组合而成的闭合曲线。由 S 曲线比较法可知，工程项目累计完成的任务量与计划时间的关系，可以用一条 S 曲线表示。对于一个工程项目的网络计划来说，如果以其中各项工作的最早开始时间安排进度而绘制 S 曲线，称为 ES 曲线。如果以其中各项工作的最迟开始时间安排进度而绘制 S 曲线，称为 LS 曲线。两条 S 曲线具有相同的起点和终点，因此，两条曲线是闭合的。在一般情况下，ES 曲线上的其余各点均落在 LS 曲线的相应点的左侧。由于该闭合曲线形似"香蕉"，故称为香蕉曲线，如图 7-6 所示。

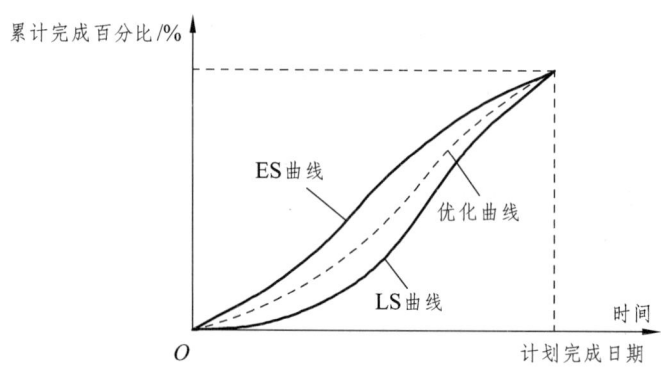

图 7-6 香蕉曲线比较图

（1）香蕉曲线比较法的作用。

香蕉曲线比较法能直观地反映工程项目的实际进展情况，并可以获得比 S 曲线更多的信息。其主要作用有：

① 合理安排工程项目进度计划。

如果工程项目中的各项工作均按其最早开始时间安排进度，将导致项目的投资加大；而如果各项工作都按其最迟开始时间安排进度，则一旦受到进度影响因素的干扰，又将导致工期拖延，使工程进度风险加大。因此，一个科学合理的进度计划优化曲线应处于香蕉曲线所包络的区域之内，如图 7-6 中的点画线所示。

② 定期比较工程项目的实际进度与计划进度。

在工程项目的实施过程中，根据每次检查收集到的实际完成任务量绘制出实际进度 S 曲线，便可以与计划进度进行比较。工程项目实施进度的理想状态是任一时刻工程实际进展点应落在香蕉曲线图的范围之内。如果工程实际进展点落在 ES 曲线的左侧，表明此刻实际进度比各项工作按其最早开始时间安排的计划进度超前；如果工程实际进展点落在 LS 曲线的右侧，则表明此刻实际进度比各项工作按其最迟开始时间安排的计划进度拖后。

③ 预测后期工程进展趋势。

利用香蕉曲线可以对后期工程的进展情况进行预测。例如在图 7-7 中，该工程项目在检查日实际进度超前；检查日期之后的后期工程进度安排如图中虚线所示，预计该工程项目将提前完成。

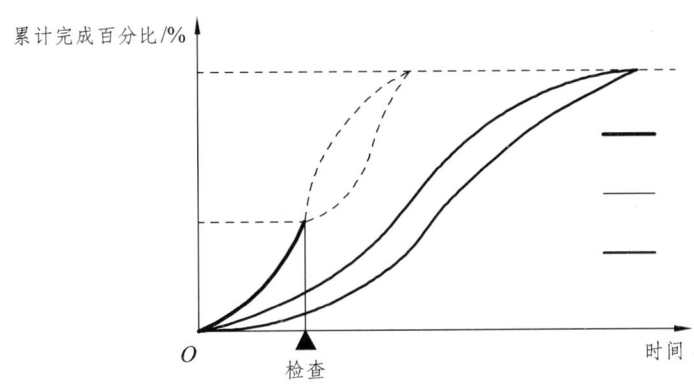

图 7-7 工程进展趋势预测图

（2）香蕉曲线的绘制方法。

香蕉曲线的绘制方法与 S 曲线的绘制方法基本相同，所不同之处在于香蕉曲线是以工作按最早开始时间安排进度和按最迟开始时间安排进度分别绘制的两条 S 曲线组合而成。其绘制步骤如下：

① 以工程项目的网络计划为基础，计算各项工作的最早开始时间和最迟开始时间。

② 确定各项工作在各单位时间的计划完成任务量。分别按以下两种情况考虑：

a. 根据各项工作按最早开始时间安排的进度计划，确定各项工作在各单位时间的计划完成任务量；

b. 根据各项工作按最迟开始时间安排的进度计划，确定各项工作在各单位时间的计划完成任务量。

③ 计算工程项目总任务量，即对所有工作在各单位时间内计划完成的任务量累加求和。

④ 分别根据各项工作按最早开始时间、最迟开始时间安排的进度计划，确定工程项目在各单位时间内计划完成的任务量，即将各项工作在某一单位时间内计划完成的任务量求和。

⑤ 分别根据各项工作按最早开始时间、最迟开始时间安排的进度计划，确定不同时间累计完成的任务量或任务量的百分比。

⑥ 绘制香蕉曲线。分别根据各项工作按最早开始时间、最迟开始时间安排的进度计划而确定的累计完成任务量或任务量的百分比描绘各点，并连接各点得到 ES 曲线和 LS 曲线，由 ES 曲线和 LS 曲线组成香蕉曲线。

在工程项目实施过程中，根据检查得到的实际累计完成任务量，按同样的方法在原计划香蕉曲线图上绘出实际进度曲线，便可以进行实际进度与计划进度的比较。

4. 前锋线比较法

前锋线比较法是通过绘制某检查时刻工程项目实际进度前锋线，进行工程实际进度与计划进度比较的方法，它主要适用于时标网络计划。所谓前锋线，是指在原时标网络计划上，从检查时刻的时标点出发，用点画线依次将各项工作实际进展位置点连接而成的折线。前锋线比较法就是通过实际进度前锋线与原进度计划中各工作箭线交点的位置来判断工作实际进度与计划进度的偏差，进而判定该偏差对后续工作及总工期影响程度的一种方法。采用前锋线比较法进行实际进度与计划进度的比较，其步骤如下：

（1）绘制时标网络计划图。

工程项目实际进度前锋线是在时标网络计划图上标示，为清楚起见，可在时标网络计划图的上方和下方各设一时间坐标。

（2）绘制实际进度前锋线。

一般从时标网络计划图上方时间坐标的检查日期开始绘制，依次连接相邻工作的实际进展位置点，最后与时标网络计划图下方坐标的检查日期相连接。

工作实际进展位置点的标定方法有两种：

① 按该工作已完任务量比例进行标定。

假设工程项目中各项工作均为匀速进展，根据实际进度检查时刻该工作已完任务量占其计划完成总任务量的比例，在工作箭线上从左至右按相同的比例标定其实际进展位置点。

② 按尚需作业时间进行标定。

当某些工作的持续时间难以按实物工程量来计算而只能凭经验估算时，可以先估算出检查时刻到该工作全部完成尚需作业的时间，然后在该工作箭线上从右向左逆向标定其实际进展位置点。

（3）进行实际进度与计划进度的比较。

前锋线可以直观地反映出检查日期有关工作实际进度与计划进度之间的关系。对某项工作来说，其实际进度与计划进度之间的关系可能存在以下三种情况：

① 工作实际进展位置点落在检查日期的左侧，表明该工作实际进度拖后，拖后的时间为二者之差；

② 工作实际进展位置点与检查日期重合，表明该工作实际进度与计划进度一致；

③ 工作实际进展位置点落在检查日期的右侧，表明该工作实际进度超前，超前的时间为二者之差。

（4）预测进度偏差对后续工作及总工期的影响。

通过实际进度与计划进度的比较确定进度偏差后，还可根据工作的自由时差和总时差预测该进度偏差对后续工作及项目总工期的影响。由此可见，前锋线比较法既适用于工作实际进度与计划进度之间的局部比较，又可用来分析和预测工程项目整体进度状况。

【例 7-1】 某工程项目时标网络计划如图 7-8 所示。该计划执行到第 6 周末检查实际进度时，发现工作 A 和 B 已经全部完成，工作 D、E 分别完成计划任务量的 20% 和 50%，工作 C 尚需 3 周完成，试用前锋线法进行实际进度与计划进度的比较。

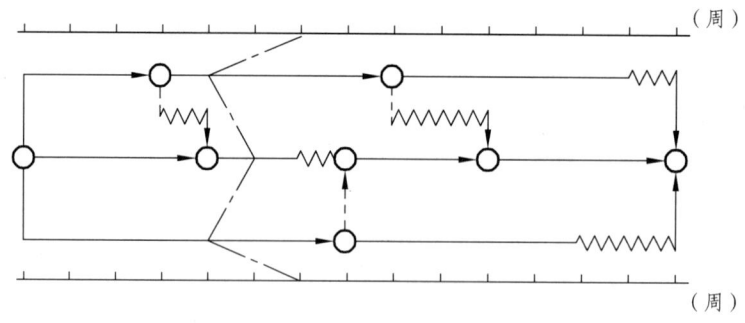

图 7-8 某工程前锋线比较图

【解】 根据第 6 周末实际进度的检查结果绘制前锋线，如图 7-8 中点画线所示。通过比较可以看出：

（1）工作 D 实际进度拖后 2 周，将使其后续工作 F 的最早开始时间推迟 2 周，并使总工期延长 1 周。

（2）工作 E 实际进度拖后 1 周，既不影响总工期，也不影响其后续工作的正常进行。

（3）工作 C 实际进度拖后 2 周，将使其后续工作 G、H、J 的最早开始时间推迟 2 周。由于工作 G、J 开始时间的推迟，从而使总工期延长 2 周。

综上所述，如果不采取措施加快进度，该工程项目的总工期将延长 2 周。

5. 列表比较法

当工程进度计划用非时标网络图表示时，可以采用列表比较法进行实际进度与计划进度的比较。这种方法是记录检查日期应该进行的工作名称及其已经作业的时间，然后列表计算有关时间参数，并根据工作总时差进行实际进度与计划进度比较的方法。

采用列表比较法进行实际进度与计划进度的比较，其步骤如下：

（1）对于实际进度检查日期应该进行的工作，根据已经作业的时间，确定其尚需作业时间。

（2）根据原进度计划计算检查日期应该进行的工作从检查日期到原计划最迟完成时尚余时间。

（3）计算工作尚有总时差，其值等于工作从检查日期到原计划最迟完成时间尚余时间与该工作尚需作业时间之差。

（4）比较实际进度与计划进度，可能有以下几种情况：

① 如果工作尚有总时差与原有总时差相等，说明该工作实际进度与计划进度一致；

② 如果工作尚有总时差大于原有总时差，说明该工作实际进度超前，超前的时间为二者之差；

③ 如果工作尚有总时差小于原有总时差，且仍为非负值，说明该工作实际进度拖后，拖后的时间为二者之差，但不影响总工期；

④ 如果工作尚有总时差小于原有总时差，且为负值，说明该工作实际进度拖后，拖后的时间为二者之差，此时工作实际进度偏差将影响总工期。

【例 7-2】 某工程项目进度计划如图 7-8 所示。该计划执行到第 9 周末检查实际进度时，发现工作 A、B、C、D、E 已经全部完成，工作 F 已进行 1 周，工作 G 和工作 H 均已进行 2 周。试用列表比较法进行实际进度与计划进度的比较。

【解】 根据工程项目进度计划及实际进度检查结果，可以计算出检查日期应进行工作的尚需作业时间、原有总时差及尚有总时差等，计算结果见表 7-1。通过比较尚有总时差和原有总时差，即可判断目前工程实际进展状况。

表 7-1　工程进度检查比较表

工作代号	工作名称	检查计划时尚需作业周数	到计划最迟完成时间尚余周数	原有总时差	尚有总时差	情况判断
5—8	F	4	5	1	1	实际进度与计划进度相同
6—7	G	1	0	0	−1	拖后一周，影响总工期一周
4—8	H	3	4	2	1	拖后一周，但不影响工期

7.3.2 进度计划实施中的调整过程与方法

1. 进度调整的系统过程

在建设工程实施进度监测过程中，一旦发现实际进度偏离计划进度，即出现进度偏差时，必须认真分析产生偏差的原因及其对后续工作和总工期的影响，必要时采取合理、有效的进度计划调整措施，确保进度总目标的实现。进度调整的系统过程如图 7-9 所示。

（1）分析进度偏差产生的原因。

通过实际进度与计划进度的比较，发现有进度偏差时，为了采取有效措施调整进度计划，必须深入现场进行调查，分析产生进度偏差的原因。

（2）分析进度偏差对后续工作和总工期的影响。

当查明进度偏差产生的原因之后，要分析进度偏差对后续工作和总工期的影响程度，以确定是否应采取措施调整进度计划。

（3）确定后续工作和总工期的限制条件。

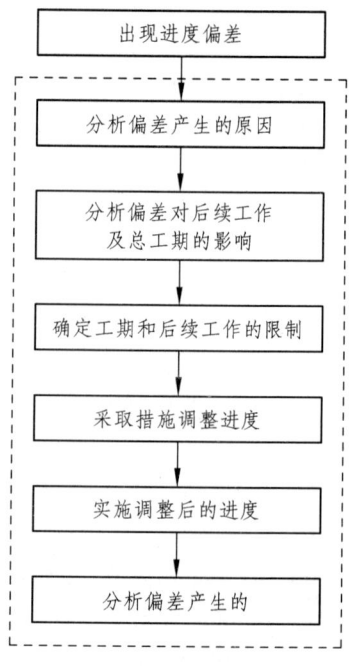

图 7-9　进度调整系统过程

当出现的进度偏差影响到后续工作或总工期而需要采取进度调整措施时，应当首先确定可调整进度的范围，主要指关键节点、后续工作的限制条件以及总工期允许变化的范围。这些限制条件往往与合同条件有关，需要具体分析后确定。

（4）采取措施调整进度计划。

采取进度调整措施，应以后续工作和总工期的限制条件为依据。确保要求的进度目标得到实现。

（5）实施调整后的进度计划。

进度计划调整之后，应采取相应的组织、经济、技术措施予以执行，并继续监测其执行情况。

2. 进度计划实施中的调整方法

在工程项目实施过程中，当通过实际进度与计划进度的比较，发现有进度偏差时，需要分析该偏差对后续工作及总工期的影响，从而采取相应的调整措施对原进度计划进行调整，以确保工期目标的顺利实现。进度偏差的大小及其所处的位置不同，对后续工作和总工期的影响程度是不同的，需要利用网络计划中工作总时差和自由时差的概念来进行分析，分析步骤如下：

（1）分析出现进度偏差的工作是否为关键工作。

如果出现进度偏差的工作位于关键线路上，则该工作为关键工作，则无论其偏差有多大，都将对后续工作和总工期产生影响，必须采取相应的调整措施；如果出现偏差的工作是非关键工作，则需要根据进度偏差值与总时差和自由时差的关系作进一步分析。

（2）分析进度偏差是否超过总时差。

如果工作的进度偏差大于该工作的总时差，则此进度偏差必将影响其后续工作和总工期，必须采取相应的调整措施；如果工作的进度偏差未超过该工作的总时差，则此进度偏差不影响总工期。至于对后续工作的影响程度，还需要根据偏差值与其自由时差的关系作进一步分析。

（3）分析进度偏差是否超过自由时差。

如果工作的进度偏差大于该工作的自由时差，则此进度偏差将对其后续工作产生影响，此时应根据后续工作的限制条件确定调整方法；如果工作的进度偏差未超过该工作的自由时差，则此进度偏差不影响后续工作，因此，原进度计划可以不作调整。

进度偏差的分析判断过程如图 7-10 所示。通过分析，进度控制人员可以根据进度偏差的影响程度，制订相应的纠偏措施进行调整，以获得符合实际进度情况和计划目标的新进度计划。

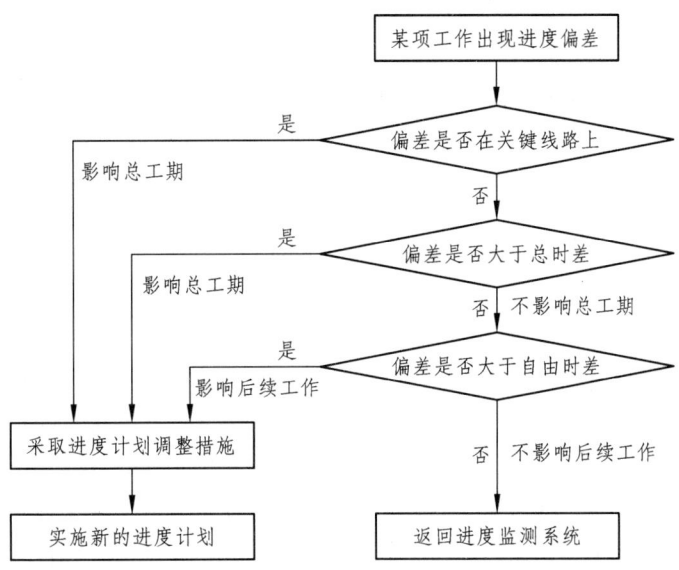

图 7-10　进度偏差对后续工作和总工期影响分析过程图

3. 进度计划的调整方法

当实际进度偏差影响到后续工作、总工期而需要调整进度计划时，其调整方法主要有两种。

（1）改变某些工作间的逻辑关系。

当工程项目实施中产生的进度偏差影响到总工期，且有关工作的逻辑关系允许改变时，可以改变关键线路和超过计划工期的非关键线路上的有关工作之间的逻辑关系，达到缩短工期的目的。例如，将顺序进行的工作改为平行作业、搭接作业以及分段组织流水作业等，都可以有效地缩短工期。

【例 7-3】　某工程项目基础工程包括挖基槽、作垫层、砌基础、回填土 4 个施工过程，各施工过程的持续时间分别为 21 天、15 天、18 天和 9 天，如果采取顺序作业方式进行施工，则其总工期为 63 天。为缩短该基础工程的总工期，如果在工作面及资源供应允许的条件下，将基础工程划分为工程量大致相等的 3 个施工段组织流水作业，试绘制该基础工程流水作业网络计划，并确定其计算工期。

【解】　该基础工程流水作业网络计划如图 7-11 所示。通过组织流水作业，使得该基础工程的计算工期由 63 天缩短为 35 天。

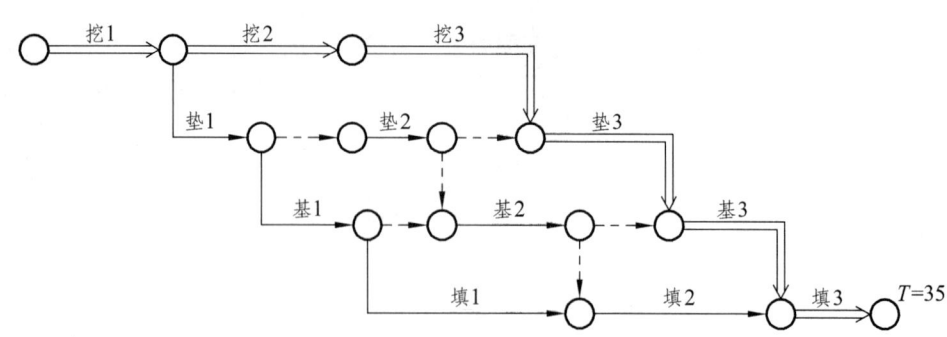

图 7-11 某基础工程流水施工网络计划

（2）缩短某些工作的持续时间。

这种方法是不改变工程项目中各项工作之间的逻辑关系，而通过采取增加资源投入、提高劳动效率等措施来缩短某些工作的持续时间，使工程进度加快，以保证按计划工期完成该工程项目。这些被压缩持续时间的工作是位于关键线路和超过计划工期的非关键线路上的工作。同时，这些工作又是其持续时间可被压缩的工作。这种调整方法通常可以在网络图上直接进行。其调整方法视限制条件及对其后续工作的影响程度的不同而有所区别，一般可分为以下三种情况：

① 网络计划中某项工作进度拖延的时间已超过其自由时差但未超过其总时差。

如前所述，此时该工作的实际进度不会影响总工期，而只对其后续工作产生影响。因此，在进行调整前，需要确定其后续工作允许拖延的时间限制，并以此作为进度调整的限制条件。该限制条件的确定常常较复杂，尤其是当后续工作由多个专业队伍负责实施时更是如此。后续工作如不能按原计划进行，在时间上产生的任何变化都可能使进度目标无法完成。

【例 7-4】 某工程项目双代号时标网络计划如图 7-12 所示，该计划执行到第 35 天下班时刻检查时，其实际进度如图中前锋线所示。试分析目前实际进度对后续工作和总工期的影响，并提出相应的进度调整措施。

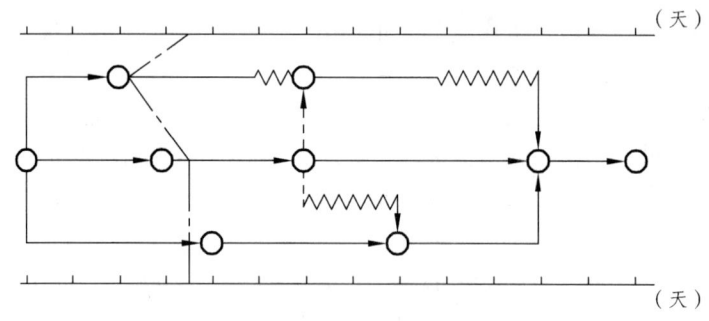

图 7-12 某工程项目时标网络计划

【解】 从图中可以看出，目前只有工作 D 的开始时间拖后 15 天，而影响其后续工作 G 的最早开始时间，其他工作的实际进度均正常。由于工作 G 的总时差为 30 天，故此时工作 D 的实际进度不影响总工期。

该进度计划是否需要调整，取决于工作 D 和 G 的限制条件：后续工作拖延的时间无限制。如果后续工作拖延的时间完全被允许时，可将拖延后的时间参数带入原计划，并化简网络图（即去掉已执行部分，以进度检查日期为起点，将实际数据带入，绘制出未实施部分的进度计划），即可得调整方案。例如在本例中,以检查时刻第 35 天为起点,将工作 D 的实际进度数据及 G 被拖延后的时间参数带入原计划(此时工作 D、G 的开始时间分别为 35 天和 65 天),可得如图 7-13 所示的调整方案。

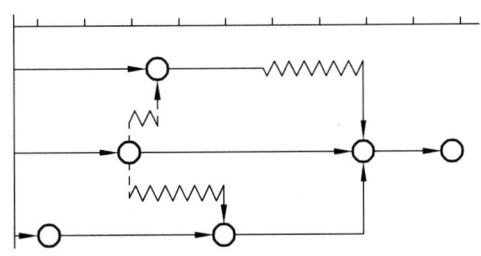

图 7-13　后续工作拖延时间无限制时的网络计划

如果后续工作不允许拖延或拖延的时间有限制时,需要根据限制条件对网络计划进行调整,寻求最优方案。例如在本例中,如果工作 G 的开始时间不允许超过第 60 天,则只能将其紧前工作 D 的持续时间压缩为 25 天,调整后的网络计划如图 7-14 所示。如果在工作 D、G 之间还有多项工作,则可以利用工期优化的原理确定应压缩的工作,得到满足 G 工作限制条件的最优调整方案。

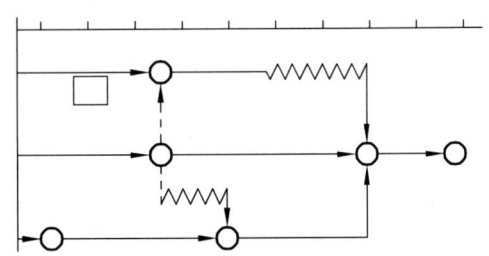

图 7-14　后续工作拖延时间有限制时的网络计划

② 网络计划中某项工作进度拖延的时间超过其总时差。

如果网络计划中某项工作进度拖延的时间超过其总时差,则无论该工作是否为关键工作,其实际进度都将对后续工作和总工期产生影响。此时,进度计划的调整方法又可分为以下三种情况:

a. 项目总工期允许拖延。

如果项目总工期允许拖延,则此时只需以实际数据取代原计划数据,并重新绘制实际进度检查日期之后的简化网络计划即可。

b. 项目总工期不允许拖延。

如果工程项目必须按照原计划工期完成,则只能采取缩短关键线路上后续工作持续时间的方法来达到调整计划的目的。

【例 7-5】　仍以图 7-12 所示网络计划为例,如果在计划执行到第 40 天下班时刻检查时,其实际进度如图 7-15 中前锋线所示,试分析目前实际进度对后续工作和总工期的影响,并提出相应的进度调整措施。

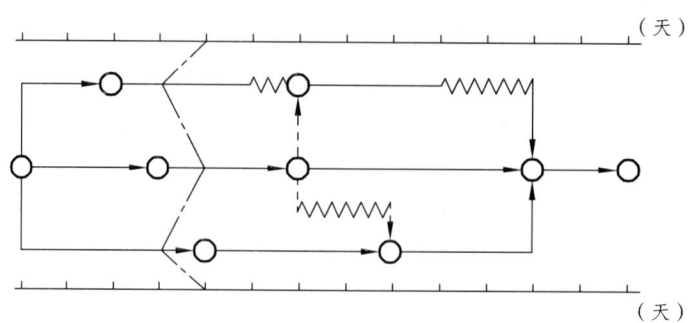

图 7-15 某工程实际进度前锋线

【解】 从图中可看出：

（1）工作 D 实际进度拖后 10 天，但不影响其后续工作，也不影响总工期；

（2）工作 E 实际进度正常，既不影响后续工作，也不影响总工期；

（3）工作 C 实际进度拖后 10 天，由于其为关键工作，故其实际进度将使总工期延长 10 天，并使其后续工作 F、H 和 J 的开始时间推迟 10 天。

如果该工程项目总工期不允许拖延，为了保证其按原计划工期 130 天完成，则必须采用工期优化的方法，缩短关键线路上后续工作的持续时间。现假设工作 C 的后续工作 F、H 和 J 均可以压缩 10 天，通过比较，压缩工作 H 的持续时间所需付出的代价小，故将工作 H 的持续时间由 30 天缩短为 20 天。调整后的网络计划如图 7-16 所示。

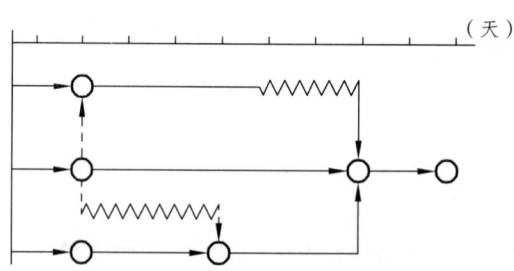

图 7-16 调整后工期不拖延的网络计划

c. 项目总工期允许拖延的时间有限。

如果项目总工期允许拖延，但允许拖延的时间有限，则当实际进度拖延的时间超过此限制时，也需要对网络计划进行调整，以便满足要求。

具体的调整方法是以总工期的限制时间作为规定工期，对检查日期之后尚未实施的网络计划进行工期优化，即通过缩短关键线路上后续工作持续时间的方法来使总工期满足规定工期的要求。具体实施方法同前。

以上三种情况均是以总工期为限制条件调整进度计划的。需要注意的是，当某项工作实际进度拖延的时间超过其总时差而需要对进度计划进行调整时，除需考虑总工期的限制条件外，还应考虑网络计划中后续工作的限制条件，特别是对总进度计划的控制更应注意这一点。因为在这类网络计划中，后续工作也许就是一些独立的分包合同段，时间上的任何变化，都会带来协调上的麻烦或索赔。因此，当网络计划中某些后续工作对时间的拖延有限制时，同样需要以此为条件，按前述方法进行调整。

③ 网络计划中某项工作进度超前。

实施进度控制的目标就是通过有效的进度控制工作和具体的进度控制措施，在满足投资和质量要求的前提下，力求使工程的实际工期不超过计划工期，以保证建设工程按期完成。在建设工程计划阶段所确定的工期目标，往往是综合考虑了各方面因素而确定的合理工期。因此，时间上的任何变化，无论是进度拖延还是超前，都可能造成其他目标的失控。例如，在一个工程施工总进度计划中，由于某项工作的进度超前，致使资源的需求发生变化，而打乱了原计划对人、材、物等资源的合理安排，亦将影响资金计划的使用和安排；特别是当多个作业队平行施工时，由此引起后续工作时间安排的变化，势必给项目总体的协调工作带来许多麻烦。因此，如果工程实施过程中出现进度超前的情况，进度控制人员必须综合分析进度超前对后续工作产生的影响，提出合理的进度调整方案，以确保工期总目标的顺利实现。

素质提升

1. 某市拟新建一大型会展中心，项目建设单位组织有关专家对该项目的总进度目标进行论证，在调查研究和收集资料后，紧接着应进行的工作是（　　）。
   A. 进行进度计划系统的结构分析　　B. 进行项目结构分析
   C. 编制各级进度计划　　D. 确定工作编码
2. 建设工程项目进度计划系统是由多个相互关联的进度计划组成的系统，这是（　　）的依据。
   A. 项目实施　　B. 项目进度控制
   C. 编制总进度纲要　　D. 进行项目结构分析
3. 在建设工程项目进度计划系统中各进度计划或各子系统进度计划编制和调整时必须注意（　　）。
   A. 各进度计划的相对独立　　B. 其相互间的联系和协调
   C. 各进度计划的结构分析　　D. 项目结构分析
4. 施工企业进度控制的任务是依据（　　）对施工进度的要求控制施工进度。
   A. 建设项目总进度目标　　B. 施工总进度计划
   C. 建安工程工期定额　　D. 施工任务委托合同
5. 设计方进度控制的任务是依据（　　）对设计工作进度的要求控制设计工作进度。
   A. 设计总进度纲要　　B. 设计任务委托合同
   C. 设计标准和规范　　D. 可行性研究报告
6. 业主方进度控制的任务是控制整个项目（　　）。
   A. 前期工作进度　　B. 设计阶段进度
   C. 建设管理进度　　D. 实施阶段进度
7. 下列施工进度计划中，属于实施性施工进度计划的是（　　）。
   A. 施工总进度计划　　B. 单体工程施工进度计划
   C. 项目年度施工计划　　D. 项目月度施工计划
8. 施工方案施工进度计划的调整内容不包括（　　）。
   A. 工程量的调整　　B. 工作方式的调整

C. 工作关系的调整　　　　　　D. 工作的起止时间的调整

9. 下列措施中，属于进度控制的组织措施的是（　　）。
   A. 进度控制会议的组织设计　　B. 利用网络方法编制工程进度计划
   C. 承发包模式的选择　　　　　D. 更换施工机械

10. 某施工项目部决定将原来的横道图进度计划改为网络进度计划进行进度控制，以避免工作之间出现不协调情况。该项进度控制措施属于（　　）。
    A. 组织措施　　　　　　　　　B. 管理措施
    C. 经济措施　　　　　　　　　D. 技术措施

11. 设计方应尽可能使设计工作的进度与（　　）相协调。
    A. 招标工作进度　　　　　　　B. 施工工作进度
    C. 物资采购工作进度　　　　　D. 项目管理工作进度
    E. 项目立项工作进度

12. 施工方进度控制的主要工作环节包括（　　）。
    A. 编制施工进度计划　　　　　B. 编制资源需求计划
    C. 组织施工进度计划的实施　　D. 分析计划执行的情况
    E. 施工进度计划检查与调整

13. 合理的进度计划应体现（　　）。
    A. 资源的合理使用　　　　　　B. 工作面的合理安排
    C. 有利于提高建设质量　　　　D. 有利于文明施工
    E. 有利于不惜代价缩短建设周期

模块 8　建筑工程项目质量管理

8.1　概　述

8.1.1　质量和工程质量

1. 质　量

2000 版 GB/T19000-ISO9000 族标准中质量的定义是:"一组固有特性满足要求的程度"。其含义可从以下几方面来理解:

（1）质量不仅是指产品质量,也可以是某项活动或过程的工作质量,还可以是质量管理体系运行的质量。质量是由一组固有特性组成,这些固有特性是指满足顾客和其他相关方的要求的特性,并由其满足要求的程度加以表征。

（2）质量特性是固有的特性,并通过产品、过程或体系设计和开发及其后之实现过程形成的属性。固有的意思是指在某事或某物中本来就有的,尤其是那种永久的特性。赋予的特性（如某一产品的价格）并非是产品、过程或体系的固有特性,不是它们的质量特性。

（3）特性是指可区分的特征。特性可以是固有的或赋予的,可以是定性的或定量的。特性有各种类型,如物质特性（机械的、电的;化学的或生物的特性）、官感特性（嗅觉、触觉、味觉、视觉及感觉控测的特性）、行为特性（礼貌、诚实、正直）、人体工效特性（语言或生理特性、人身安全特性）、功能特性（飞机的航程、速度等）。

（4）满足要求就是应满足明示的（如合同、规范、标准、技术、文件、图纸中明确规定的）、通常隐含的（如组织的惯例、一般习惯）或必须履行的（如法律、法规、行业规则）的需要和期望。满足要求的程度反映为质量的好坏。对质量的要求除考虑满足顾客的需要外,还应考虑其他相关方及组织自身利益、提供原材料和零部件等的供方的利益和社会的利益等多种需求。例如需考虑安全性、环境保护、节约能源等外部的强制要求。只有全面满足这些要求,才能评定为好的质量或优秀的质量。

（5）顾客和其他相关方对产品、过程或体系的质量要求是动态的、发展的和相对的。质量要求随着时间、地点、环境的变化而变化。如随着技术的发展、生活水平的提高,人们对产品、过程或体系会提出新的质量要求。因此应定期评定质量要求、修订规范标准,不断开发新产品、改进老产品,以满足已变化的质量要求。

2. 工程项目质量

工程项目质量是指工程项目满足业主需要的,符合国家法律、法规、技术规范标准、设计文件及合同规定的特性综合。工程项目质量的特性主要表现在六个方面:

（1）适用性。即功能,是指工程项目满足使用目的的各种性能。包括:物理性能、化学性能、使用性能和外观性能等。

（2）耐久性。即寿命,是指工程项目在规定的条件下,满足规定功能要求使用的年限,也就是工程竣工后的合理使用寿命周期。

（3）安全性。是指工程项目建成后在使用过程中保证结构安全、保证人身和环境免受危害的程度。

（4）可靠性。是指工程项目在规定的时间和规定的条件下完成规定功能的能力。

（5）经济性。是指工程项目从规划、勘察、设计、施工到整个产品使用寿命周期内的成本和消耗的费用。

（6）与环境的协调性。是指工程项目与其周围生态环境协调，与所在地区经济环境协调以及与周围已建工程相协调，以适应可持续发展的要求。

上述六个方面的质量特性彼此之间是相互依存的，总体而言，适用、耐久、安全、可靠、经济、与环境适应性，都是必须达到的基本要求，缺一不可。但是对于不同门类、不同专业的工程，可根据其所处的特定地域环境条件、技术经济条件的差异，有不同的侧重面。

8.1.2 工程项目质量因素

影响工程项目的因素很多，但归纳起来主要有五个方面，即人（Man）、材料（Material）、机械（Machine）、方法（Method）和环境（Environment）；简称为4M1E因素。

1. 人员素质

人是生产经营活动的主体，工程建设的全过程，如项目的规划、决策、勘察、设计和施工，都是通过人来完成的。规划是否合理，决策是否正确，设计是否符合所需要的质量功能，施工能否满足合同、规范、技术标准的需要等，都将对工程质量产生不同程度的影响，所以人员素质是影响工程质量的一个重要因素。

2. 工程材料

工程材料泛指构成工程实体的各类建筑材料、构配件、半成品等，它是工程建设的物质条件，是工程质量的基础。工程材料选用是否合理、产品是否合格、材质是否经过检验、保管使用是否得当等，都将直接影响建设工程的结构刚度和强度，影响工程外表及观感，影响工程的使用功能，影响工程的使用安全。

3. 机械设备

机械设备可分为两类：

一是指组成工程实体及配套的工艺设备和各类机具，如电梯、泵机、通风设备等，它们构成了建筑设备安装工程或工业设备安装工程，形成完整的使用功能。

二是指施工过程中使用的各类机具设备，包括运输设备、操作工具、施工安全设施、测量仪器和计量器具等。施工机具设备的类型是否符合工程施工特点，性能是否先进、稳定，操作是否方便安全等，都会影响工程项目的质量。

4. 工艺方法

工艺方法是指施工现场采用的施工方案，包括技术方案和组织方案。在工程施工中，施工方案是否合理，施工工艺是否先进，施工操作是否正确，都将对工程质量产生重大的影响。大力推进采用新技术、新工艺、新方法，不断提高工艺技术水平，是保证工程质量稳定提高的重要因素。

5. 环境条件

环境条件是指对工程质量特性起重要作用的环境因素，包括：工程技术环境，如工程地质、水文、气象等；工程作业环境，如施工环境作业面大小、防护设施、通风照明和通讯条件等；工程管理环境，主要指工程实施的合同结构与管理关系的确定，组织体制及管理制度等；周边环境，如工程邻近的地下管线、建（构）筑物等。环境条件往往对工程质量产生特定的影响。加强环境管理，改进作业条件，把握好技术环境，辅以必要的措施，是控制环境对质量影响的重要保证。

8.1.3 质量管理的发展

质量管理指在质量方面指挥和控制组织的协调的活动。质量管理是企业管理的有机组成部分，它的发展是随着企业管理的发展而发展的，从工业发达国家的质量管理实践来看，大体上经历了四个阶段。

1. 质量检验阶段（Quality Check，QC）

产生于 20 世纪 20—40 年代，其主要特点是全数检验和事后把关，针对于产品质量进行检验。将生产活动与检验活动分开，这是工业生产的一大进步，大大提高了产品质量。但是，单纯的质量检验有很多局限性。一方面，设计人员往往不管经济合理性而片面追求产品的技术性；另一方面，生产人员只管按技术标准加工，很少考虑控制和可靠问题；另外，检验人员的工作只是单纯地把关。上述三方面工作的脱节，造成产品生产与检验信息中断，无法找出影响产品质量的原因，不利于产品质量的进一步提高。

2. 统计质量管理阶段（Statistical Quality Control，SQC）

产生于 20 世纪 40—50 年代，其主要特点是，运用统计方法找出质量波动的规律，从而着眼于事中的控制。统计质量控制的对象由对产品质量的消极检验变为对工序质量的积极控制，由原先的事后把关变为预测质量问题的发生并实现加以预防的观念，大大提高了产品质量。但是，由于人们过于强调数理统计的作用，忽视了有关方法的普及推广和组织管理工作，使有些人误认为质量管理就是数理统计的方法，是统计学家的事，与自己无关，影响了质量管理工作的普及和推广。

3. 全面质量管理阶段（Total Quality Management，TQM）

早期称为 Total Quality Cnotrol，20 世纪 60 年代以后兴起。全面质量管理是指一个组织以质量为中心，以全员参与为基础，目的在于通过让顾客满意和本组织所有成员及社会受益而达到长期成功的管理途径。全面质量管理认为数理统计方法只不过是质量管理的一种手段，单纯进行生产控制远远不能满足提高质量的要求，重要的是提高生产者的操作水平和质量意识，使人们关心质量，并积极地参与质量管理活动。产品质量形成于生产的各个阶段，质量管理必须拓宽工作范围。同时，质量是和成本联系在一起的，是指在一定条件下的高质量，离开经济追求质量是没有意义的。我们不能仅仅把质量管理作为一种方法，更重要的是应树立质量意识，把质量管理作为提高人员素质，提高工作水平的手段去抓。可见，全面质量管理是质量管理思想方法上的一次革命，它并不等同于质量管理，它是质量管理的更高境界。

全面质量管理的基本观点有四个：第一，全面管理的观点。所谓全面管理，是要贯彻"全过程管理"、"全企业管理"、"全员管理"的管理原则。第二，为用户服务的观点。凡是接受和使用本企业产品的单位和个人，都是企业的用户。在企业内部，凡是接收上道工序进行继续生产（施工）的下道工序，就是上道工序的用户。企业要把使用户满意和满足用户需要放在第一位。第三，预防为主的观点。好的产品是生产出来的，而不是检查出来的。因此，在全面质量管理中要抓生产过程的质量控制，把质量事故消灭在萌芽状态，预防和避免低质产品（工程）的产生。第四，一切用数据说话的观点。数据是质量管理的基础，是科学的依据。"一切用数据说话"要求管理者应用概率论和数理统计方法，对生产和施工中搜集和积累的大量反映客观实际的数据，进行科学的整理、分析，研究质量的波动情况，分析原因，采取针对性措施。

全面质量管理的基本工作方法是 PDCA 循环法（戴明环），即按照计划（Plan）、实施（Do）、检查（Check）和处理（Action）四个阶段周而复始地进行质量管理。通过一次次的循环，不断把质量管理活动推向新的高度，实现产品质量的持续改进。

4. 质量管理与质量标准的形成

以上三个阶段质量管理理论和实践的发展，促使世界各发达国家和企业纷纷制定出新的国家标准和企业标准，以适应全面质量管理的需要。这种做法促进了质量管理水平的提高，却也出现了各种各样的标准。近 30 年来，国际化的市场经济迅速发展，国际间的经济合作、依赖和竞争日益增强，国际范围内的社会化大生产越来越多。不少国家把提高进口产品质量作为限入奖出的保护手段，设置非关税贸易壁垒。不同的国家、企业要求在质量方面有共同的语言、统一的认识和共同遵守的规范。因此，20 世纪 70 年代末，国际标准化组织（ISO）着手制订国际通用的质量管理和质量保证标准。1980 年 5 月在加拿大成立了质量管理和质量保证技术委员会（ISO/TC176），它通过总结各国质量管理经验，制定和颁布了 1987 版 ISO9000 族质量管理及质量保证标准。此后又不断对它进行补充、完善，1994 年发布 1994 版 ISO9000 族标准。2000 年 12 月正式发布进行了全面修订的 2000 版的 ISO9000 族标准。

质量体系标准问世以来，在全球范围内得到广泛的采用，相当多的国家和地区表示欢迎，等同或等效采用该标准，指导企业开展质量工作。质量体系标准对推动组织的质量管理工作和促进国际贸易的发展发挥了积极的作用。

质量管理和质量标准的概念和理论是在质量管理发展的三个阶段的基础上，逐步形成的，是市场经济和社会化大生产的产物，是与现代生产规模、条件相适应的质量管理工作模式。因此，ISO9000 族标准的诞生，顺应了消费者的要求；为生产方提供了当代企业寻求发展的途径；有利于一个国家对企业的规范化管理，更有利于国际间贸易和生产合作。它的诞生顺应了国际经济发展的形势，适应了企业和顾客及其他受益者的需要。

8.2　工程质量控制的统计分析方法

8.2.1　质量统计基本知识

1. 基本概念

（1）随机现象与随机事件。

在质量检验中，某一产品的检验结果可能优良、合格、不合格，这种事先不能确定结果的现象称为随机现象（或偶然现象）。随机现象并不是不可以认识的，人们通过大量重复的试验，可以找出其规律性。随机事件指每一种随机现象的表现结果，如某产品检验为"合格"、"优良"等。

随机事件的频率是衡量随机事件发生可能性大小的一种数量标志。在试验数据中，偶然事件发生的次数叫"频数"，它与数据总数的比值叫"频率"。频率的稳定值叫"概率"。

（2）总体。

总体也称母体，是所研究对象的全体。个体，是组成总体的基本元素。总体中含有个体的数目通常用 N 表示。在对一批产品质量做检验时，该批产品是总体，其中的每件产品是个体，这时 N 是有限的数值，则称之为有限总体。对生产过程进行检测时，应把整个生产过程过去、现在以及将来的产品视为总体。随着生产的进行 N 是无限的，称之为无限总体。实践中一般把从每件产品检测得到的某一质量数据（强度、几何尺寸、重量等），即质量特性值视为个体，产品的全部质量数据的集合即为总体。

（3）样本。

样本也称子样，是从总体中随机抽取出来，并根据对其研究结果推断总体质量特征的那部分个体。被抽中的个体称为样品，样品的数目称为样本容量，用 n 表示。样本的各种属性都是总体特征的反映。

（4）统计推断工作过程。

质量统计推断工作是运用质量统计方法在生产过程中或一批产品中，随机抽取样本，通过对样品进行检测和整理加工，从中获得样本质量数据信息，并以此为依据，以概率数理统计为理论基础，对总体的质量状况作出分析和判断。

2. 质量数据的收集方法

（1）全数检验。

全数检验是对总体中的全部个体逐一观察、测量、计数、登记，从而获得对总体质量水平评价结论的方法。

（2）随机抽样检验。

抽样检验是按照随机抽样的原则，从总体中抽取部分个体组成样本，根据对样品进行检测的结果，推断总体质量水平的方法。

① 简单随机抽样。简单随机抽样又称单纯随机抽样、完全随机抽样，是对总体不进行任何加工，直接进行随机抽样，获取样本的方法。这种方法常用于总体差异不大或对总体了解甚少的情况。

② 分层抽样。分层抽样又称分组抽样，是先将总体分为若干层，然后在每层中随机抽取样品组成样本的方法。

③ 系统随机抽样。又称机械随机抽样、等距抽样，是随机抽取第一个样本，再每隔一定的时间或空间抽取一个样本的方法。如在流水作业线上每生产 100 件产品抽出一件产品做样品，直到抽出 n 件产品组成样本。

④ 整群抽样。整群抽样一般是将总体按自然存在的状态分为若干群，并从中抽取样品群组成样本，然后在中选群内进行全数检验的方法。

⑤ 多阶段抽样。多阶段抽样又称多级抽样，是将各种单阶段抽样方法结合使用，通过多次随机抽样来实现的抽样方法。如检验钢材、水泥等原材料的质量时，可以对总体按不同批次分为 R 群，从中随机抽取 r 群，而后在中选的 r 群中的 M 个个体中随机抽取 m 个个体，这就是整群抽样与分层抽样相结合的二阶段抽样，它的随机性表现在群间和群内有两次。

3. 质量数据的分类

质量数据是指由个体产品质量特性值组成的样本（总体）的质量数据集，在统计上称为变量；个体产品质量特性值称变量值。根据质量数据的特点，可以将其分为计量值数据和计数值数据。

（1）计量值数据。

计量值数据是指可以连续取值的或者说可以用测量工具具体测量出小数点以下数值的数据。计量值数据属于连续型变量，其特点是在任意两个数值之间都可以取精度较高一级的数值。这类数据通常由测量得到，比如几何尺寸、重量、化学成分、温度、产量、强度、标高、位移等。此外，一些属于定性的质量特性，可由专家主观评分、划分等级而使之数量化，得到的数据也属于计量值数据。

（2）计数值数据。

计数值数据是指不能连续取值的，或者说即使使用测量工具也得不到小数点以下的数据，而只能按0，1，2，3等自然数取值计数的数据。计数值数据属于离散型变量，一般由计数得到，如不合格品数、疵点数、缺陷数等。计数值数据又分为计件值数据和计点值数据。

① 计件值数据，表示具有某一质量标准的产品个数，如总体中合格品数、一级品数。

② 计点值数据，表示个体（单件产品、单位长度、单位面积、单位体积等）上的缺陷数、质量问题点数等。如检验钢结构构件涂料涂装质量时，构件表面的焊渣、焊疤、油污、毛刺的数量等。

当数据以百分比表示时，要判断它是计量值数据还是计数值数据，应取决于给出数据的计算公式的分子。

4. 质量样本数据的特征值

样本数据特征值是由样本数据计算的描述样本质量数据波动规律的指标；统计推断就是根据这些样本数据特征值来分析、判断总体的质量状况。常用的有描述数据分布集中趋势的算术平均数、中位数和描述数据分布离中趋势的极差、标准偏差、变异系数等。

（1）描述数据集中趋势的特征值。

① 算术平均数。

算术平均数又称均值，是消除了个体之间个别偶然的差异，显示出所有个体共性和数据一般水平的统计指标。它由所有数据计算得到，是数据的分布中心，对数据的代表性好。其计算公式为

$$样本算术平均数\ \bar{x} = \frac{1}{n}(x_1 + x_2 + \cdots + x_n) = \frac{1}{n}\sum_{i=1}^{n} x_i$$

式中　n——样本容量；

　　　x_i——样本中第 i 个样品的质量特性值。

② 样本中位数 $\tilde{x}$。

样本中位数是将样本数据按数值大小有序排列后，处在数列中间位置的数值。当样本数 n 为奇数时，取数列中间的一个数为中位数；当样本数 n 为偶数时，则取中间两个数的平均值作为中位数。

（2）描述数据离中趋势的特征值。

① 极差 R。

极差是数据中最大值与最小值之差，是用数据变动的幅度来反映其分散状况的特征值。极差计算简单、使用方便，但粗略，数值仅受两个极端值的影响，损失的质量信息多，不能反映中间数据的分布和波动规律，仅适用于小样本。其计算公式为

$$R = x_{\max} - x_{\min}$$

② 标准偏差。

标准偏差简称标准差或均方差，是个体数据与均值离差平方和的算术平均数的算术根，是大于0的正数。总体的标准差用 σ 表示；样本的标准差用 S 表示。标准差值越小，说明数据分布集中程度越高，离散程度越小，均值对总体（样本）的代表性越好，产品质量越稳定。标准差的计算公式如下：

总体的标准偏差： $\sigma = \sqrt{\dfrac{\sum_{i=1}^{n}(x_i - \mu)^2}{N}}$

样本的标准偏差： $S = \sqrt{\dfrac{\sum_{i=1}^{N}(x_i - \overline{x})^2}{n-1}}$

样本的标准偏差 S 是总体标准差 σ 的无偏估计。在样本容量较大（$n \geqslant 50$）时，上式中的分母（$n-1$）可简化为 n。S 反映数据绝对波动的大小，一般来讲，测量较大的数据时，绝对误差较大；测量较小数据时，绝对误差较小。因此，还应考虑相对波动的大小，统计上用变异系数来表达。

③ 变异系数 C_v。

变异系数又称离散系数，是用标准差除以算术平均数得到的相对数。它表示数据的相对离散波动程度。变异系数小，说明分布集中程度高，离散程度小，均值对总体（样本）的代表性好。由于消除了数据平均水平不同的影响，变异系数适用于均值有较大变异的总体之间离散程度的比较。其计算公式为

$$C_v = \sigma / \mu \text{（总体）}, \quad C_v = S / \overline{x} \text{（样本）}$$

5. 利用数理统计的方法控制质量的步骤

（1）收集质量数据。

（2）数据整理。

（3）进行统计分析，找出质量波动的规律。

（4）判断质量状况，找出质量问题。

（5）分析影响质量的原因。

（6）拟订改进质量的对策、措施。

8.2.2 质量控制常用的数理统计分析方法

1. 调查表法

调查表法又称调查分析法，是利用专门设计的调查表（分析表）对质量数据进行收集、整

理和粗略分析质量状态的一种方法。在质量控制活动中，利用调查表收集数据，简便灵活，便于整理，实用有效。此方法应用广泛，但没有固定格式，可根据实际需要和具体情况，设计出不同的调查表。常用的调查法有分项工程作业质量分布调查表、不合格项目调查表、不合格原因调查表、施工质量检查评定用调查表等。

应当指出，调查表往往同分层法结合起来应用，可以更好、更快地找出出现问题的根源，以便采取改进的措施。

2. 分层法（Stratification）

分层法又叫分类法、分组法。它是将调查收集的原始数据，根据不同的目的和要求，按某一性质进行分组、归类和整理的分析方法。分层的目的在于把杂乱无章和错综复杂的数据和意见加以归类汇总，以使数据层间的差异突出地显示出来，层内的数据差异减少。在此基础上再进行层间、层内的比较分析，可以更深入地发现和认识产生质量问题的原因。

分层的原则是使同一层内的数据波动（或意见差异）幅度尽可能小，而层与层之间的差别尽可能大。由于产品质量是多方面因素共同作用的结果，因而对同一批数据，可以按不同性质分层，以便从不同角度来考虑、分析产品存在的质量问题和影响因素。分层的方法很多，常用的有：

（1）按操作班组或操作者分层。
（2）按使用机械设备型号分层。
（3）按操作方法分层。
（4）按原材料规格、供应单位、供应时间或等级分层。
（5）按施工时间分层。
（6）按检查手段、工作环境等分层。

分层法是质量控制统计分析方法中最基本的一种方法。其他统计方法一般都要与分层法配合使用，如调查表法、排列图法、直方图法、控制图法、相关图法、因果图法等，常常是首先利用分层法将原始数据分类，然后再进行统计分析的。

3. 排列图法

排列图法是利用排列图寻找影响质量主次因素的一种有效方法。排列图又叫巴雷特图或主次因素分析图，它由两个纵坐标、一个横坐标、几个连起来的直方形和一条曲线所组成，如图8-1所示。左侧的纵坐标表示频数或件数，右侧纵坐标表示累计频率，横坐标表示影响质量的因素或项目，按影响程度大小（频数）从左至右排列，直方形的高度示意某个因素的影响大小（频数）。实际应用中，通常按累计频率划分为 0%~80%、80%~90%、90%~100% 三部分，与其对应的影响因素分别为 A、B、C 三类。A 类为主要因素，B 类为次要因素，C 类为一般因素。根据右侧纵坐标，划出累计频率曲线，又称巴雷特曲线。

（1）排列图的作法。

例：某工地现浇混凝土构件尺寸质量检查结果是：在全部检查的 8 个项目中不合格点（超偏差限值）有 150 个，为改进并保证质量，应对这些不合格点进行分析，以便找出混凝土构件尺寸质量的薄弱环节。

① 收集整理数据。

首先收集混凝土构件尺寸各项目不合格点的数据资料，见表8-1。各项目不合格点出现的次数即频数。然后对数据资料进行整理，将不合格点较少的轴线位置、预埋设施中心位置、预留孔洞中心位置三项合并为"其他"项。按不合格点的频数由大到小顺序排列各检查项目,"其他"项排在最后。以全部不合格点数为总数,计算各项的频率和累计频率,结果见表8-2。

② 排列图的绘制。

a. 画横坐标。将横坐标按项目数等分,并按项目频数由大到小、从左至右排列,该例中横坐标分为六等份。

b. 画纵坐标。左侧的纵坐标表示项目不合格点数即频数,右侧纵坐标表示累计频率。要求总频数对应累计频率100%。该例中150应与100%在一条水平线上。

c. 画频数直方形。以频数为高画出各项目的直方形。

d. 画累计频率曲线。从横坐标左端点开始,依次连接各项目直方形右边线及所对应的累计频率值的交点,所得的曲线即为累计频率曲线。

e. 记录必要的事项。如标题、收集数据的方法和时间等。

图8-1为本例混凝土构件尺寸不合格点排列图。

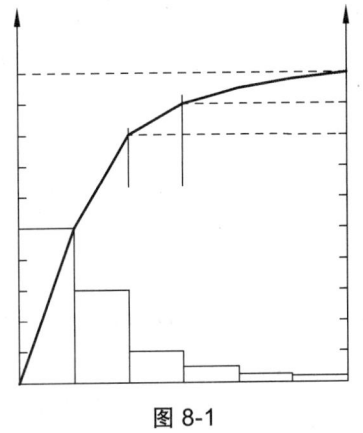

图 8-1

(2)排列图的观察与分析。

① 观察直方形,大致可看出各项目的影响程度。排列图中的每个直方形都表示一个质量问题或影响因素。影响程度与各直方形的高度成正比。

② 利用 ABC 分类法,确定主次因素。将累计频率曲线按 0~80%、80%~90%、90%~100% 分为三部分,各曲线下面所对应的影响因素分别为 A、B、C 三类因素。该例中 A 类即主要因素是表面平整度、截面尺寸(梁、柱、墙板、其他构件),B 类即次要因素是平面水平度,C 类即一般因素有垂直度、标高和其他项目。综上分析结果,下一步应重点解决 A 类质量问题。

4. 因果分析图

又称为树枝图或鱼刺图,是一种逐步深入研究和讨论质量问题的图示方法。运用因果分析图可以帮助我们制定对策,解决工程质量上存在的问题,从而达到控制质量的目的。其基本形式如图8-2所示。由图可见,因果分析图由质量特性(即质量结果指某个质量问题)、要因(产生质量问题的主要原因)、枝干(指一系列箭线表示不同层次的原因)、主干(指较粗的直接指向质量结果的水平箭线)等组成。

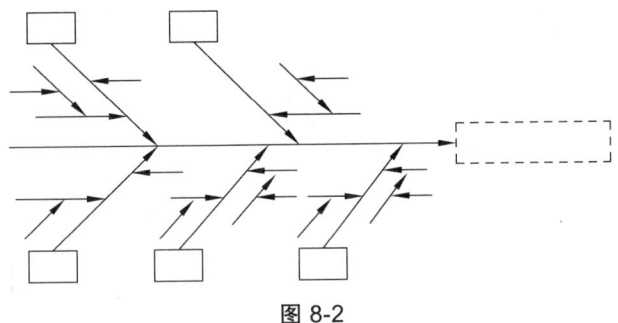

图 8-2

在工程实践中,任何一种质量问题的产生,往往是多种原因造成的。这些原因有大有小,把这些原因依照大小次序分别用主干、大枝、中枝和小枝图形表示出来,便可一目了然地系统观察出产生质量问题的原因。

因果分析图的绘制步骤与图中箭头方向恰恰相反,是从结果开始将原因逐层分解的,具体步骤如下:

(1)明确质量问题(结果)。作图时首先由左至右画出一条水平主干线,箭头指向一个矩形框,框内注明研究的问题,即结果。

(2)分析确定影响质量特性大的方面原因(质量特性的大枝)。一般来说,影响质量因素有五大方面,即人、机械、材料、方法、环境等。另外还可以按产品的生产过程进行分析。

(3)将每种大原因进一步分解为中原因、小原因,直至分解的原因可以采取具体措施加以解决为止。

(4)检查图中的所列原因是否齐全,可以对初步分析结果广泛征求意见,并做必要的补充及修改。

(5)从最高层次的原因中选取和识别少量看起来对结果有最大影响的原因,做出标记"△",以便对它们做进一步的研究,如收集资料、论证、试验、控制等。

5. 直方图法

直方图又称频数分布直方图、质量分布图、矩形图。它是将收集到的质量数据进行分组整理,绘制成频数分布直方图,用以描述质量分布状态的一种分析方法,因此又称质量分布图法。

通过直方图的观察与分析,可了解产品质量的波动情况,掌握质量特性的分布规律,以便对质量状况进行分析判断。同时可通过质量数据特征值的计算,估算施工生产过程总体的不合格率,评价过程能力等。但其缺点是不能反映动态变化,而且要求收集的数据较多(50~100个以上),否则难以体现其规律。

(1)直方图的绘制。

直方图由一个纵坐标、一个横坐标和若干个长方形组成。横坐标为质量特性,纵坐标是频数时,直方图为频数直方图;纵坐标为频率时,直方图为频率直方图。

① 收集整理数据。

用随机抽样的方法抽取数据,一般要求数据在50个以上。如某建筑施工工地浇筑C30混凝土,为对其抗压强度进行质量分析,共收集了50份抗压强度试验报告单,经整理如表8-1所示。

表8-1 抗压强度实验数据汇总

序号	抗压强度数据					最大值	最小值
1	39.8	37.7	33.8	31.5	36.1	39.8	31.5
2	37.2	38.0	33.1	39.0	36.0	39.0	33.1
3	35.8	35.2	31.8	37.1	34.0	37.1	31.8
4	39.9	34.3	33.2	40.4	41.2	41.2	33.2
5	39.2	35.4	34.4	38.1	40.3	40.3	34.4
6	42.3	37.5	35.5	39.3	37.3	42.3	35.5
7	35.9	42.4	41.8	36.3	36.2	42.4	35.9
8	46.2	37.6	38.3	39.7	38.0	46.2	37.6
9	36.4	38.3	43.2	38.2	38.0	42.4	36.4
10	44.4	42.0	37.9	38.4	39.5	44.4	37.9

② 计算极差 R。

极差 R 是数据中最大值和最小值之差，本例中：$R = x_{max} - x_{min} = 46.2 - 31.5 = 14.7 \text{ N/mm}^2$

③ 对数据分组，包括确定组数、组距和组限。

a. 确定组数。确定组数的原则是分组的结果能正确地反映数据的分布规律。组数应根据数据多少来确定。若组数取得太少，则数据集中于少数组内，会掩盖了数据间的差异；若组数取得太多，组内数据少，使数据过于零乱分散，做出的直方图过于分散，也不能显示出质量分布状况。一般可参考表 7-4 的经验数值确定。本例中取 $k = 8$。

b. 确定组距 h。组距是组与组之间的间隔。各组距应相等，于是有：$h \approx R/k$。

c. 确定组界 r_i。

一般情况下：$r_1 = x_{min} - h/2$

$r_i = r_{i-1} + h$

为了避免某些数据正好落在组界上，应将组界取得比数据多一位小数。

d. 编制数据频数统计表。本例题统计结果如表 8-5 所示。

e. 绘制频率分布直方图。如图 8-3 所示。

（2）直方图的观察分析。

① 直方图图形分析。

直方图形象直观地反映了数据分布情况，通过对直方图的观察分析可以看出生产是否稳定及其质量的情况。常见的直方图典型形状有以下几种：

a. 对称型：中间为峰，两侧对称分散者为对称型，如图 8-4（a）所示。这是工序稳定、正常时的分布状况。

b. 锯齿型：出现直方锯齿状情况，如图 8-4（b）所示。这种情况可能是测量上的缺陷或读数有问题，或者因为作频数统计时，由于分组不当所引起的。

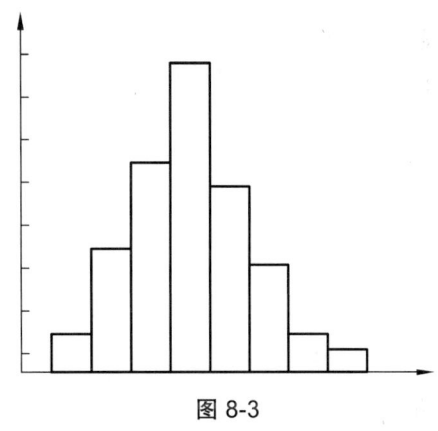

图 8-3

c. 孤岛型：直方图旁出现孤立小直方，如图 8-4（c）所示。这表明生产有某种异常。可能是加工条件有变动、原料变化设备故障或操作不熟练等引起的。

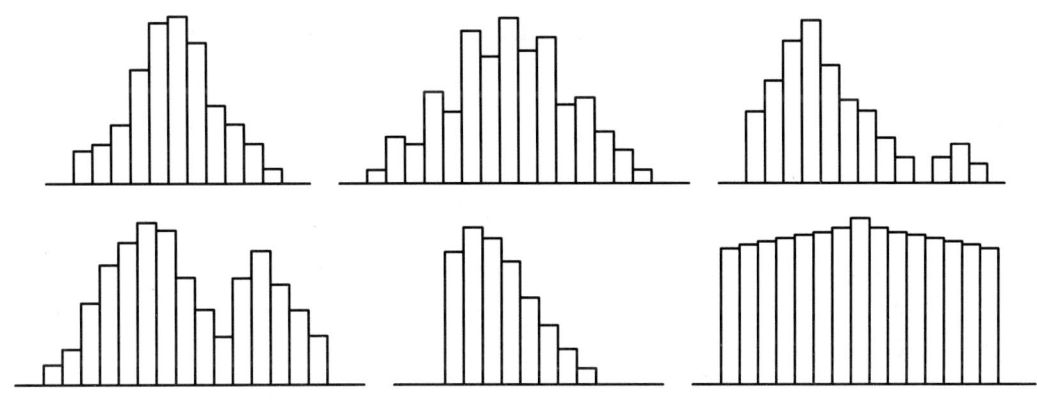

图 8-4

d. 双峰型：直方图呈现两个顶峰，如图 8-4（d）所示。这往往是两种不同的分布混在一起的结果。例如两台不同的机床所加工的零件所造成的差异。

e. 偏向型：直方的顶峰偏向一侧，如图 8-4（e）所示。这是由于加工习惯造成的，如加工孔时，孔的尺寸往往偏小，留有余量，便于扩孔。

f. 平顶型：直方图高矮相差不多呈平顶状，如图 8-4（f）所示。通常是由于生产过程中某种缓慢的倾向在起作用，如工具的磨损及操作者的疲劳等影响。

② 对照标准分析比较。

当工序处于稳定状态时，还需要进一步将直方图与规格标准进行比较，以判定工序满足标准要求的程度。其主要方法是分析直方图的平均值 X 与质量标准中心 μ 的重合程度，比较直方图的分布范围 B 同公差范围 T 的关系。对照直方图图形可以看出实际产品分布与实际要求标准的差异。

a. 正常状态：直方居中，两侧有余，平均值恰好与公差中心重合，如图 8-5（a）所示。这种直方图能满足公差要求，又有一定的余地，即使质量有一点波动也不会超出公差范围，表明工序完全处于正常状态。

b. 直方偏向公差一侧，如图 8-5（b）所示，B 虽然落在 T 内，但质量分布中与 T 的中心 M 不重合，偏向一边。这样如果生产状态一旦发生变化，就可能超出质量标准下限而出现不合格品；出现这种情况时应迅速采取措施，使直方图移到中间来。

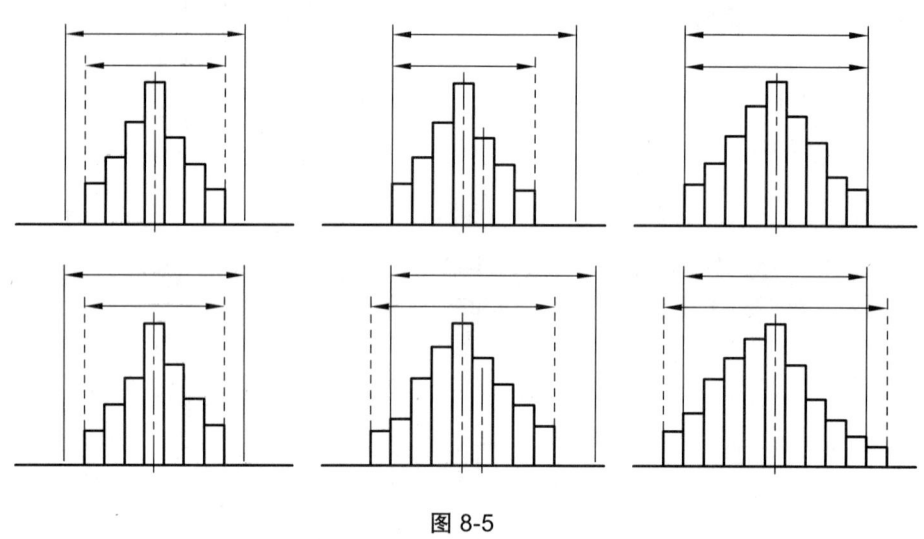

图 8-5

c. 直方居中，两侧无余，如图 8-5（c）所示，直方两侧与公差界限重合，随时都有超出公差的可能，必须采取措施，提高工序能力。

d. 直方居中，两侧过余，如图 8-5（d）所示，公差范围过分大于实际分布范围。这时应考虑经济效益，可以采取改变工艺，降低精度或缩小公差等措施。

e. 直方偏向，一侧出界，如图 8-5（e）所示，实际分布范围过分偏离中心，已有一部分产品出了废品。应立即采取措施，使平均值移向公差中心。

f. 直方居中，两侧出界，如图 8-5（f）所示，直方图的分布范围太大，生产不断有废品出现，应立即采取措施缩小分布范围或放宽公差界限。

6. 控制图法

（1）控制图的基本形式及其用途。

控制图又称管理图。它是在直角坐标系内画有控制界限，描述生产过程中产品质量波动状态的图形。利用控制图区分质量波动原因，判明生产过程是否处于稳定状态的方法称为控制图法。质量波动一般有两种情况：一种是偶然性因素引起的质量波动，称为正常波动；一种是系统性因素引起的波动则属于异常波动。质量控制的目标就是要查找异常波动的因素，并加以排除，使质量只受正常波动的影响，符合正态分布的规律。

① 控制图的基本形式。

控制图的基本形式如图 8-6 所示。

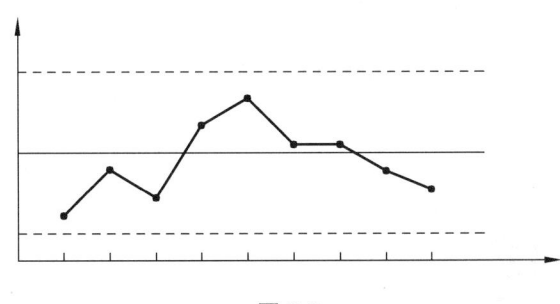

图 8-6

横坐标为样本（子样）序号或抽样时间，纵坐标为被控制对象，即被控制的质量特性值。控制图上一般有三条线：在上面的一条虚线称为上控制界限，用符号 UCL 表示；在下面的一条虚线称为下控制界限，用符号 LCL 表示；中间的一条实线称为中心线，用符号 CL 表示。中心线标志着质量特性值分布的中心位置，上、下控制界限标志着质量特性值允许波动范围。

在生产过程中通过抽样取得数据，把样本统计量描在图上来分析判断生产过程状态。如果点子随机地落在上、下控制界限内，则表明生产过程正常处于稳定状态，不会产生不合格品；如果点子超出控制界限或点子排列有缺陷，则表明生产条件发生了异常变化，生产过程处于失控状态。

② 控制图的用途。

控制图是用样本数据来分析判断生产过程是否处于稳定状态的有效工具。它的用途主要有两个：

a. 过程分析，即分析生产过程是否稳定。为此，应随机连续收集数据，绘制控制图，观察数据点分布情况并判定生产过程状态。

b. 过程控制，即控制生产过程质量状态。为此，要定时抽样取得数据，将其变为点子描在图上，发现并及时消除生产过程中的失调现象，预防不合格品的产生。

前述排列图法、直方图法是质量控制的静态分析法，反映的是质量在某一时间段的静止状态。然而产品都是在动态的生产过程中形成的，因此，在质量控制中单用静态分析法显然是不够的，还必须有动态分析法。只有通过动态分析法，才能随时了解生产过程中质量的变化情况，及时采取措施，使生产处于稳定状态，起到预防出现废品的作用。控制图就是典型的动态分析法。

（2）控制图的观察与分析。

绘制控制图的目的是分析判断生产过程是否处于稳定状态。这主要通过对控制图上点子的分布情况的观察与分析进行。因为控制图上点子作为随机抽样的样本，可以反映出生产过程（总体）的质量分布状态。

当控制图同时满足以下两个条件：一是点子几乎全部落在控制界限之内；二是控制界限内的点子排列没有缺陷。我们就可以认为生产过程基本上处于稳定状态。如果点子的分布不满足其中任何一条，都应判断生产过程为异常。

① 点子几乎全部落在控制界线内，是指应符合下述三个要求：

a. 连续25点以上处于控制界限内；

b. 连续35点中仅有1点超出控制界限；

c. 连续100点中不多于2点超出控制界限。

② 点子排列没有缺陷，是指点子的排列是随机的，而没有出现异常现象。这里的异常现象是指点子排列出现了"链"、"多次同侧"、"趋势或倾向"、"周期性变动"、"接近控制界限"等情况。

a. 链。是指点子连续出现在中心线一侧的现象。出现五点链，应注意生产过程发展状况；出现六点链，应开始调查原因；出现七点链，应判定工序异常，需采取处理措施。

b. 多次同侧。是指点子在中心线一侧多次出现的现象，或称偏离。下列情况说明生产过程已出现异常：在连续11点中有10点在同侧；在连续14点中有12点在同侧；在连续17点中有14点在同侧。

c. 趋势或倾向。是指点子连续上升或连续下降的现象。连续7点或7点以上上升或下降排列，就应判定生产过程有异常因素影响，要立即采取措施。

d. 周期性变动。即点子的排列显示周期性变化的现象：这样即使所有点子都在控制界限内，也应认为生产过程为异常。

e. 点子排列接近控制界限。是指点子落在了 $x \pm 2\sigma$ 以外和 $x \pm 3\sigma$ 以内。如属下列情况的判定为异常：连续3点至少有2点接近控制界限；连续7点至少有3点接近控制界限；连续10点至少有4点接近控制界限。

以上是分析用控制图判断生产过程是否正常的准则。如果生产过程处于稳定状态，则把分析用控制图转为管理用控制图。分析用控制图是静态的，而管理用控制图是动态的。随着生产过程的进展，通过抽样取得质量数据，把点描在图上，随时观察点子的变化：一是点子落在控制界限外或界限上，即判断生产过程异常；点子即使在控制界限内，也应随时观察其有无缺陷，以对生产过程正常与否做出判断。

7. 相关图法

（1）相关图法的用途。

相关图又称散布图，就是把两个变量之间的相关关系，用直角坐标系表示出来，借以观察判断两个质量数据之间的关系，通过控制容易测定的因素达到控制不宜测定的因素的目的，以便对产品或工序进行有效的控制。质量数据之间的关系多属相关关系，一般有三种类型：一是质量特性和影响因素之间的关系；二是质量特性和质量特性之间的关系；三是影响因素和影响因素之间的关系。

我们可以用 y 和 x 分别表示质量特性值和影响因素，通过绘制散布图、计算相关系数等，分析研究两个变量之间是否存在相关关系，以及这种关系密切程度如何，进而对相关程度密切的两个变量，通过对其中一个变量的观察控制，去估计控制另一个变量的数值，以达到保证产品质量的目的。这种统计分析方法，称为相关图法。

（2）相关图的绘制方法。

① 收集数据。

要成对地收集两种质量数据，数据不得过少。

② 绘制相关图。

在直角坐标系中，一般 x 轴用来代表原因的量或较易控制的量；y 轴用来代表结果的量或不易控制的量。然后将数据中相应的坐标位置上描点，便得到散布图。

（3）相关图的观察与分析。

相关图中点的集合，反映了两种数据之间的散布状况，根据散布状况我们可以分析两个变量之间的关系。归纳起来，有以下六种类型，如图 8-7 所示。

① 正相关，如图 8-7（a）所示。散布点基本形成由左至右向上变化的一条直线带，即随 x_2 增加，y 值也相应增加，说明 x 与 y 有较强的制约关系。此时，可通过对 x 的控制而有效控制 y 的变化。

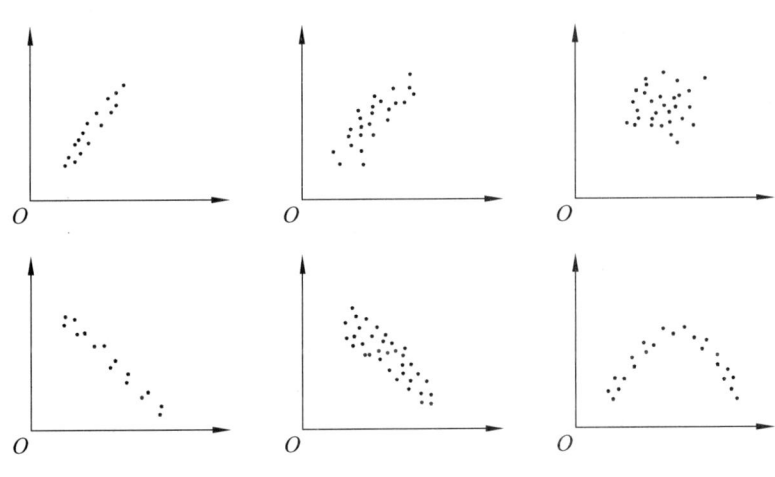

图 8-7

② 弱正相关，如图 8-7（b）所示。散布点形成向上较分散的直线带。随 x 值的增加，y 值也有增加趋势，但 x、y 的关系不像正相关那么明确。说明 y 除受 x 影响外，还受其他更重要的因素的影响。需要进一步利用因果分析图法分析其他的影响因素。

③ 不相关，如图 8-7（c）所示。散布点形成一团或平行于 x 轴的直线带。说明 x 变化不会引起 y 的变化或其变化无规律，分析质量原因时可排除 x 因素。

④ 负相关，如图 8-7（d）所示。散布点形成由左向右向下的一条直线带。说明 x 对 y 的影响与正相关恰恰相关。

⑤ 弱负相关，如图 8-7（e）所示。散布点形成由左至右向下分布的较分散的直线带。说明 x 与 y 的相关关系较弱，且变化趋势相反，应考虑寻找影响 y 的其他更重要的因素。

⑥ 非线性相关，如图 8-7（f）所示。散布点成一曲线带，即在一定范围内 x 增加，y 也增加；超过这个范围，x 增加，y 则有下降趋势或改变变动的斜率呈曲线形态。

8.3 工程项目施工的质量控制

8.3.1 施工项目质量控制概述

1. 施工项目质量控制的特点

（1）影响因素多。

如决策、设计、材料、机具设备、施工方法、施工工艺、技术措施、人员素质、工期、工程造价等，这些因素均直接或间接地影响工程项目的质量。

（2）容易产生质量波动。

建筑生产具有单件性、流动性，不像一般工业产品的生产那样，有固定的生产流水线，有规范化的生产工艺和完善的检测技术，有成套的生产设备和稳定的生产环境，所以工程质量容易产生波动且波动大。同时影响施工项目质量的偶然性因素和系统性因素比较多，任一因素发生变动，都会使工程项目质量产生波动。如材料规格品种使用错误、施工方法不当、操作未按规程进行、机械设备过度磨损或出现故障等，都会发生质量波动，产生系统因素的质量变异，造成工程质量事故。为此，在施工中要严防出现系统性因素的质量变异，要把质量波动控制在偶然性因素范围内。

（3）质量隐蔽性。

建设工程在施工过程中，分项工程交接多，中间产品多、隐蔽工程多，因此质量存在隐蔽性。若在施工中不及时进行质量检查，事后只能从表面上检查，就很难发现内在的质量问题，这样就容易产生判断错误。

（4）终检的局限性。

工程项目建成后不可能像一般工业产品那样依靠终检来判断产品质量，或将产品拆卸、解体来检查其内在的质量，或对不合格零部件进行更换。工程项目的终检（竣工验收）无法进行工程内在质量的检验，发现隐蔽的质量缺陷。因此，工程项目的终检存在一定的局限性。这就要求工程质量控制应以预防为主，重视事先、事中控制，防患于未然。

（5）评价方法的特殊性。

工程质量的检查评定及验收是按检验批、分项工程、分部工程、单位工程进行的。检验批的质量是分项工程乃至整个工程质量检验的基础；检验批合格质量主要取决于主控项目和一般项目经抽样检验的结果。工程质量是在施工单位按合格质量标准自行检查评定的基础上，由监理工程师组织有关单位和人员进行检验确认。这种评价方法体现了"验评分离、强化验收、完善手段、过程控制"的指导思想。

2. 施工项目质量控制的对策

施工项目质量控制就是为了确保合同、规范所规定的质量标准，所采取的一系列检测、监控措施、手段和方法。为确保工程质量，施工项目质量控制过程中的主要对策如下：

（1）以人的工作质量确保工程质量。

（2）严格控制投入品的质量。

（3）全面控制施工过程，重点控制工序质量。

（4）严把分项工程质量检验评定关。

（5）贯彻"以预防为主"的方针。

（6）严防系统性因素的质量变异。

3. 施工项目质量控制过程

任何工程都由分项工程、分部工程和单位工程组成，施工项目是通过一道道工序来完成的。因此，施工项目质量控制是从工序质量到分项工程质量、分部工程质量、单位工程质量的系统控制过程；也是一个由对投入原材料的质量控制开始，直到完成工程质量检验位置的全过程的系统过程。

4. 施工项目质量因素的控制

影响施工项目质量的因素主要由五大方面，即 4M1E。事前对这五方面的因素严加控制，是保证施工项目质量的关键。这些控制包括人的控制、材料的控制、机械控制、方法控制、环境控制。

5. 施工项目质量控制阶段

为了加强对施工项目的质量控制，明确各施工阶段质量控制的重点，可把施工项目质量分为事前控制（施工准备的范围、内容）、事中控制（全面控制施工过程，方案验收、检查）和事后控制（竣工验收、项目后评价）三个阶段。

8.3.2　施工工序的质量控制

1. 工序质量控制的概念

工程项目的施工过程是由一系列相互关联、相互制约的工序所构成的，工序质量是工程项目整体质量的基础。工序质量包含两方面的内容：工序活动条件的质量；工序活动效果的质量。

工序的质量控制，就是对工序活动条件的质量控制和工序活动效果的质量控制，据此来达到整个施工过程的质量控制。

2. 工序质量控制的内容

进行工序质量控制，应着重于以下四方面的工作：严格遵守工艺规程；主动控制工序活动条件的质量；及时检验工序活动效果的质量；设置工序质量控制点。质量控制点是指为了保证工序质量而需要进行控制的重点、或关键部位、或薄弱环节，以便在一定时期内、一定条件下进行强化管理，使工序处于良好状态。

3. 质量控制点的设置

质量控制点设置的原则，是根据工程的重要程度，即质量特性值对整个工程质量的影响程度来确定。为此，在设置质量控制点时，首先要对施工的工程对象进行全面分析、比较，以明确质量控制点；而后进一步分析所设置的质量控制点在施工中可能出现的质量问题或造成质量隐患的原因，针对隐患的原因，相应地提出应对措施予以预防。

质量控制点的涉及面较广，根据工程特点及其重要性、复杂性、精确性、质量标准和要求，可以是分部工程、分项工程、操作、材料、机械设备、施工顺序、技术参数、自然条件、工程环境等。

8.3.3 工程质量的政府监督管理

1. 工程质量政府监督管理体制和职能

（1）监管管理体制。

国务院建设行政主管部门对全国的建设工程质量实施统一监督管理，国务院铁路、交通、水利等有关部门按国务院规定的职责分工，负责对全国相关专业建设工程的质量实施监督管理。县级以上地方人民政府建设行政主管部门对本行政区域内的建设工程质量实施监督管理。县级以上地方人民政府交通、水利等有关部门在各自职责范围内，负责本行政区域内的专业建设工程质量的监督管理。

国务院发展计划部门按照国务院规定的职责，组织稽查特派员，对国家出资的重大建设项目实施监督检查；国务院经济贸易主管部门按国务院规定的职责，对国家重大技术改造项目实施监督检查。国务院建设行政主管部门和国务院铁路、交通、水利等有关专业部门、县级以上地方人民政府建设行政主管部门和其他有关部门，对有关建设工程质量的法律、法规和强制性标准执行情况加强监督检查。

县级以上政府建设行政主管部门和其他有关部门履行检查职责时，有权要求被检查的单位提供有关工程质量的文件和资料，有权进入被检查单位的施工现场进行检查，检查中发现工程质量存在问题时，有权责令改正。

政府的工程质量监督管理具有权威性、强制性、综合性的特点。

（2）管理职能。

① 建立和完善工程质量管理法规；
② 建立和落实工程质量责任制；
③ 建设活动主体资格的管理；
④ 工程承发包管理；
⑤ 控制工程建设程序。

2. 工程质量管理制度

近年来，我国建设行政主管部门先后颁发了多项建设工程质量管理制度，主要有：

（1）施工图设计文件审查制度。

施工图设计文件（以下简称施工图）审查是政府主管部门对工程勘察设计质量监督管理的重要环节。施工图审查是指国务院建设行政主管部门和省、自治区、直辖市人民政府建设行政主管部门委托依法认定的设计审查机构，根据国家法律、法规、技术标准与规范，对施工图进行结构安全和强制性标准、规范执行情况等进行的独立审查。

（2）工程质量监督制度。

国家实行建设工程质量监督管理制度。工程质量监督管理的主体是各级政府建设行政主管部门和其他有关部门。工程建设周期长、环节多、点多面广，工程质量监督工作是一项专业技术性强且很繁杂的工作，政府部门不可能一直进行日常检查工作。因此，工程质量监督管理由建设行政主管部门或其他有关部门委托的工程质量监督机构具体实施。工程质量监督机构是经省级以上建设行政主管部门或有关专业部门考核认定，具有独立法人资格的单位。它受县级以上地方人民政府建设行政主管部门或有关专业部门的委托，依法对工程质量进行强制性监督，并对委托部门负责。

3. 工程质量检测制度

工程质量检测工作是对工程质量进行监督管理的重要手段之一。工程质量检测机构是对建设工程、建筑构件、制品及现场所用的有关建筑材料、设备质量进行检测的法定单位。在建设行政主管部门领导和标准化管理部门指导下开展检测工作，其出具的检测报告具有法定效力。法定的国家级检测机构出具的检测报告，在国内为最终裁定，在国外具有代表国家的性质。

4. 工程质量保修制度

建设工程质量保修制度是指建设工程在办理交工验收手续后，在规定的保修期限内，因勘察、设计、施工、材料等原因造成的质量问题，要由施工单位负责维修、更换，由责任单位负责赔偿损失。质量问题是指工程不符合国家工程建设强制性标准、设计文件以及合同中对质量的要求。

建设工程承包单位在向建设单位提交工程竣工验收报告时，应向建设单位出具工程质量保修书质量保修书中应明确建设工程保修范围、保修期限和保修责任等。

8.4 质量管理体系标准

8.4.1 ISO9000：2000 族标准的构成

ISO9000：2000 族标准由下列四部分组成：

1. ISO9000：2000 质量管理体系——基础和术语

该标准提出了八项质量管理原则，表述了质量管理体系 12 项基础并规定了质量管理体系 80 个术语。

2. ISO9001：2000 质量管理体系——要求

该标准规定了质量管理体系要求，用于证实组织具有提供满足顾客要求和适用的法规要求的产品的能力，目的在于增进顾客满意度。

3. ISO9004：2000 质量管理体系——业绩改进指南

该标准以八项质量管理原则为导向，为组织提高质量管理体系的有效性和效率提供指南，目的是组织业绩改进和使顾客及其他相关方满意。

4. ISO19011 质量和（或）环境管理体系审核指南

该标准由国际标准化组织质量管理和质量保证技术分委员会（ISO/TC176/SC3）与环境管理体系、环境审核与有关的环境调查分委员会（ISO/TC207/SC2）联合制定。

遵循"不同管理体系可以共同管理和审核要求"的原则，该标准对于质量管理体系和环境管理体系审核的基本原则、审核方案的管理、环境和质量管理体系审核的实施以及对环境和质量管理体系审核员的资格要求提供了指南。它适用于所有运行质量和/或环境管理体系的组织，指导其内审和外审的管理工作。

8.4.2 ISO9000：2000 族标准八项质量管理原则

为了成功地领导和运作一个组织，需要采用一种系统和透明的方式进行管理。针对所有相关方的需求，实施并保持持续改进其业绩的管理体系，可使组织获得成功。为了确保质量目标的实现，明确了以下八项质量管理原则：

1. 以顾客为关注焦点

组织依存于顾客。因此组织应理解顾客当前和未来的需求，满足顾客要求并争取超越顾客期望。

2. 领导作用

领导者确立本组织统一的宗旨和方向。他们应该创造并保持使员工能充分参与实现组织目标的内部环境。

3. 全员参与

各级人员是组织之本，只有他们的充分参与，才能使他们的才干为组织获益。

4. 过程方法

将相关的活动和资源作为过程进行管理，可以更高效地得到期望的结果。

5. 管理的系统方法

识别、理解和管理作为体系的相互关联的过程，有助于组织实现其目标的效率和有效性。

6. 持续改进

组织总体业绩的持续改进应是组织的一个永恒目标。

7. 基于事实的决策方法

有效决策建立在数据和信息分析的基础上。

8. 与供方互利的关系

组织与其供方是相互依存的，互利的关系可增强双方创造价值的能力。

8.4.3 质量管理体系的建立、实施与认证

1. 质量管理体系的建立与实施

按照 ISO9000：2000 族标准建立或更新完善质量管理体系的程序，通常包括组织策划与总体设计、质量管理体系的文件编制、质量管理体系的实施运行等三个阶段。

（1）质量管理体系的策划与总体设计。

最高管理者应确保对质量管理体系进行策划，以满足组织确定的质量目标的要求及质量管理体系的总体要求，在对质量管理体系的变更进行策划和实施时，应保持管理体系的完整性。通过对质量管理体系的策划，确定建立质量管理体系要采用的过程方法模式，从组织的实际出发进行体系的策划和实施，明确是否有剪裁的需求并确保其合理性。ISO9001 标准引言中指出"一个组织质量管理体系的设计和实施受各种需求、具体目标、所提供产品、所采用的过程以及该组织的规模和结构的影响，统一质量管理体系的结构或文件不是本标准的目的。"

（2）质量管理体系文件的编制。

质量管理体系文件的编制应在满足标准要求、确保控制质量、提高组织全面管理水平的情况下，建立一套高效、简单、实用的质量管理体系文件。质量管理体系文件包括质量手册、质量管理体系程序文件、质量记录等部分组成。

① 质量手册。

a. 质量手册的性质和作用。

质量手册是组织质量工作的"基本法",是组织最重要的质量法规性文件,它具有强制性质。质量手册应阐述组织的质量方针,概述质量管理体系的文件结构反映组织质量管理体系的总貌,起到总体规划和加强各职能部门间协调作用。对组织内部,质量手册起着确立各项质量活动及其指导方针和原则的重要作用,一切质量活动都应遵循质量手册;对组织外部,它既能证实符合标准要求的质量管理体系的存在,又能向顾客或认证机构描述清楚质量管理体系的状况。同时质量手册是明确各类人员职责的良好管理工具和培训教材。质量手册便于克服员工流动对工作连续性的影响。质量手册对外提供了质量保证能力的说明,是销售广告有益的补充,也是许多招标项目所要求的投标必备文件。

b. 质量手册的编制要求。

质量手册的编制应遵循 ISO—100013"质量手册编制指南"的要求进行。质量手册应说明质量管理体系覆盖哪些过程和要素,每个过程和要素应开展哪些控制活动,对每个活动需要控制到什么程度,能提供什么样的质量保证等,都应做出明确的交代。质量手册提出的各项要素的控制要求,应在质量管理体系程序和作业文件中作出可操作实施的安排。质量手册对外不属于保密文件,为此编写时要注意适度,既要让外部看清楚质量管理体系的全貌,又不宜涉及控制的细节。

c. 质量手册的构成。

质量手册一般由目次;批准页;前言;1 术语和缩写;2 质量手册的管理;3 质量方针和质量目标、4 组织机构与职责;5 管理过程(5.1 管理承诺、5.2 管理者代表、5.3 内部沟通、5.4 管理评审、5.5 文件控制、5.6 质量记录的控制);6 资源管理过程(6.1 人力资源的提供与控制、6.2 基础设施的提供与维护、6.3 工作环境的改善与管理);7 产品实现过程(7.1 实现过程的策划、7.2 与顾客有关的过程、7.3 设计和开发、7.4 采购控制、7.5 生产和服务的运作、7.6 测量和监控装置的控制);8 测量、分析和改进(8.1 策划、8.2 测量和监控、8.3 不合格控制、8.4 数据分析、8.5 改进)几个部分构成,各组织可以根据实际需要,对质量手册的内容作必要的增删。

② 质量管理体系程序文件。

a. 概述。

质量管理体系程序文件是质量管理体系的重要组成部分,是质量手册的具体展开和有力支撑。质量管理体系程序可以是质量管理手册的一部分,也可以是质量手册的具体展开。对于较小的企业,有一本包括质量管理体系程序的质量手册就足够;而对于大中型企业,在安排质量管理体系程序时,应注意各个层次文件之间的相互衔接关系,下一层的文件应有力地支撑上一层次文件。质量管理体系程序文件的范围和详略程度取决于组织的规模、产品类型、过程的复杂程度、方法和相互作用以及人员素质等因素。程序文件不同于一般的业务工作规范或工作标准所列的具体工作程序,而是对质量管理体系的过程方法所需开展的质量活动的描述。对每个质量管理程序来说,都应视需要明确何时、何地、何人、做什么、为什么、怎么做(即 5W1H),应保留什么记录。

质量管理体系程序的内容,按 ISO9001:2000 标准的规定,质量管理程序应至少包括下列 6 个程序:文件控制程序;质量记录控制程序;内部质量审核程序;不合格控制程序;纠正措施程序;预防措施程序。

b. 质量计划。

质量计划是对特定的项目、产品、过程或合同，规定由谁及何时应使用哪些程序相关资源的文件。质量手册和质量管理体系程序所规定的是各种产品都适用的通用要求和方法。但各种特定产品都有其特殊性，质量计划是一种工具，它将某产品、项目或合同的特定要求与现行的通用的质量管理体系程序相连接。质量计划在顾客特定要求和原有质量管理体系之间架起一座"桥梁"，从而大大提高了质量管理体系适应各种环境的能力。

质量计划在企业内部作为一种管理方法，使产品的特殊质量要求能通过有效的措施得以满足。在合同情况下，组织使用质量计划向顾客证明其如何满足特定合同的特殊质量要求，并作为顾客实施质量监督的依据。合同情况下如果顾客明确提出编制质量计划的要求，则组织编制的质量计划需要取得顾客的认可；一旦得到认可，组织必须严格按计划实施，顾客将用质量计划来评定组织是否能履行合同规定的质量要求。实施过程中组织对质量计划的较大修改都需征得顾客的同意。通常，组织对外的质量计划应与质量手册、质量管理体系程序一起使用，系统描述针对具体产品是如何满足GB/T19001—ISO9001的要求，质量计划可以引用手册或程序文件中的适用条款。产品（或项目）的质量计划是针对具体产品或项目）的特殊要求，以及应重点控制的环节所编制的对设计、采购、制造、检验、包装、运输等的质量控制方案。

③ 质量记录。

质量记录是"阐明所取得的结果或提供所完成活动的证据文件"。它是产品质量水平和企业质量管理体系中各项质量活动结果的客观反映，应如实加以记录，用以证明达到了合同所要求的产品质量，并证明对合同中提出的质量保证要求予以满足的程度。如果出现偏差，则质量记录应反映出针对不足之处采取了哪些纠正措施。质量记录应字迹清晰、内容完整，并按所记录的产品和项目进行标识；记录应注明日期并经授权人员签字、盖章或作其他审定后方能生效。一旦发生问题，应能通过记录查明情况，找出原因和责任者，有针对性地采取防止重复发生的有效措施。质量记录应安全地储存和维护，并根据合同要求考虑如何向需方提供。

（3）质量管理体系的实施。

为保证质量管理体系的有效运行，要做到两个到位：一是认识到位。思想认识是看待问题、处理问题的出发点，人们认识的不同，决定了处理问题的方式和结果差异。组织的各级领导对问题的认识直接影响本部门质量管理体系的实施效果。如：有人认为搞质量管理体系认证是"形式主义"，对文件及质量记录控制的种种规定是"多此一举"。因此，对质量管理体系的建立与运行问题一定要达成共识。二是管理考核到位。这就要求根据职责和管理内容不折不扣地按质量管理体系运作，并实施监督和考核。开展纠正与预防活动，充分发挥内审的作用是保证质量管理体系有效运行的重要环节。

内审是由经过培训并取得内审资格的人员对质量管理体系的符合性及有效性进行验证的过程。对内审中发现的问题，要制订纠正及预防措施，进行质量的持续改进。内审作用发挥的好坏与贯标认证的实效有着重要的关系。

2. 质量认证

（1）进行质量认证的意义。

近年来随着现代工业的发展和国际贸易的进一步增长，质量认证制度得到了世界各国的普遍重视。通过一个公正的第三方认证机构对产品或质量管理体系做出正确、可信的评价，从而使他们对产品质量建立信心，这种作法对供需双方以及整个社会都有十分重要的意义。

① 通过实施质量认证可以促进企业完善质量管理体系。

企业要想获取第三方认证机构的质量管理体系认证或按典型产品认证制度实施的产品认证，都需要对其质量管理体系的施行进行检查和完善，以保证认证的有效性，并在实施认证时，对其质量管理体系实施检查和评定中发现的问题，均需及时地加以纠正。所有这些都会对企业完善质量管理体系起到积极的推动作用。

② 可以提高企业的信誉和市场竞争能力。

企业通过了质量管理体系认证机构的认证，获取合格证书和标志并通过注册加以公布，从而也就证明其具有出产满足顾客要求产品的能力，大大提高了企业的信誉，增加了企业的市场竞争能力。

③ 有利于保护供需双方的利益。

实施质量认证，一方面对通过产品质量认证或质量管理体系认证的企业准予使用认证标志或予以统册公布，使顾客了解哪些企业的产品质量是有保证地，从而可以引导顾客，防止误购不符合要求的产品，起到保护消费者利益的作用。并且由于实施第三方认证，对于缺少测试设备、缺少有经验的人员或远离供方的用户来说带来了许多方便，同时也降低了进行重复检验和检查的费用。另一方面，如果供方建立了完善的质量管理体系，一旦发生质量争议，也可以把质量管理体系作为自我保护的措施，较好地解决质量争议。

④ 有利于国际市场的开拓，增加国际市场的竞争能力。

认证制度已发展成为世界上许多国家的普遍做法，各国的质量认证机构都在设法通过签订双边或多边认证合作协议，取得彼此之间的相互认可，企业一旦获得国际上有权威的认证机构的产品质量认证或质量管理体系注册，便会得到各国的认可，并可享受一定的优惠待遇，如免检、减免税和优价等。

（2）质量认证的基本概念。

质量认证是第三方依据程序对产品、过程或服务符合规定要求给予的书面保证（合格证书）。质量认证包括产品质量认证和质量管理体系认证两方面。

① 产品质量认证。

产品质量认证按认证性质划分为安全认证和合格认证。

② 质量认证的表示方法。

a. 认证证书（合格证书）。它是由认证机构颁发给企业的一种证明文件，以证明某项产品或服务符合特定标准或技术规范。

b. 认证标志（合格标志）。由认证机构设计并公布的一种专用标志，用以证明某项产品或服务符合特定标准或规范。经认证机构批准，认证标志使用在每台（件）合格出厂的认证产品上。认证标志是质量标志，通过标志可以向购买者传递正确可靠的质量信息，帮助购买者识别认证的商品与非认证的商品，指导购买者购买自己满意的产品。

③ 质量管理体系认证。

质量管理体系认证是指根据有关的质量管理体系标准，由第三方机构对供方（承包方）的质量管理体系进行评定和注册的活动。这里的第三方机构是指经过国家质量监督检验检疫总局质量体系认可委员会认可的质量管理体系认证机构。质量管理体系认证机构是专职机构，各认证机构有自己的认证章程、程序、注册证书和认证合格标志。质量管理体系认证具有以下特征：

a. 由具有第三方地位的认证机构进行客观的评价，做出结论，若通过则颁发认证证书。审核人员要具有独立性和公正性，以确保认证工作客观公正地进行。

b. 认证依据是质量管理体系的要求标准，即 ISO9001，而不能依据质量管理体系的业绩改进指南标准即 ISO9004 来进行，更不能依据具体工程或产品的质量标准。

c. 认证过程中的审核是围绕企业的质量管理体系要求的符合性和满足质量要求和目标方面的有效性来进行。

d. 认证的结论不是证明产品（工程实体）是否符合相关的技术标准，而是质量管理体系是否符合 ISO9001 即质量管理体系要求标准；是否具有按规范要求，保证工程质量的能力。

e. 认证合格标志只能用于企业宣传，不能将其用于具体的工程实体（产品）上。

（3）质量管理体系认证的实施程序。

① 提出申请。申请单位向认证机构提出书面申请。

a. 申请单位填写申请书及附件。附件的内容是向认证机构提供关于申请认证质量管理体系的质量保证能力情况，一般应包括：一份质量手册的副本，申请认证质量管理体系所覆盖的产品名录、简介、申请方的基本情况等。

b. 认证申请的审查与批准。

认证机构收到申请方的正式申请后，对申请方的申请文件进行审查。审查的内容包括填报的各项内容是否完整正确，质量手册的内容是否覆盖了质量管理体系要求标准的内容等。经审查符合规定的申请要求，则确认接受申请，由认证机构向申请单位发出"接受申请通知书"，并通知申请方做下一步与认证有关的工作安排，预交认证费用。若经审查不符合规定的要求，认证机构应及时与申请单位联系，要求申请单位作必要的补充或修改，符合规定后再发出"接受申请通知书"。

② 认证机构进行审核。认证机构对申请单位的质量管理体系审核是质量管理体系认证的关键环节。其基本工作程序如下：

a. 文件审核。文件审核的主要对象是申请书的附件，即申请单位的质量手册及其他说明申请单位质量管理体系的材料。

b. 现场审核。现场审核的主要目的是通过查证质量手册的实际执行情况，对申请单位质量管理体系运行的有效性做出评价，判定其是否真正具备满足认证标准的能力。

c. 提出审核报告

现场审核工作完成后，审核组要编写审核报告。审核报告是现场检查和评价结果的证明文件，并需经审核组全体成员签字，签字后报送审核机构。

③ 审批与注册发证。

认证机构对审核组提出的审核报告进行全面的审查。经审查，若批准通过认证，则认证机构予以注册并颁发注册证书。若经审查，需要改进后方可批准通过认证，则由认证机构书面通知申请单位需要纠正的问题及完成修正的期限，到期再作必要的复查和评价，证明确实达到了规定的条件后，仍可批准认证并注册发证。经审查，若决定不予批准认证，则由认证机构书面通知申请单位，并说明不予通过的理由。

④ 获准认证后的监督管理。

认证机构对获准认证（有效期为 3 年）的供方质量管理体系实施监督管理。这些管理工作包括：供方通报、监督检查、认证注销、认证暂停、认证撤销、认证有效期的延长等。

⑤ 申诉。

申请方、受审核方，对认证机构的任何活动持有异议时，可向其认证机构或上级主管部门提出申诉或向人民法院起诉。认证机构或其认可机构应对申诉及时做出处理。

模块 8　建筑工程项目质量管理

【例 8-1】

【背景】

某市大学城园区新建音乐学院教学楼，其中中庭主演播大厅层高 15.4 m，双向跨度 38 m，设计采用现浇混凝土井字梁。在演播大厅屋盖混凝土施工过程中，因西侧模板支撑系统失稳，发生局部坍塌，使东侧刚浇筑的混凝土顺斜面往西侧流淌，致使整个楼层模架全部失稳而相继倒塌。事故造成 9 人死亡，重伤 11 人，轻伤 14 人，直接经济损失 4999 万元。事故发生后发生了如下事件：

事件一：事故发生后，现场有关人员 2 h 后向工程建设单位负责人进行了报告；工程建设单位负责人接到报告后 2 h 后向事故发生地人民政府住房和城乡建设主管部门进行了报告；发生地人民政府住房和城乡建设主管部门 4 h 后向国务院住房和城乡建设主管部门进行了报告。

事件二：工程建设单位负责人的事故报告内容包括：事故发生的时间、地点、工程项目名称、工程各参建单位名称；事故发生的简要经过、伤亡人数（包括下落不明的人数）和初步估计的直接经济损失。事故发生地人民政府住房和城乡建设主管部门要求重报。

【问题】

1. 该工程质量事故属于哪类事故？说明理由。建筑工程最常发生事故的类型有哪些？
2. 指出事件一中不妥之处。并说明理由。
3. 事件二中，事故报告还应包括哪些内容？
4. 事件三中，事故处理报告还应包括哪些内容？

【分析】

1. 较大事故

理由：国家规定，重大事故是指造成 3 人以上 10 人以下死亡（1 分），或者 10 人以上 50 人以下重伤，或者 5000 万元以下直接经济损失的事故。

有：高处坠落、物体打击、机械伤害、触电、坍塌事故。

不妥之处：（1）现场有关人员 2 h 后向工程建设单位负责人进行了报告。

（2）工程建设单位负责人接到报告后 2 h 后向事故发生地人民政府住房和城乡建设主管部门进行了报告。

（3）发生地人民政府住房和城乡建设主管部门 4 h 后向国务院住房和城乡建设主管部门进行了报告。

理由：（1）现场有关人员应立即向工程建设单位负责人进行报告。

（2）工程建设单位负责人接到报告后应 1 h 内向事故发生地人民政府住房和城乡建设主管部门进行报告。

（3）发生地人民政府住房和城乡建设主管部门应 4 h 内向国务院住房和城乡建设主管部门进行报告。

3. 还应包括：事故的初步原因；事故发生后采取的措施及事故控制情况；事故报告单位、联系人及联系方式。

4. 还应包括：（1）事故项目有关质量检测报告和技术分析报告。

（2）事故发生的原因和事故性质。

（3）事故责任的认定和事故责任者的处理建议。

（4）事故防范和整改措施。

【例 8-2】

【背景】

某新建办公楼工程，主楼建筑面积 26 600 m²，地上 16 层，地下 1 层，基础埋深 4 m，现浇混凝土框架剪力墙结构。地下防水采用防水混凝土附卷材防水，屋面采用卷材防水，室内采用涂料防水。某施工总承包单位中标后成立了项目部组织施工。施工过程中发生如下事件：

事件一：6 层以下结构验收中发现填充墙与主体结构交接处裂缝。项目部分析原因，为砌筑不当。防治措施是柱边（框架柱或构造柱）应设置间距不大于 500 mm 的 2φ6，且在砌体内锚固长度不小于 1000 mm 的拉结筋；填充墙梁下口最后 3 皮砖应在下部墙砌完 3d 后砌筑，并由中间开始向两边斜砌。监理工程师认为分析不够，措施不全。

事件二：回填土验收过程中，密实度达不到要求，监理要求返工。

【问题】

1. 事件一中，事故防治措施还应有哪些？
2. 事件二中，事故现象、原因、治理措施有哪些？
3. 门窗节能工程常见问题及处理要点有哪些？

【分析】

1. 防治措施：空心砖外墙，里口用半砖斜砌墙，外口先立斗模，再浇筑不低于 C10 细石混凝土，终凝拆模后将多余的混凝土凿去。外窗下为空心砖墙时，若设计无要求，应将窗台改为不低于 C10 的细石混凝土，其长度大于窗边 100 mm，并在细石混凝土内加 2φ6 钢筋。柱与填充墙接触处应设钢丝网片，防止该处粉刷裂缝。

2.（1）现象：回填土经夯实或辗压后，其密实度达不到设计要求，在荷载作用下变形增大，强度和稳定性下降。

（2）原因：① 土的含水率过大或过小，因而达不到最优含水率下的密实度要求。

② 填方土料不符合要求。

③ 碾压或夯实机具能量不够，达不到影响深度要求，使土的密实度降低。

（3）治理：① 不合要求的土料挖出换土，或掺入石灰、碎石等夯实加固。

② 因含水量过大而达不到密实度的土层，可采用翻松晾晒、风干，或均匀掺入干土等吸水材料，重新夯实。

③ 因含水量小或碾压机能量过小时，可采用增加夯实遍数，或使用大功率压实机碾压等措施。

3.（1）常见问题：

① 门窗类型与设计不符。

② 采用非断热型材的单玻窗。

③ 执行 65% 设计标准的居住建筑采用传热系数大于 4.0 的外窗。

④ 部分检测机构出具的检测报告检测依据不正确。

（2）处理要点：

① 建筑外窗的气密性、保温性能、中空玻璃露点、玻璃遮阳系数和可见光透射比应符合设计要求。

② 夏热冬冷地区复验项目：气密性、传热系数、玻璃遮阳系数、可见光透射比、中空玻璃露点。

③ 夏热冬冷地区的建筑外窗，应对其气密性做现场实体检验，检测结果应满足设计要求。

素质提升

1. 影响施工质量的因素不包括（　　）。
   A. 法律法规的因素　　　　　　　B. 材料的因素
   C. 机械的因素　　　　　　　　　D. 方法的因素
2. 在工程项目施工质量管理中，施工质量控制应以控制（　　）的因素为基本出发点。
   A. 人　　　　B. 材料　　　　C. 机械　　　　D. 方法
3. 下列影响工程施工质量的因素中，属于施工质量管理环境因素的是（　　）。
   A. 施工企业的质量管理制度　　　B. 施工现场的安全防护设施
   C. 施工现场的交通运输和道路条件　D. 不可抗力对施工质量的影响
4. 施工质量的影响因素主要包括4M1E，下列属于施工质量管理环境因素的是（　　）。
   A. 工程地质条件　　　　　　　　B. 施工场地给排水
   C. 施工技术措施　　　　　　　　D. 施工单位质量保证体系
5. 建设工程项目质量管理的PDCA循环工作原理中，"C"是指（　　）。
   A. 计划　　　　B. 实施　　　　C. 检查　　　　D. 处理
6. 施工质量保证体系的PDCA循环中，实施阶段工作内容包括（　　）。
   A. 确定质量管理的目标
   B. 确定质量管理的方针
   C. 检查是否严格执行了计划的行动方案
   D. 按计划规定的方法及要求展开的实施作业技术活动
7. 施工企业质量管理体系文件中，阐明质量政策、质量体系等的文件是（　　）。
   A. 质量手册　　B. 程序文件　　C. 质量计划　　D. 质量记录
8. 下列不属于事中质量控制的内容是（　　）。
   A. 对质量偏差进行纠正　　　　　B. 对质量活动的行为进行约束
   C. 对质量活动的结果进行监督控制　D. 对质量活动的过程进行监督控制
9. 不属于事中施工质量控制的重点是（　　）。
   A. 工序质量的控制　　　　　　　B. 坚持质量标准
   C. 工作质量的控制　　　　　　　D. 质量控制点的控制
10. 下列项目的现场质量检查中可以采用"量"的手段的是（　　）。
    A. 砌体垂直度　　　　　　　　　B. 踢脚线的垂直度
    C. 预制构件的方正　　　　　　　D. 混凝土坍落度的检测
11. 同一生产厂、同一等级、同一品种、同一批号且连续进场的水泥，袋装不超过（　　）t为一检验批，散装不超过500 t为一检验批，每批抽样不少于一次。
    A. 200　　　　B. 300　　　　C. 400　　　　D. 500
12. 在工程验收过程中，对于某质量不符合要求的工程，经具有资质的法定检测单位对个别检验批检测鉴定后，发现其能够达到设计要求。对此，正确的做法是（　　）。
  A. 应予以验收　　　　　　　　B. 不能通过验收
  C. 由建设单位决定是否通过验收　　D. 可予以验收

13. 正式验收一般应该在（　　）之后进行。
  A. 建设单位接到施工单位的质量评估报告和竣工报验单
  B. 建设单位接到监理单位的质量评估报告和竣工报验单
  C. 监理单位接到施工单位的质量评估报告和竣工报验单
  D. 建设单位接到质量监督部门的质量评估报告和竣工报验单

14. 凡工程产品未满足与预期或规定用途有关的要求，称为（　　）。
  A. 质量不合格　　　　　　　　B. 质量问题
  C. 质量缺陷　　　　　　　　　D. 质量事故

15. 某建设工程项目施工过程中，由于质量事故导致工程结构受到损坏，造成6000万元的直接经济损失，这一事故属于（　　）。
  A. 一般事故　　　　　　　　　B. 较大事故
  C. 重大事故　　　　　　　　　D. 特别重大事故

16. 某工程的质量事故，造成人员死亡14人，重伤37人，直接经济损失6000万元。则该事故属于（　　）。
  A. 一般事故　　　　　　　　　B. 较大事故
  C. 重大事故　　　　　　　　　D. 特别重大事故

17. 某工程在混凝土施工过程中，材料检验不严，导致工人向混凝土中掺入不合格的高效减水剂，导致质量事故。该事故应判定为（　　）。
  A. 指导责任事故　　　　　　　　B. 管理原因引发的事故
  C. 技术原因引发的事故　　　　　D. 社会、经济原因引发的事故

18. 某批混凝土试块经检测发现其强度值低于规范要求，后经法定检测单位对混凝土实体强度进行检测后，其实际强度达到规范允许和设计要求。这一质量事故宜采取的处理方法是（　　）。
  A. 加固处理　　　　　　　　　B. 修补处理
  C. 不作处理　　　　　　　　　D. 返工处理

19. 工程项目开工前，负责向监督机构申报建设工程质量监督手续的单位应该是（　　）。
  A. 施工单位　　　　　　　　　B. 建设单位
  C. 监理单位　　　　　　　　　D. 设计单位

20. 施工质量包括在（　　）等方面所有的明示和隐含需要的能力的特性综合。
  A. 安全　　　B. 耐久性　　　C. 使用功能
  D. 环境保护　　E. 美观大方

21. 施工机械设备是指施工过程中使用的各类机具设备，包括（　　）等。
  A. 运输设备和操作工具　　　　B. 测量仪器和计量器具
  C. 工程实体配套的工艺设备　　D. 电梯、泵机、通风空调设备
  E. 施工安全设施

22. 施工质量控制的特点是由工程项目的工程特点和施工生产的特点决定的，以下属于施工质量控制特点的是（　　）。

A. 施工的一次性　　　B. 生产的预约性　　　C. 终检局限大
D. 控制因素多　　　　E. 过程控制要求高

23. 工程项目的施工质量保证体系的主要内容有（　　）。
    A. 项目施工质量目标　　B. 项目施工质量计划　　C. 企业通报
    D. 监督检查　　　　　　E. 思想保证体系

24. 企业应有完整的和科学的质量体系文件，这是企业开展质量管理的基础，也是企业为达到所要求的产品质量，实施（　　）的重要依据。
    A. 质量体系审核　　　B. 质量体系认证　　　C. 进行质量改进
    D. 进行质量控制　　　E. 进行竣工验收

25. 下列施工质量控制的依据中，属于专门技术法规性依据的是（　　）。
    A. 工程建设合同
    B. 有关材料验收、包装和标志等方面的技术标准和规定
    C. 施工工艺质量方面的技术法规性文件
    D. 工程建设项目质量检验评定标准
    E. 有关新材料、新设备的质量规定和鉴定意见

26. 下列施工现场质量检查，属于实测法检查的有（　　）。
    A. 肉眼观察墙面喷涂的密实度
    B. 用敲击工具检查地面砖铺贴的密实度
    C. 用直尺检查地面的平整度
    D. 用线锤吊线检查墙面的垂直度
    E. 现场检测混凝土试件的抗压强度

27. 在采用实测法进行施工现场的质量检查中，"套"是以方尺套方，辅以塞尺检查；通常用"套"的方法进行检查的项目有（　　）。
    A. 门窗口及构件的对角线　　B. 踢脚线的垂直度　　C. 阴阳角的方正
    D. 油漆的光滑度　　　　　　E. 砌体垂直度

28. 特殊过程的质量控制是施工质量阶段控制的重点，质量控制点的选择应以那些（　　）的对象进行设置。
    A. 保证质量的难度大　　　　B. 对质量影响大
    C. 发生质量问题时危害大　　D. 关键线路上的工序
    E. 难以进行成品保护的部位

29. 工程质量事故按事故造成损失严重程度可划分为（　　）。
    A. 特别重大事故　　B. 严重事故　　C. 重大事故
    D. 较大事故　　　　　　　　　　　E. 一般事故

30. 下列引发工程质量事故的原因，属于技术原因的有（　　）。
    A. 结构设计计算错误　　　　B. 检验制度不严密
    C. 质量控制不严格
    D. 地质情况估计错误　　　　E. 监理人员不到位

案例：

【背景】

东北某市新建一建筑面积 39 600 m² 的文化体育中心工程，地上 6 层，地下 2 层，局部埋深 9 m。工程选址位于某山坡，一半基础须回填，混凝土灌注桩局部桩承台加整体筏板基础，地上钢筋混凝土框架结构。某施工总承包单位中标并成立了项目部组织施工。施工过程中发生了如下事件：

事件一：基坑开挖后，项目经理组织了验槽，验收组只查看了基坑土质表层，认为土质良好，验收通过。质监站提出了意见。

事件二：项目部编制了《质量计划》。其中规定：模板分项工程施工过程重点检查：施工方案是否可行及落实情况，模板的强度、刚度、稳定性等是否符合设计和规范要求，严格控制拆模时混凝土的强度和拆模顺序；钢筋分项工程施工过程重点检查：原材料进场合格证和复试报告、加工质量等；检查混凝土主要组成材料的合格证及复验报告、配合比、坍落度、冬施浇筑时入模温度等是否符合设计和规范要求。监理工程师要求重新编制。

事件三：装饰装修工程完成后，总监理工程师组织了分部工程验收，项目部提供了工程的隐蔽工程验收记录，施工记录等质量控制资料。总监理工程师要求补充。

【问题】

1. 事件一中，验槽应检查哪些内容？重点观察哪些部位？
2. 事件二中，模板分项工程施工过程重点检查的内容还有哪些？
3. 事件二中，钢筋分项工程施工过程重点检查的内容还有哪些？
4. 事件三中，质量控制资料检查的内容还有哪些？

模块 9　建筑工程施工安全管理

9.1　安全管理概述

9.1.1　基本概念

安全，指没有危险、不出事故，未造成人员伤亡、资产损失。

安全生产管理，是指经营管理者对安全生产工作进行的策划、组织、指挥、协调、控制和改进的一系列活动，目的是保证在生产经营活动中人身安全、财产安全，促进生产的发展，保持社会的稳定。

施工项目安全管理，就是施工项目在施工过程中，组织安全生产的全部管理活动。通过对生产要素的过程控制，生产要素的不安全状态减少或消除，达到减少一般事故，杜绝伤亡事故，从而保证项目安全管理目标的实现。

安全生产是施工项目重要的控制目标之一，也是衡量施工项目管理水平的重要标志。因此，施工项目必须把实现安全生产，当做组织施工活动的重要任务。

9.1.2　安全生产方针

我国的安全生产方针，又称劳动保护方针，在 1952 年第二次全国劳动保护工作会议上提出了劳动保护工作必须贯彻安全生产的方针。在 1987 年全国劳动检查会议上又进一步规定为"安全第一，预防为主"的方针，并一直沿用至今。

（1）"安全第一"是安全生产方针的基础。

生产过程中的安全是生产发展的客观需要，特别是现代化生产，更不能忽视，要在生产活动中把安全工作放在第一位，尤其是当生产与安全发生矛盾时，生产服从安全，这是"安全第一"的含义。

（2）安全与生产的辩证关系。

在生产建设中，必须用辩证统一的观点去处理好安全与生产的关系。这就是说，项目领导者必须善于安排好安全工作与生产工作，特别是在生产任务繁忙的情况下，安全工作与生产工作发生矛盾时，更应处理好两者的关系，不要把安全工作挤掉。越是生产任务忙，越要重视安全，把安全工作搞好，否则，就会招致工伤事故，既妨碍生产，又影响企业信誉，这是多年来生产实践证明了的一条重要经验。总之，安全与生产是互相联系，互相依存，互为条件的，必须用辩证的思想来正确贯彻安全生产方针。

（3）"预防为主"是安全生产方针的核心，是实施安全生产的根本途径。安全生产工作的预防为主是现代生产发展的需要。现代科学技术日新月异，而且往往又是多学科综合运用，安全问题日益复杂，稍有疏忽就会酿成事故。预防为主，就是要在事前做好安全工作，防患于未然。依靠科技进步，加强安全科学管理，搞好科学预测与分析工作，把工伤事故和职业危害消灭在萌芽状态中。安全第一、预防为主，两者是相辅相成、互相促进的。预防为主是实现安全第一的保障，要做到安全第一，实现安全生产，最有效的措施就是搞好积极预防，主动预防，否则"安全第一"就是一句空话，这也是在实践中证明了的一条重要经验。

9.1.3 安全生产管理体制

1993年国务院《关于加强安全生产工作的通知》提出：实行"企业负责、行业管理、国家监察和群众监督"的安全生产管理体制。后来又考虑到许多事故发生是由于劳动者不遵守规章制度，违章违纪造成的，因此，增加了"劳动者遵章守纪"。由此形成了当前适用的"企业负责、行业管理、国家监察和群众监督、劳动者遵章守纪"的安全生产管理体制。

1. 企业负责

企业负责就是企业在其经营活动中必须对本企业安全生产负全面责任，企业法定代表人是安全生产的第一责任人。各企业应建立安全生产责任制，在管生产的同时，必须搞好安全卫生工作。这样才能达到责权利的相互统一。企业应自觉贯彻"安全第一，预防为主"，必须遵守国家的法律、法规和标准，根据国家有关规定，制定本企业的安全生产规章制度；必须设置安全机构，配备安全管理人员对企业的安全工作进行有效管理。"企业负责"要求企业自觉接受行业管理、国家监察和群众监督，并结合本企业情况，努力克服安全生产中的薄弱环节，积极认真地解决安全生产中的各种问题。企业对安全生产负责的关键是做到"责任到位、投入到位、措施到位"。

2. 行业管理

行政主管部门根据"管生产必须管安全"的原则，管理本行业的安全生产工作，建立安全生产管理机构，配备安全技术干部，组织贯彻执行国家安全生产方针、政策、法律、法规，制定行业的规章制度和规范标准；对本行业安全生产管理工作进行策划、组织实施和监督检查、考核；帮助企业解决安全生产方面的实际问题，支持、指导企业搞好安全生产。

3. 国家监察

安全生产行政主管部门按照国务院要求实施国家劳动安全监察。国家监察是一种执法监察，主要是监察国家法规、政策的执行情况，预防和纠正违反法规、政策的偏差；它不干预企事业遵循法律法规、制定的措施和步骤等具体事务，也不能替代行业管理部门日常管理和安全检查。

4. 群众监督

群众监督是安全生产工作不可缺少的重要环节。这种监督是与国家安全监察和行政管理相辅相成的，应密切配合，相互合作，互通情况，共同搞好安全生产工作。新的经济体制的建立，群众监督的内涵也在扩大。不仅是各级工会，而且社会团体、民主党派、新闻单位等也应共同对安全生产起监督作用。这是保障职工的合法权益，保障职工生命安全与健康和国家财产不受损失以及搞好安全生产的重要保证。

5. 劳动者遵章守纪

许多事故的发生，大都与职工的违章行为有直接关系。因此，劳动者在生产过程中应自觉遵守安全生产规章制度和劳动纪律，严格执行安全技术操作规程，不违章操作。劳动者遵章守纪也是减少事故，实现安全生产的重要保证。

9.1.4 安全生产管理制度

1963年3月30日，我国在总结了安全生产管理经验的基础上，由国务院发布了《关于加强企业生产中安全工作的几项规定》，规定了企业必须建立的五项基本制度，即安全生产责任制、安全技术措施、安全生产教育、安全生产定期检查、伤亡事故的调查和处理。此外，随着社会和生产的发展，国家和企业在五项基本制度的基础上又建立和完善了许多新制度，到目前比较成熟的安全生产管理制度如"三同时"，安全预评价，职业安全卫生监察，易燃、易爆、有毒物品管理，防护用品使用与管理，特种设备及特种作业人员管理，机械设备安全检修，以及文明生产等制度。

1. 安全生产责任制

安全生产责任制是组织各项安全生产规章制度的核心，是组织行政岗位责任制和经济责任制度的重要组成部分，也是最基本的安全生产管理制度。安全生产责任制是按照安全生产方针和"管生产的同时必须管安全"的原则。对各级负责人员、各职能部门及其工作人员和各岗位生产工人在安全生产方面应做的事情及应负的责任加以明确规定的一种制度。

组织安全生产责任制的核心是实现安全生产的"五同时"，就是在策划、布置、检查、总结、评比生产的时候，同时策划、布置、检查、总结、评比安全工作。其内容大体分为两个方面，一是纵向方面，各级人员的安全生产责任制，即各类人员（从最高管理者、管理者代表、中层管理者到一般员工）的安全生产责任制；二是横向方面，各分部门的安全生产责任制，即各职能部门（如安技、设备、技术、生产、财务等部门）的安全生产责任制。

2. 安全生产措施计划制度

安全生产措施计划制度是安全生产管理制度的一个重要组成部分，是企业有计划地改善劳动条件和安全卫生设施，防止工伤事故和职业病的重要措施之一。这种制度对企业加强劳动保护，改善劳动条件，保障职工的安全和健康，促进企业生产经营的发展都起着积极作用。

3. 安全生产教育制度

劳动法规定：用人单位要对劳动者进行劳动安全卫生教育。组织安全教育工作是贯彻组织方针，实现安全生产、文明生产，提高员工安全意识和安全素质，防止产生不安全行为，减少人为失误的重要途径。其重要性，首先在于提高组织管理者及员工做好安全生产的责任感和自觉性，帮助其正确认识和学习职业安全卫生法律、法规、基本知识。其次是能够普及和提高员工的安全技术知识，增强安全操作技能，从而保护自己和他人的安全与健康，促进生产力的发展。安全教育的形式一般包括：管理人员的职业安全卫生教育、特种作业人员的职业安全卫生教育、职工的职业安全卫生教育和经常性职业安全卫生教育。

4. 安全生产检查制度

安全生产检查制度是清除隐患、防止事故、改善劳动条件的重要手段，是企业安全生产管理工作的一项重要内容。通过安全生产检查可以发现企业及生产过程中的危险因素，以便有计划地采取措施，保证安全生产。

安全生产检查的内容，主要是查思想、查管理、查隐患、查整改和查事故处理。查思想主要是检查组织领导和职工对安全生产工作的认识；查管理是检查组织是否建立安全生产管理体系并正常工作；查隐患是检查生产作业现场是否符合安全生产、文明生产的要求；查整改是检查组织对过去提出问题的整改情况；查事故处理主要是检查组织对伤亡事故是否及时报告、认真调查、严肃处理。安全生产检查时要深入车间、班组，检查生产过程中的劳动条件、生产设备以及相应的安全卫生设施和工人的操作行为是否符合安全生产的要求。为保证检查的效果，必须成立一个适应安全生产检查工作需要的检查组，配备适当的力量。安全生产检查的组织形式，可根据检查的目的和内容来确定。

5. 伤亡事故和职业病统计报告制度

伤亡事故和职业病统计报告和处理制度是我国安全生产的一项重要制度。这项制度的内容包括：依照国家法律、法规的规定进行事故的报告、事故的统计和事故的调查与处理。

6. 劳动安全卫生监察制度

劳动安全卫生监察制度是指国家法律、法规授权的劳动行政部门，代表政府对企业的生产过程实施劳动安全卫生监察；以政府的名义，运用国家权力对生产单位在履行劳动安全卫生职责和执行安全生产政策、法律、法规和标准的情况依法进行监督、纠举和惩戒的制度。其目的是防止事故发生。

7. "三同时"制度

"三同时"制度，是指凡是我国境内新建、改建、扩建的基本建设项目（工程）、技术改建项目（工程）和引进的建设项目，其安全生产设施必须符合国家规定的标准，必须与主体工程同时设计、同时施工、同时投入生产和使用。

8. 安全预评价制度

安全预评价是根据建设项目可行性研究报告内容，分析和预测该建设项目可能存在的危险、有害因素的种类和程度，提出合理可行的安全对策措施及建议。预评价实际上就是在建设项目前期，应用安全评价的原理和方法对系统（工程、项目）的危险性、危害性进行预测性评价。安全预评价目的是贯彻"安全第一、预防为主"方针，为建设项目初步设计提供科学依据，以利于提高建设项目本质安全程度。

9.1.5 安全管理常用术语

1. 管生产必须管安全的原则

"管生产必须管安全"原则是指项目各级领导和全体员工在生产过程中必须坚持在抓生产的同时抓好安全工作。

"管生产必须管安全"的原则体现了安全和生产的统一，生产和安全是一个有机的整体，两者不能分割更不能对立起来，应将安全寓于生产之中。生产组织者在生产技术实施过程中，应当承担安全生产的责任，把"管生产必须管安全"原则落实到每个员工的岗位责任制上去，从组织上、制度上固定下来，以保证这一原则的实施。

2. 安全生产管理目标

指项目根据企业的整体目标，在分析外部环境和内部条件的基础上，确定安全生产所要达到的目标，并采取一系列措施去努力实现这些目标的活动过程。

安全生产目标管理的基本内容包括目标体系的确立，目标的实施及目标成果的检查与考核。具体有以下几个方面：

（1）确定切实可行的目标值。采用科学的目标预测法，根据需要和可能，采取系统分析的方法，确定合适的目标值，并研究围绕达到目标应采取的措施和手段。

（2）确定安全目标的要求，制定实施办法，做到有具体的保证措施，力求量化，以便于实施和考核，包括组织技术措施，明确完成程序和时间及负责人，并签订承诺书。

（3）规定具体的考核标准和奖惩办法，考核标准不仅应规定目标值，而且要把目标值分解为若干具体要求来考核。

（4）安全生产目标管理必须与安全生产责任制挂钩。层层分解，逐级负责，充分调动各级组织和全体员工的积极性，保证安全生产管理目标的实现。

（5）安全生产目标管理必须与企业生产经营、资产经营承包责任制挂钩，作为整个企业目标管理的一个重要组成部分。实行经营管理者任期目标责任制、租赁制和各种经营承包责任制的单位，应把安全生产目标管理实现与单位负责人的经济收入和荣誉挂钩，严格考核，兑现奖罚。

3. 正确处理"五种"关系

（1）安全与危险并存。安全与危险在同一事物的运动中是相互对立的，也是相互依赖而存在的，因为有危险，所以才进行安全生产过程的控制。

（2）安全与生产的统一。生产是人类社会存在和发展的基础，如：生产中的人、物、环境都处于危险状态，则生产无法顺利进行。有了安全保障，生产才能持续、稳定健康发展。若生产活动中事故不断发生，生产势必陷于混乱，甚至瘫痪，当生产与安全发生矛盾，危及员工生命或资产时，停止生产经营活动，经整治、消除危险因素以后，生产经营形势会变得更好。

（3）安全与质量同步。质量和安全工作，交互作用，互为因果。安全第一，质量第一，两个第一并不矛盾。安全第一是从保护生产经营因素的角度提出的。而质量第一则是从关心产品成果的角度而强调的，安全为质量服务，质量需要安全保证。生产过程中哪一头都不能丢掉，否则，将陷于失控状态。

（4）安全与速度互促。生产中违背客观规律，盲目蛮干、乱干，在侥幸中求得的进度，缺乏真实与可靠的安全支撑，往往容易酿成不幸，不但无速度可言，反而会延误时间，影响生产。速度应以安全做保障，安全就是速度。

（5）安全与效益同在。安全技术措施的实施，会不断改善劳动条件，调动职工的积极性，提高工作效率，带来经济效益。从这个意义上说，安全与效益完全是一致的，安全促进了效益的增长。在实施安全措施中，投入要精打细算、统筹安排，既要保证安全生产，又要经济合理，还要考虑力所能及。为了省钱而忽视安全生产或追求资金的盲目高投入，也是不可取的。

4. 安全检查

安全检查是指对施工项目贯彻安全生产法律法规的情况、安全生产状况、劳动条件、事故隐患等所进行的检查。安全生产检查按组织者的不同可以分为下列两大类：

（1）安全大检查，指由项目经理部组织的各种安全生产检查或专业检查。安全生产大检查通常是在一定时期内有目的、有组织地进行，一般规模较大，检查时间较长，揭露的问题较多，判断较准确，有利于促使项目重视安全，并对安全生产中的一些"老大难"问题进行剖析整改。

（2）自我检查，由劳务层组织对自身安全生产情况进行的各种检查。自我检查通常采取经常性检查与定期检查、专业检查与群众检查相结合的安全检查制度。经常性检查是指安全技术人员、专职或兼职人员会同班组对安全的日查、周查和月查。定期检查是项目组织的定期（每月、每季、半年或一年）全面的安全检查。专业检查是指根据设备和季节特点进行专项的专业安全检查，如防火、防爆、防尘、防毒等检查。群众性安全检查指发动全体员工普遍进行安全检查，并对员工进行安全教育。此外，还有根据季节性特点所进行的季节性检查，如冬季防寒、夏季防暑降温以及雨季防洪等检查。

安全生产检查的主要内容包括：查思想，查制度，查机械设备，查安全设施，查安全教育培训，查操作行为，查防护用品使用，查伤亡事故处理等。安全生产检查常用的方法有：深入现场实地观察，召开汇报会、座谈会、调查会以及个别访问，查阅安全生产记录等。

5. "六个坚持"

（1）坚持管生产同时管安全。安全寓于生产之中，并对生产发挥促进与保证作用，因此，安全与生产虽有时会出现矛盾，但从安全、生产管理的目标，表现出高度的一致和安全的统一。安全管理是生产管理的重要组成部分，安全与生产在实施过程中，两者存在着密切的联系，存在着进行共同管理的基础。国务院在《关于加强企业生产中安全工作的几项规定》中明确指出："各级领导人员在管理生产的同时，必须负责管理安全工作。""企业中各有关专职机构，都应该在各自业务范围内，对实现安全生产的要求负责。"管生产同时管安全，不仅是对各级领导人员明确安全管理责任，同时，也向一切与生产有关的机构、人员明确了业务范围内的安全管理责任。由此可见，一切与生产有关的机构、人员，都必须参与安全管理，并在管理中承担责任。认为安全管理只是安全部门的事，是一种片面的、错误的认识。各级人员安全生产责任制度的建立，管理责任的落实，体现了管生产同时管安全的原则。

（2）坚持目标管理。安全管理的内容是对生产中的人、物、环境因素状态的管理，在有效地控制人的不安全行为和物的不安全状态，消除或避免事故，达到保护劳动者的安全与健康的目标。没有明确目标的安全管理是一种盲目行为，盲目的安全管理，往往劳民伤财，且危险因素依然存在。在一定意义上，盲目的安全管理，只能纵容威胁人的安全与健康的状态，向更为严重的方向发展或转化。

（3）坚持预防为主。安全生产的方针是"安全第一、预防为主"，安全第一是从保护生产力的角度和高度，表明在生产范围内，安全与生产的关系，肯定安全在生产活动中的位置和重要性。预防为主，首先是端正对生产中不安全因素的认识和消除不安全因素的态度，选准消除不安全因素的时机。在安排与布置生产经营任务的时候，针对施工生产中可能出现的危险因素，采取措施予以消除是最佳选择。在生产活动过程中，经常检查，及时发现不安全因素，采取措施，明确责任，尽快地、坚决地予以消除，是安全管理应有的鲜明态度。

（4）坚持全员管理。安全管理不是少数人和安全机构的事，而是一切与生产有关的机构、人员共同的事，缺乏全员的参与，安全管理不会有生气、不会出现好的管理效果。当然，这并非否定安全管理第一责任人和安全监督机构的作用，他们在安全管理中的作用固然重要，但全员参与安全管理十分重要。安全管理涉及生产经营活动的方方面面，涉及从开工到竣工交付的全部过程、生产时间、生产要素。因此，生产经营活动中必须坚持全员、全方位的安全管理。

（5）坚持过程控制。通过识别和控制特殊关键过程，达到预防和消除事故，防止或消除事故伤害的目的。在安全管理的主要内容中，虽然都是为了达到安全管理的目标，但是对生产过程的控制与安全管理目标关系更直接、更为突出。因此，对生产中人的不安全行为和物的不安全状态的控制，必须列入过程安全制定管理的节点。事故发生往往由于人的不安全行为运动轨迹与物的不安全状态运动轨迹的交叉所造成的，从事故发生的原因看，也说明了对生产过程的控制，应该作为安全管理的重点。

（6）坚持持续改进。安全管理是在变化着的生产经营活动中的管理，是一种动态管理。其管理就意味着是不断改进发展的、不断变化的，以适应变化的生产活动。消除新的危险因素，需要的是不间断地摸索新的规律，总结控制的办法与经验，指导新的变化后的管理，从而不断提高安全管理水平。

6. 人的不安全行为

人既是管理的对象，又是管理的动力，人的行为是安全控制的关键。人与人之间存在着不同，即使是同一个人，在不同地点、不同时期、不同环境，他的劳动状态、注意力、情绪、效率也会有变化。这就决定了管理好人是难度很大的问题。人不单纯是自然人，而更重要的是法人。由于受到政治、经济、文化技术条件的制约和人际关系的影响，以及受企业管理形式、制度、手段、生产组织、分工、条件等的支配。所以，要管好人，避免产生人的不安全行为，应从人的生理和心理特点来分析人的行为，必须结合社会因素和环境条件对人的行为影响进行研究。

（1）人的不安全行为现象。人的不安全行为是人的生理和心理特点的反映，主要表现在身体缺陷、错误行为和违纪违章三方面。

① 身体缺陷，指疾病、职业病、精神失常、智商过低（呆滞、接受能力差、判断能力差等）、紧张、烦躁、疲劳、易冲动、易兴奋、精神迟钝、对自然条件和环境过敏、不适应复杂和快速工作、应变能力差等。

② 错误行为，指嗜酒、吸毒、吸烟、打赌、玩耍、嬉笑、追逐、错视、错听、错嗅、误触、误动作、误判断、突然受阻、无意相碰、意外滑倒、误入危险区域等。

③ 违纪违章，指粗心大意、漫不经心、注意力不集中、不懂装懂、无知而又不虚心、不履行安全措施、安全检查不认真、随意乱放东西、任意使用规定外的机械设备、不按规定使用防护用品、碰运气、图省事、玩忽职守、有意违章、只顾自己而不顾他人等。

（2）人的行为与事故。据统计资料分析，88%的事故由人的不安全行为所造成的。而人的生理和心理特点又直接影响人的不安全行为。因为整个劳动过程是依靠人的骨骼肌肉的运动和人的感觉、知觉、思维、意识，最后表现为人的外在行为过程。但由于人存在着某些生理和心理缺陷，都有可能发生人的不安全行为，从而导致事故。例如：

① 人的生理疲劳与安全。人的生理疲劳，表现出动作紊乱而不稳定，不能支配正常状况下所能承受的体力，易产生重物失手、手脚发软、致使人和物从高处坠落等事故。

② 人的心理疲劳与安全。人的心理疲劳是指劳动者由于动机和态度改变引起工作能力的波动，或从事单调、重复劳动时的厌倦，或遭受挫折后的身心乏力等。这就会使劳动者感到心情不安、身心不支、注意力转移而产生操作失误。

③ 人的视觉、听觉与安全。人的视觉是接受外部信息的主要通道，80%以上的信息是由视觉获得，但人的视觉存在视错觉，而外界的亮度、色彩、对比度，物体的大小、形态、距离等又支配视觉效果。当视器官将外界环境转化为信号输入时，有可能产生错视、漏视的失误而导致安全事故。同样，人的听觉亦是接受外部信息的通道。但常由于机械轰鸣、噪声干扰，不仅使人的注意力分散、听力减弱、听不清信号，还会使人产生头晕、头痛、乏力失眠、引起神经紊乱以至心率加快等病症，若不治理和预防，都会有害于安全。

④ 人的气质与安全。人的气质、性格不同，产生的行为各异：意志坚定，善于控制自己，

注意力稳定性好，行动准确，不受干扰，安全度就高；感情激昂，喜怒无常，易动摇，对外界信息的反应变化多端，常易引起不安全行为；自作聪明，自以为是，将常常会导致违章操作；遇事优柔寡断，行动迟缓，则对突发事件应变能力差。此些不安全行为，均与发生事故密切相关。

⑤ 人际关系与安全。群体的人际关系直接影响着个体的行为，当彼此遵守劳动纪律，重视安全生产的行为规范，相互友爱和信任时，无论做什么事都充满信心和决心，安全就有保障；若群体成员把工作中的冒险视为勇敢予以鼓励、喝彩，无视安全措施和操作规程，在这种群体动力作用下，不可能形成正确的安全观念。个人某种需要来得到满足，带着愤懑和怨气的不稳定情绪工作，或上下级关系紧张，产生疑虑、畏惧、抑郁的心理，注意力发生转移，也极容易发生事故。

综上所述，在施工项目安全控制中，一定要抓住人的不安全行为这一关键因素，针对人的生理和心理特点，结合不安全的影响因素，制定纠正和预防措施。劳动者应结合自身生理、心理特点培养和提高自我保护能力，预防不安全行为发生。

7. 物的不安全状态

人的生理、心理状态能适应物质、环境条件，而物质、环境条件又能满足劳动者生理、心理需要时，则不会产生不安全行为；反之，就可能导致伤害事故的发生。

（1）设备、装置的缺陷，是指机械设备和装置的技术性能降低，刚度不够，结构不良，磨损、老化、失灵、腐蚀、物理和化学性能达不到规定等。

（2）作业场所的缺陷，是指施工现场狭窄，组织不当，多工种立体交叉作业，交通道路不畅，机械车辆拥挤，多单位同时施工等。

（3）物质和环境的危险源，如：化学方面的氧化、自燃、易燃、毒性、腐蚀等；机械方面的重物、振动、冲击、位移、倾覆、陷落、旋转、抛飞、断裂、剪切、冲压等；电气方面的漏电、短路、火花、电弧、电辐射、超负荷、过热、爆炸、绝缘不良、高压带电作业等；环境方面的辐射线、红外线、强光、雷电、风暴、暴雨、浓雾、高低温、洪水、地震、噪声、冲击波、粉尘、高压气体、火源等。

（4）物质、环境与安全。

综上所述，物质和环境均具有危险源，也是产生安全事故的主要因素。因此，在施工项目安全控制中，应根据工程项目施工的具体情况，采取有效的措施减少或断绝危险源。

如发生起重伤害事故的主要原因有两类，一是起重设备的安全装置不全或失灵；二是起重机司机违章作业或指挥失误所致。因此，预防起重伤害事故也要从这两方面入手，即，第一，保证安全装置（行程、高度、变幅、超负荷限制装置，其他保险装置等）齐全可靠，并经常检查、维修，使转动灵敏，严禁使用带"病"的起重设备。第二，起重机指挥人员和司机必须经过操作技术培训和安全技术考核，持证上岗，不得违章作业。

同时，在分析物质、环境因素对安全的影响时，也不能忽视劳动者本身生理和心理的特点。如一个生理和心理素质好，应变能力强的司机，他所注意的范围较大，几乎可以在同一时间，既注意到吊物和它周围的建筑物、构筑物的距离，又顾及起升、旋转、下降、对中、就位等一系列差异较大的操作。这样，就不会发生安全事故。所以在创造和改善物质、环境的安全条件时，也应从劳动者生理和心理状态出发，使其能相互适应。实践证明，采光照明、色彩标志、环境温度和现场环境对施工安全的影响都不可低估。

① 采光照明问题。施工现场的采光照明，既要保证生产正常进行，又要减少人的疲劳和不舒适感，还应适应视觉暗、明的生理反应。这是因为当光照条件改变时，眼睛需要通过一定的生理过程对光的强度进行适应，方能获得清晰的视觉。所以，当由强光下进入暗环境或由暗环境进入强光现场时，均需经过一定时间，使眼睛逐渐适应光照强度的改变，然后才能正常工作。因此，让劳动者懂得这一生理现象，当光照强度产生极大变化时作短暂停留，在黑暗场所加强人工照明，在耀眼强光下操作戴上墨镜，都可减少事故的发生。

② 色彩的标志问题。色彩标志可提高人的辨别能力，控制人的心理，减少工作差错和人的疲劳。红色，在人的心理定式中标志危险、警告或停止；绿色，使人感到凉爽、舒适、轻松、宁静，能调剂人的视力，消除炎热、高温时烦躁不安的心理；白色，给人整洁清新的感觉，有利于观察、检查缺陷，消除隐患；红白相间，则对比强烈，分外醒目。所以，根据不同的环境采用不同的色彩标志，如用红色警告牌、绿色安全网、白色安全带、红白相间的栏杆等，都能有效地预防事故。

③ 环境温度问题。环境温度接近体温时，人体热量难以散发就感到不适、头昏、气喘，活动稳定性差，手脑配合失调，对突发情况缺乏应变能力，在高温环境、高处作业时，就可能导致安全事故；反之，低温环境，人体散热量大，手脚冻僵，动作灵活性、稳定性差，也易导致事故发生。

④ 现场环境问题。现场布置杂乱无序，视线不畅，沟渠纵横，交通阻塞，机械无防护装置，电器无漏电保护，粉尘飞扬、噪声刺耳等，使劳动者生理、心理难以承受，或不能满足操作要求时，则必然诱发事故。

综上所述，在施工项目安全控制中，必须将人的不安全行为、物的不安全状态与人的生理和心理特点结合起来综合考虑，制定安全技术措施，才能确保安全目标的实现。

8. 四不放过

"四不放过"是指在调查处理工伤事故时，必须坚持事故原因分析不清不放过、员工及事故责任人受不到教育不放过、事故隐患不整改不放过、事故责任人不处理不放过的原则。

"四不放过"原则的第一层含义是要求在调查处理工伤事故时，首先要把事故原因分析清楚，找出导致事故发生的真正原因，不能敷衍了事，不能在尚未找到事故主要原因时就轻易下结论，也不能把次要原因当成主要原因，未找到真正原因决不轻易放过，直至找到事故发生的真正原因，搞清楚各因素的因果关系才算达到事故分析的目的。

"四不放过"原则的第二层含义是要求在调查处理工伤事故时，不能认为原因分析清楚了，有关责任人员也处理了就算完成任务了，还必须使事故责任者和企业员工了解事故发生的原因及所造成的危害，并深刻认识到搞好安全生产的重要性，大家从事故中吸取教训，在今后工作中更加重视安全工作。

"四不放过"原则的第三层含义是要求在对工伤事故进行调查处理时，必须针对事故发生的原因，制定防止类似事故重复发生的预防措施，并督促事故发生单位组织实施，只有这样，才算达到了事故调查和处理的最终目的。

9. 安全标识

安全标识是指在操作人员容易产生错误而造成事故的场所，为了确保安全，提醒操作人员注意所采用的一种特殊标识。制定安全标识的目的是引起人们对不安全因素的注意，预防事故的发生。安全标识不能替代安全操作规程和保护措施。

根据国家有关标准，安全标识应由安全色、几何图形和图形符号构成，必要时，还需要一些文字说明与安全标识一起使用。国家规定的安全色有红、蓝、黄、绿四种颜色，其含义是：红色表示禁止、停止和防火；蓝色表示指令或必须遵守的规定；黄色表示警告、注意；绿色表示提示、安全状态、通行。

10. 建筑安全管理常用术语

（1）"一标准三规范"：《建筑施工安全检查标准》(JGJ59—99)、《建筑施工高处作业安全技术规范》、《龙门架（井字架）物料提升机安全技术规范》和《施工现场临时用电安全技术规范》。

（2）建筑业伤亡事故的"四害"：高处坠落、触电、物体打击、机械伤害。统计资料表明，"四害"造成意外死亡事故占总死亡人数的80%~86%。

（3）"三宝"：安全帽、安全带（绳）、安全网。

（4）"四口"：楼梯口、电梯井口、预留洞口、通道口。

9.2 施工安全技术措施

9.2.1 定　义

施工安全技术措施是指为防止工伤事故和职业病的危害，从技术上采取的措施。在工程项目施工中，针对工程特点、施工现场环境、施工方法、劳力组织、作业方法使用的机械、动力设备、变配电设施、架设工具以及各项安全防护设施等制定的确保安全施工的预防措施，称为施工安全技术措施。工程项目的施工安全技术措施是施工组织设计的重要组成部分，是工程施工中安全生产的指导性文件，具有安全法规的作用。

9.2.2 编制施工安全技术措施的意义

1. 是贯彻执行国家安全法规的具体行动

安全技术措施不是一般的措施，它是国家规定的安全法规所要求的内容。国家在《建筑安装工程安全技术规程》和《国营建筑企业安全生产工作条例》中明确规定：所有建筑工程的施工组织设计必须有安全技术措施，并应对工人讲解安全操作方法。施工企业编制项目的安全技术措施，就是具体落实国家安全法规的实际行动。通过编制和实施安全技术措施，可以提高施工管理人员、工程技术人员和操作人员的安全技术素质。

2. 是提高企业竞争能力的基本条件

施工企业通过在建筑市场上进行投标来承揽工程。施工安全技术措施是工程项目投标书的重要内容之一，也是评标的关键指标之一。施工安全技术措施编制得好，就会赢得评委和招标单位的好评，增加中标的可能性，提高企业的竞争能力。

3. 能具体指导现场施工

对于建筑施工，国家制定了许多规章制度和规程，这些都是带普遍性的规定要求。对某一个具体工程项目，特别是较复杂的或特殊的工程项目来说，还应依据不同工程项目的结构特点，制定有针对性的、具体的安全技术措施，如隧道掘进防坍塌的规定、架桥机作业防翻倾的规定等。安全技术措施，不仅具体地指导施工，也是进行安全交底、安全检查和验收的依据，是职工生命安全的根本保证。

同时，施工安全技术措施作为施工技术资料保存下来，有益于对施工安全技术进行研究、总结和提高，为企业以后编制同类工程项目的施工安全技术措施提供借鉴。

4. 有利于职工克服施工的盲目性和提高劳动生产率

编制施工安全技术措施，可使职工集中多方面的知识和经验，对施工过程中各种不安全因素有较深刻的认识，并采取可靠的预防措施，从而克服施工中的盲目性。通过安全技术措施的实施，职工对施工现场安全情况做到心中有数，避免产生畏惧、侥幸、麻痹等心理，有利于保证施工安全和提高劳动生产率。

9.2.3 施工安全技术措施的编制要求

1. 要有超前性

为保证各种安全设施的落实，开工前应编审安全技术措施。在工程图纸会审时，就应考虑到施工安全问题，使工程的各种安全设施有较充分的准备时间，以保证其落实。当发生工程变更、设计情况变化时，也应及时地补充完善安全技术措施。

2. 要有针对性

施工安全技术措施是针对每项工程特点而制订的，编制安全技术措施的技术人员必须掌握工程概况、施工方法、施工环境、条件等第一手资料，并熟悉安全法规、标准等才能编写有针对性的安全技术措施。主要考虑以下几个方面：

（1）针对不同工程的特点可能造成施工的危害，从技术上采取措施，消除危险，保证施工安全。

（2）针对不同的施工方法，如井巷作业、水上作业、立体交叉作业、滑模、网架整体提升吊装、大模板施工等可能给施工带来不安全因素，从技术上采取措施，保证安全施工。

（3）针对使用的各种机械设备、变配电设施给施工人员可能带来危险因素，从安全保险装置等方面采取相关的技术措施。

（4）针对施工中有毒有害、易燃易爆等作业，可能给施工人员造成的危害，从技术上采取措施，防止伤害事故。

（5）针对施工现场及周围环境可能给施工人员或周围居民带来危害，以及材料、设备运输带来的不安全因素，从技术上采取措施，予以保护。

3. 要有可靠性

安全技术措施均应贯彻于每个施工工序之中，力求细致全面、具体可靠。如施工平面布置不当，临时工程多次迁移，建筑材料多次转运，不仅影响施工进度，造成很大浪费，有的还留下安全隐患。再如易爆易燃临时仓库及明火作业区、工地宿舍、厨房等定位及间距不当，可能酿成事故。只有把多种因素和各种不利条件考虑周全，有对策措施，才能真正做到预防事故。但是，全面具体不等于罗列一般通常的操作工艺、施工方法以及日常安全工作制度、安全纪律等。这些制度性规定，安全技术措施中不需再作抄录，但必须严格执行。

4. 要有操作性

对大中型项目工程，结构复杂的重点工程除必须在施工组织总体设计中编制施工安全技术措施外，还应编制单位工程或分部分项工程的安全技术措施，详细制定出有关安全方面的防护要求和措施，确保单位工程或分部分项工程的安全施工。对爆破、吊装、水下、井巷、支模、拆除等特殊工种作业，都要编制单项安全技术方案。此外，还应编制季节性施工安全技术措施。

9.2.4 施工安全技术措施的编制方法与步骤

通常工程项目安全技术措施由项目经理部总工程师或主管工程师执笔编制，分部分项工程施工安全技术措施由其主管工程师执笔编制。施工安全技术措施编制的质量好坏，将直接影响到施工现场的安全，为此，应掌握编制的方法与步骤。

1. 深入调查研究，掌握第一手资料

编制施工安全技术措施以前，必须熟悉施工图纸、设计单位提供的工程环境资料，同时还应对施工作业场所进行实地考察和详细调查，收集施工现场的地形、地质、水文等自然条件，以及施工区域的技术经济条件、社会生活条件等资料，尤其对地下电缆、煤气管道等危险性大而又隐蔽的部位，认真查清，并清楚地标在作业平面图上，以利于安全技术措施切合实际。

2. 借鉴外单位和本单位的历史经验

查阅外单位和本单位过去同类工程项目施工的有关资料，尤其是在施工中曾经发生过的各种事故情况；认真分析，找出原因，引为借鉴，并提出相应的防范措施。

3. 群策群力，集思广益

编制安全技术措施时，应吸收有施工安全经验的干部、职工参加，大家共同揭露不安全因素，摆明施工人员易出现的不安全行为。实践证明，采取领导、技术人员、安全员、施工员和操作人员相结合的方法编制施工安全技术措施，符合工程项目的实际情况，是切实可行的。那种单凭个别人闭门造车的编制，往往是纸上谈兵，或根本解决不了安全生产中的难点和重点问题。

4. 系统分析，科学归纳

对所掌握的施工过程中可能存在的各种危险因素，进行系统分析，科学归纳，查清各因素间的相互关系，以利于抓住重点、突出难点地制定安全技术措施。对影响施工安全的操作者、管理、环境、设备、原材料及其他因素，采用因果分析图进行分析。

5. 制定切实可行的安全技术对策措施

利用因果分析图分析结果，抓住关键性因素制定对策措施。对策措施要有充分的科学依据，体现施工安全经验知识和可操作性。

6. 审　批

工程项目经理部所编制的施工组织设计，其中包括安全技术措施，要经企业技术负责人审批。批准后的安全技术措施，在开工前送安全技术部门备案。一些特殊危险作业如特级高处作业、高压带电作业的安全技术措施，需经企业总工程师审批。爆破作业需经公安、保卫部门审批。未经批准的安全技术措施，视为无效，且不准施工。

9.2.5 施工安全技术措施编制的主要内容

工程大致分为两种：一是结构共性较多的称为一般工程；二是结构比较复杂、技术含量高的称为特殊工程。同类结构的工程之间共性较多，但由于施工条件、环境等不同，所以也有不同之处。不同之处在共性措施中就无法解决。因此，不同的工程项目在编制施工安全技术措施时，应根据不同的施工特点，针对不同的危险因素，遵照有关规程的规定，结合以往同类工程的施工经验与教训，编制安全技术措施。

1. 一般工程安全技术措施

（1）抓好安全生产教育、健全安全组织机构、建立安全岗位责任制、贯彻执行"安全第一、预防为主"的方针等基础性工作。

（2）土方工程防塌方。根据基坑、基槽、地下室等开挖深度、土质类别，选择合适的开挖方法，确定边坡的坡度或采取何种护坡支撑和护地桩，以防塌方。

（3）脚手架、吊篮等选用及设计搭设方案和安全防护措施。

（4）高处作业设上下安全通道。

（5）安全网（平网、立网）的架设要求，范围（保护区域）、架设层次、段落。

（6）安装、使用、拆除施工电梯、井架（龙门架）等垂直运输设备的安全技术要求及措施，如位置搭设要求，稳定性、安全装置等要求。

（7）施工洞口及临边的防护方法和主体交叉施工作业区的隔离措施。

（8）场内运输道路及人行通道的布置。

（9）施工现场临时用电的合理布设、防触电的措施。

要求编制临时用电的施工组织设计和绘制临时用电图纸。在建工程（包括脚手架）的外侧边缘与外电架空线路的间距达到最小安全距离采取的防护措施。

（10）现场防火、防毒、防爆、防雷等安全措施。

（11）在建工程与周围人行通道及民房的防护隔离设置。

2. 特殊工程施工安全技术措施

对于结构复杂、危险性大的特殊工程，应编制单项的安全技术措施。如长大隧道施工、既有线改造、架梁、爆破、大型吊装、沉箱、沉井、烟囱、水塔、特殊架设作业、高层脚手架、井架和拆除工程必须编制单项的安全技术措施。并注明设计依据，做到有计算、有详图、有文字说明。

3. 季节性施工安全措施

季节性施工安全措施，就是考虑不同季节的气候对施工生产带来的不安全因素，可能造成的各种突发性事故，从防护上、技术上、管理上采取的措施。一般建筑工程中在施工组织设计或施工方案的安全技术措施中，编制季节性施工安全措施；危险性大、高温期长的建筑工程，应单独编制季节性的施工安全措施。季节性主要指夏季、雨季和冬季。各季节性施工安全的主要内容是：

（1）夏季气候炎热，高温时间持续较长，主要是做好防暑降温工作。

（2）雨季进行作业，主要应做好防触电、防雷、防坍方以及防台风和防洪等工作。

（3）冬季进行作业，主要应做好防风、防火、防冻、防滑、防煤气中毒、防亚硝酸钠中毒等工作。

9.2.6 施工安全技术措施的实施

经批准的安全技术措施具有技术法规的作用，必须认真贯彻执行，否则就会变成一纸空文。遇到因条件变化或考虑不周需变更安全技术措施内容时，应经原编制、审批人员办理变更手续，否则不能擅自变更。

1. 认真进行安全技术措施交底

为使参与施工的干部、职工明确施工生产的技术要求和安全生产要点，做到心中有数，工程开工前，应将工程概况、施工方法和安全技术措施向参加施工的工地负责人、工班长进行安全技术措施交底，每个单项工程开工前，应重复进行单项工程的安全技术交底工作。安全技术交底工作应分级进行。工程项目经理部总工程师向分部分项主管工程师、施工技术队长及有关职能科室负责人等交底。施工技术队长向本队施工员、技术员、安全员及班组长进行详细交底。安全技术交底的最基层一级，也是最关键的一级，是单位工程技术负责人向班组进行的交底。通过各级交底，执行者了解其具体内容和施工要求，为落实安全技术措施奠定基础。进行安全技术交底应有书面材料，双方签字并保存记录。安全技术措施交底的基本要求如下：

（1）工程项目应坚持逐级安全技术交底制度。

（2）安全技术交底应具体、明确、针对性强。交底的内容应针对分部分项工程中施工给作业人员带来的危险因素。

（3）工程开工前，应将工程概况、施工方法、安全技术措施等情况，向工地负责人、工班长进行详细交底；必要时向参加施工的全体员工进行交底。

（4）两个以上施工队或工种配合施工时，应按工程进度定期或不定期地向有关施工单位和班组进行交叉作业的安全书面交底。

（5）工长安排班组长工作前，必须进行书面的安全技术交底，班组长应每天对工人进行施工要求、作业环境等书面安全交底。

（6）各级书面安全技术交底应有交底时间、内容及交底人和接受交底人的签字。并保存交底记录。

（7）应针对工程项目施工作业的特点和危险点。

（8）针对危险点的具体防范措施和应注意的安全事项。

（9）有关的安全操作规程和标准。

（10）一旦发生事故，应及时采取的避难和急救措施。

（11）出现下列情况时，项目经理、项目总工程师或安全员应及时对班组进行安全技术交底。

① 因故改变安全操作规程；
② 实施重大和季节性安全技术措施；
③ 推广使用新技术、新工艺、新材料、新设备；
④ 发生因工伤亡事故、机械损坏事故及重大未遂事故；
⑤ 出现其他不安全因素、安全生产环境发生较大变化。

2. 落实安全技术措施

首先，落实安全技术措施经费，对于劳动保护费用，可由施工单位直接在施工管理费用开支；对于特殊的大型临时安全技术措施项目的经费，施工单位应同建设单位商定，作为大型临时施工设施单独列入施工预算中解决。其次，对安全技术措施中的各种安全设施、防护设置应列入施工任务计划单，责任落实到班组或个人，并实行验收制度。

3. 加强安全技术措施实施情况的监督检查

技术负责人、安全技术人员、应经常深入工地检查安全技术措施的实施情况，及时纠正违反安全技术措施的行为，各级安全管理部门应以施工安全技术措施为依据，以安全法规和各项安全规章制度为准则，经常性地对工地实施情况进行检查，并监督各项安全措施的落实。具体内容为：① 施工作业人员是否明确与已有关的安全技术措施。② 是否在规定期限内落实了安全技术措施。③ 根据施工作业的情况，原措施内容是否有不完善或差错的地方，是否对施工安全技术措施方案作了符合施工客观情况的补充、调整和修改，并履行了审批手续。通过监督检查，及时纠正违反安全技术措施规定的行为，并补充、完善安全技术措施。

4. 建立奖罚制度

对安全技术措施的执行情况，除认真监督检查外，还应对实施安全技术措施好的施工队、作业班组及个人，给予经济的和精神的鼓励；对没有很好地实施安全技术措施的单位及个人并造成严重后果的，要视其造成损失的大小给予批评、罚款直至追究责任。

9.2.7 施工安全控制要点

1. 基本要求

（1）取得安全行政主管部门颁布的安全施工许可证后，方可施工。

（2）总包单位及分包单位都持有"施工企业安全资格审查认可证"，方可组织施工。

（3）各类人员必须具备相应的安全生产资格，方可上岗。

（4）所有施工人员必须经过三级安全教育。

（5）特殊工种作业人员，必须持有"特种作业操作证"。

（6）对查出的事故隐患要做到"定整改责任人、定整改措施、定整改完成时间、定整改验收人"。

（7）必须把好安全生产措施关、交底关、教育关、防护关、检查关、改进关。

2. 施工阶段控制要点

（1）基础施工阶段。

① 挖土机械作业安全；

② 边坡防护安全；

③ 降水设备与临时用电安全；

④ 防水施工时的防火、防毒；

⑤ 人工挖扩孔桩安全。

（2）结构施工阶段。

① 临时用电安全；

② 内外架及洞口防护；

③ 作业面交叉施工及临边防护；

④ 大模板和现场堆料防倒塌；

⑤ 机械设备的使用安全。

3. 装修阶段

（1）室内多工种、多工序的立体交叉施工安全防护。

（2）外墙面装饰防坠落。

（3）做防水油漆的防火、防毒。

（4）临电、照明及电动工具的使用安全。

4. 季节性施工

（1）雨季防触电、防雷击、防沉陷坍塌、防台风。

（2）高温季节防中暑、防中毒、防疲劳作业。

（3）冬季施工防冻、防滑、防火、防煤气中毒、防大风雪、防大雾。

9.3 安全隐患和事故处理

9.3.1 安全隐患处理

（1）检查中发现的隐患应进行登记，不仅作为整改的备查依据，而且是提供安全动态分析的重要信息渠道。如多数单位安全检查中都发现有同类型隐患，说明是"通病"；若某单位在安全检查中发现重复出现隐患，说明整改不彻底，形成"顽症"。根据检查隐患记录分析，制定指导安全管理的预防措施。

（2）安全检查中查出的隐患，还应发出隐患整改通知单。对凡存在即发性事故危险的隐患，检查人员应责令停工，被查单位必须立即进行整改。

（3）对于违章指挥、违章作业行为，检查人员可以当场指出，立即纠正。

（4）被检查单位领导对查出的隐患，应立即研究制订整改方案，按照"三定"（即定人、定期限、定措施），限期完成整改。

（5）整改完成后要及时通知有关部门派员进行复查验证，经复查整改合格后，即可销案。

9.3.2 伤亡事故处理

1. 事故和伤亡事故

从广义的角度讲，事故是指人们在实现有目的的行动过程中，由不安全的行为、动作或不安全的状态所引起的、突然发生的、与人的意志相反且事先未能预料到的意外事件，它能造成财产损失、生产中断、人员伤亡。

从劳动保护的角度讲，事故主要指伤亡事故，又称伤害。根据能量转移理论，伤亡事故是指人们在行动过程中，接触了与周围环境有关的外来能量，这种能量在一定条件下异常释放，反作用于人体，致使人身生理机能部分或全部丧失的现象。

国家标准《企业职工伤亡事故分类标准》（GB6441—86）和《企业职工伤亡事故调查分析规则》（GB6442—86）中，从企业职工的角度将伤亡事故定义为：伤亡事故是指企业职工在生产劳动过程中发生的人身伤害、急性中毒事故。

事故是一种意外事件，是由相互联系的多种因素共同作用的结果；事故发生的时间、地点、事故后果的严重程度是偶然的；事故表面上是一种突发事件，但是事故发生之前有一段潜伏期；

事故是可预防的,也就是说,任何事故,只要采取正确的预防措施,是可以防止的。因此,我们必须通过事故调查,找到易发生事故的原因,采取预防事故的措施,从根本上降低伤亡事故的发生频率。

2. 伤亡事故分类

伤亡事故的分类,分别从不同方面描述了事故的不同特点。根据我国有关法规和标准,目前应用比较广泛的伤亡事故主要有以下几种:

(1)按伤害程度分类。

指事故发生后,按事故对受伤者造成损伤以致劳动能力丧失的程度分类:

① 轻伤,指损失工作日为1个工作日以上(含1个工作日)、105个工作日以下的失能伤害;

② 重伤,指损失工作日为105个工作日以上(含105个工作日)的失能伤害,但重伤的损失工作日最多不超过6000日;

③ 死亡,其损失工作日为6000日,这是根据我国职工的平均退休年龄和平均死亡年龄计算出来的。

"损失工作日"的概念,其目的是估价事故在劳动力方面造成的直接损失。因此,某种伤害的损失工作日数一经确定,即为标准值,与伤害者的实际休息日无关。

(2)按事故严重程度分类。

① 轻伤害故,指只有轻伤的事故;

② 重伤事故,指有重伤没有死亡的事故;

③ 死亡事故,指一次死亡1~2人的事故;

④ 重大伤亡事故,指一次死亡3~9人的事故;

⑤ 特大伤亡事故,指一次死亡10人以上(含10人)的事故。

(3)按事故类别分类。

《企业职工伤亡事故分类》(GB6441—86)中,将事故类别划分为20类,即物体打击、车辆伤害、机械伤害、起重伤害、触电、淹溺、灼烫、火灾、高处坠落、坍塌、冒顶片帮、透水、放炮、瓦斯爆炸、火药爆炸、锅炉爆炸、容器爆炸、其他爆炸、中毒和窒息、其他伤害。

(4)按受伤性质分类。

受伤性质是指人体受伤的类型。常见的有:电伤、挫伤、割伤、擦伤、刺伤、撕脱伤、扭伤、倒塌压埋伤、冲击伤等。

3. 伤亡事故的范围

(1)企业发生火灾事故及在扑救火灾过程中造成本企业职工伤亡。

(2)企业内部食堂、幼儿园、医务室、俱乐部等部门职工或企业职工在企业的浴室。

(3)职工乘坐本企业交通工具在企业外执行本企业的任务或乘坐本企业通勤机车、船只上下班途中,发生的交通事故,造成人员伤亡。

(4)职工乘坐本企业车辆参加企业安排的集体活动,如旅游、文娱体育活动等,因车辆失火、爆炸造成职工的伤亡。

(5)企业租赁及借用的各种运输车辆,包括司机或招聘司机,执行该企业的生产任务发生的伤亡。

(6)职工利用业余时间,采取承包形式,完成本企业临时任务发生的伤亡事故(包括雇佣的外单位人员)。

(7) 由于职工违反劳动纪律而发生的伤亡事故,其中属于在劳动过程中发生的,或者虽不在劳动过程中,但与企业设备有关的。

4. 伤亡事故等级

建设部对工程建设过程中,按程度不同,把重大事故分为四个等级:

(1) 一级重大事故,死亡30人以上或直接经济损失300万元以上的。

(2) 二级重大事故,死亡10人以上,29人以下或直接经济损失100万元以上,不满300万元的。

(3) 三级重大事故,死亡3人以上,9人以下;重伤20人以上或直接经济损失30万元以上,不满100万元的。

(4) 四级重大事故,死亡2人以下;重伤3人以上、19人以下或直接经济损失10万元以上,不满30万元的。

5. 伤亡事故的处理程序

发生伤亡事故后,负伤人员或最先发现事故的人应立即报告领导。企业对受伤人员歇工满一个工作日以上的事故,应填写伤亡事故登记表并及时上报。

企业发生重伤和重大伤亡事故,必须立即将事故概况(包括伤亡人数、发生事故的时间、地点、原因)等,用快速方法分别报告企业主管部门、行业安全管理部门和当地公安部门、人民检察院。发生重大伤亡事故,各有关部门接到报告后应立即转报各自的上级主管部门。

对于事故的调查处理,必须坚持"四不放过"原则,按照下列步骤进行:

(1) 迅速抢救伤员并保护好事故现场。

事故发生后,现场人员不要惊慌失措,要有组织、听指挥,首先抢救伤员和排除险情,制止事故蔓延扩大;同时,为了事故调查分析需要,保护好事故现场,确因抢救伤员和排险,而必须移动现场物品时,应做出标识。因为事故现场是提供有关物证的主要场所,是调查事故原因不可缺少的客观条件,要求现场各种物件的位置、颜色、形状及其物理、化学性质等尽可能保持事故结束时的原来状态。必须采取一切可能的措施,防止人为或自然因素的破坏。

(2) 组织调查组。

在接到事故报告后的单位领导,应立即赶赴现场组织抢救,并迅速组织调查组开展调查。轻伤、重伤事故,由企业负责人或其指定人员组织生产、技术、安全等部门及工会组成事故调查组,进行调查;伤亡事故,由企业主管部门会同企业所在地区的行政安全部门、公安部门、工会组成事故调查组,进行调查;重大死亡事故,按照企业的隶属关系,由省、自治区、直辖市企业主管部门或者国务院有关主管部门会同同级行政安全管理部门、公安部门、监察部门、工会组成事故调查组,进行调查;死亡和重大死亡事故调查组应邀请人民检察院参加,还可邀请有关专业技术人员参加。与发生事故有直接利害关系的人员不得参加调查组。

(3) 现场勘察。

在事故发生后,调查组应迅速到现场进行勘察。现场勘察是技术性很强的工作,涉及广泛的科技知识和实践经验。对事故的现场勘察必须做到及时、全面、准确、客观。现场勘察的主要内容有:

① 现场笔录。

a. 发生事故的时间、地点、气象等;

b. 现场勘察人员姓名、单位、职务;
c. 现场勘察起止时间、勘察过程;
d. 能量失散所造成的破坏情况、状态、程度等;
e. 设备损坏或异常情况及事故前后的位置;
f. 事故发生前劳动组合、现场人员的位置和行动;
g. 散落情况;
h. 重要物证的特征、位置及检验情况等。
② 现场拍照。
a. 方位拍照,能反映事故现场在周围环境中的位置;
b. 全面拍照,能反映事故现场各部分之间的联系;
c. 中心拍照,反映事故现场中心情况;
d. 细目拍照,提示事故直接原因的痕迹物、致害物等;
e. 人体拍照,反映伤亡者主要受伤和造成死亡伤害的部位。
③ 现场绘图。
根据事故类别和规模以及调查工作的需要应绘出下列示意图:
a. 建筑物平面图、剖面图。
b. 事故时人员位置及活动图;
c. 破坏物立体图或展开图;
d. 涉及范围图;
e. 设备或工、器具构造简图等。
(4) 分析事故原因。
① 通过全面的调查,查明事故经过,弄清造成事故的原因,包括人、物、生产管理和技术管理等方面的问题,经过认真、客观、全面、细致、准确的分析,确定事故的性质和责任。
② 事故分析步骤,首先整理和仔细阅读调查材料。按 GB6441—86 标准附录 A 中受伤部位、受伤性质、起因物、致害物、伤害方法、不安全状态和不安全行为等七项内容进行分析,确定直接原因、间接原因和事故责任者。
③ 分析事故原因时,应根据调查所确认的事实,从直接原因入手,逐步深入到间接原因。通过对直接原因和间接原因的分析,确定事故中的直接责任者和领导责任者,再根据其在事故发生过程中的作用,确定主要责任者。

直接责任者,指在事故发生中有直接因果关系的人。主要责任者,是在事故发生中属于主要地位和起主要作用的人。重要责任者,是在事故责任者中,负一定责任,起一定作用,但不起主要作用的人。领导责任者,是指忽视安全生产,管理混乱,规章制度不健全,违章指挥,冒险蛮干,对工人不认真进行安全教育,不认真消除事故隐患,或者出现事故以后仍不采取有力措施,致使同类事故重复发生的单位领导。

④ 事故性质类别。
a. 责任事故,就是由于人的过失造成的事故。
b. 非责任事故,即由于人们不能预见或不可抗力的自然条件变化所造成的事故或是在技术改造、发明创造、科学试验活动中,由于科学技术条件的限制而发生的无法预料的事故。但是,对于能够预见并可以采取措施加以避免的伤亡事故,或没有经过认证研究解决技术问题而造成的事故,不能包括在内。

c. 破坏性事故，即为达到既定目的而故意制造的事故。对已确定为破坏性事故的，应由公安机关认真追查破案，依法处理。

（5）制定预防措施。

为了确保安全生产，防止类似事故再次发生，要求根据对事故原因的分析，编制防范措施。防范措施要有针对性、适用性、可操作性，要指定每项措施的执行者和完成措施的具体时限，项目经理、主管安全的领导和安全检查人员要及时组织检查验收，并向上级有关部门反馈工地整改情况。同时，根据事故后果和事故责任者应负的责任提出处理意见。对于重大未遂事故不可掉以轻心，也应严肃认真按上述要求查找原因，分清责任，严肃处理。

（6）写出调查报告。

调查组应着重把事故发生的经过、原因、责任分析和处理意见以及本次事故的教训和改进工作的建议等写成报告，经调查组全体人员签字后报批。如调查组内部意见有分歧，应在弄清事实的基础上，对照法律、法规进行研究，统一认识。对于个别同志仍持有不同意见的允许保留，并在签字时写明自己的意见。

（7）事故的审理和结案。

① 事故调查处理结论，应经有关机关审批后，方可结案。伤亡事故处理工作应当在 90 日内结案，特殊情况不得超过 180 日。

② 事故案件的审批权限，同企业的隶属关系及人事管理权限一致。

③ 对事故责任者的处理，应根据其情节轻重和损失大小，谁有责任、主要责任、其次责任、重要责任、一般责任，还是领导责任等，按规定给予处分。

④ 要把事故调查处理的文件、图纸、照片、资料等记录长期完整地保存起来。

（8）员工伤亡事故登记记录。

① 员工重伤、死亡事故调查报告书，现场勘察资料（记录、图纸、照片）；

② 技术鉴定和试验报告；

③ 物证、人证调查材料；

④ 医疗部门对伤亡者的诊断结论及影印件；

⑤ 事故调查组人员的姓名、职务，并应逐个签字；

⑥ 企业或其主管部门对该事故所作的结案报告；

⑦ 受处理人员的检查材料；

⑧ 有关部门对事故的结案批复等。

（9）关于工伤事故统计报告中的几个具体问题：

① "工人职员在生产区域中所发生的和生产有关的伤亡事故"，是指企业在册职工在企业生产活动所涉及的区域内（不包括托儿所、食堂、诊疗所、俱乐部、球场等生活区域），由于生产过程中存在的危险因素的影响，突然使人体组织受到损伤或某些器官失去正常机能，以致负伤人员立即中断工作的一切事故。

② 员工负伤后一个月内死亡，应作为死亡事故填报或补报；超过一个月死亡的，不作死亡事故统计。

③ 员工在生产工作岗位干私活或打闹造成伤亡事故，不作工伤事故统计。

④ 企业车辆执行生产运输任务（包括本企业职工乘坐企业车辆）行驶在场外公路上发生的伤亡事故，一律由交通运输部门统计。

⑤ 企业发生火灾、爆炸、翻车、沉船、倒塌、中毒等事故造成旅客、居民、行人伤亡，

均不作职工伤亡事故统计。

⑥ 停薪留职的职工到外单位工作发生伤亡事故由外单位负责统计报告。

6. 职业病处理

有关职业病的处理，是政策性很强的一项工作，涉及职业病防治及妥善安置职业病患者、患者的劳保福利待遇、劳动能力鉴定及职业康复等工作，目前可按卫生部、劳动部、财政部、全国总工会1987年月11月发布的《职业病范围和职业病患者处理办法的规定》执行。

根据此规定，职工被确诊患有职业病后，其所在单位应根据职业病诊断机构的意见，安排其医疗或疗养。在医治或疗养后被确认不宜继续从事原有害作业或工作的，应自确认之日起的两个月内将其调离原工作岗位，另行安排工作；对于因工作需要暂不能调离的生产、工作的技术骨干，调离期限最长不得超过半年。患有职业病的职工变动工作单位时，其职业病待遇应由原单位负责或两个单位协调处理，双方商妥后方可办理调转手续。并将其健康档案、职业病诊断证明及职业病处理情况等材料全部移交新单位。调出、调入单位都应将情况报告所在地的劳动卫生职业病防治机构备案。职工到新单位后，新发生的职业病不论与现工作有无关系，其职业病待遇由新单位负责。劳动合同制工人、临时工终止或解除劳动合同后，在待业期间新发现的职业病，与上一个劳动合同工作有关时，其职业病待遇由原终止或解除劳动合同的单位负责。如原单位已与其他单位合并，由合并后的单位负责；如原单位已撤销，应由原单位的上级主管机关负责。

9.4 职业健康安全管理体系

9.4.1 职业健康安全管理体系基本原理

OSHMS的思想建立在PDCA（戴明环）理论基础之上。按照戴明模型，一个组织的活动可分为计划（Plan）、实施（Do）、检查（Check）、改进（Action）四个相互联系的环节。

1. 计划环节

作为行动基础，对某些事情进行预先考虑，包括决定干什么、如何干、什么时候干以及谁去干等问题。计划环节是对管理体系的总体规划，包括：① 确定组织的方针、目标；② 配备必要资源，包括人力、物力、财力资源等；③ 建立组织机构，规定相应职责、权限及其相互关系；④ 识别管理体系运行的相关活动或过程，并规定活动或过程的实施程序和作业方法等。为了使组织的管理制度化，以上过程以文件的形式反映，称为"文件化的管理体系"。

2. 实施环节

按照计划规定的程序（如组织机构、程序和作业文件等）实施。实施过程与计划的符合性及实施结果决定了组织能否达到预期目标。所以，保证所有活动处于受控状态是实施的关键。

3. 检查环节

为了确保计划的有效实施，需要对实施效果进行监测与测量，并采取措施修正、消除可能产生的行为偏差。

4. 改进环节

管理过程不是一个封闭的系统，需要随着管理的进程，针对管理活动中发现的不足或根据变化的内、外部条件，不断进行调整、完善。

9.4.2 OSHMS 的特征

职业健康安全管理体系由职业健康安全方针、策划、实施与运行、检查与纠正措施和管理评审五大功能块组成，每一功能块又由若干相互联系、相互作用的要素组成。所有要素组成了一个有机的整体，使体系能完成特定的功能。这一体系具有以下特点：

1. 系统性

所谓"系统"，就是由相互作用、相互依存的若干组成部分，依据一定的功能有机组织起来的综合整体。OSHMS 标准从管理思想上具有整体性、全局性、全面性等系统性特征，从管理的手段体现出结构化、程序化、文件化的特点。

第一，强调组织各级机构的全面参与——不仅要有从基层岗位到组织最高管理层之间的运作系统，同时还应具备管理绩效的监控系统，组织最高管理层依靠这两个系统，确保职业健康安全管理体系的有效运行。

第二，要求组织实行程序化管理，实现管理过程全面的系统控制。这与我国过分地依赖于管理者的主观能动性的传统管理方法有着根本区别。这样，既可以避免管理行为的盲目性，也可以避免管理当中人为的失误以及部门之间、岗位之间的责权不清，以至于事故发生后互相推诿，推卸责任。

第三，管理体系的文件化也是一个比较复杂的系统工程。按照 OSHMS 标准的要求，组织不仅要制定和执行职业健康安全方针、目标，还要有一系列的管理程序，以使该方针、目标在管理活动中得到落实，并且保证 OSHMS 按照已制定的手册、程序文件、作业文件进行，从而符合强制性规定和规则。这些方针、手册、程序文件和作业文件及其相应的记录构成了一个层次分明、相互联系的文件系统。同时，OSHMS 标准又对文件资料的控制提出要求，从而使这一文件系统更具科学性和合理性。

第四，OSHMS 标准的逻辑结构为编写职业健康安全管理手册提供了一个系统的结构基础。

2. 先进性

依据标准建立的 OSHMS，是组织不断完善、改进和提高 OSH 管理的一种先进、有效的管理手段。该体系将现代企业先进的管理理论运用于 OSH 管理，把组织安全生产活动当做一个系统工程，研究确定影响 OSH 包含的要素，将管理过程和控制措施建立在科学的危险源辨识、风险评价基础之上。为了保障安全和健康，对每个要素做出了具体规定，并建立和保持三层文件（管理手册、程序文件、作业文件）。对于一个已建立体系的组织，最好按三层文件的规定执行，坚持"写到的要做到"的原则，才有可能确保体系的先进性和科学性。

3. 预防性

危险源辨识、风险评价与控制是职业健康安全管理体系的精髓，它在理论和方法上保证了"预防为主"方针的实现。实施有效的风险辨识、评价与控制，可实现对事故的预防和生产作业的全过程控制。对各种作业和生产过程实行评价，在此基础上进行 OSHMS 策划，形成文件，对各种预知的风险因素做到事前控制，实现预防为主。对各种潜在的事故制定应急程序，力图使损失最小化。

组织要通过 OSHMS 认证，必须遵守法律、法规和其他要求。通过宣传和贯彻 OSHMS 标准，将促进组织从过去被动地执行法律、法规，转变为主动地去按照法律、法规要求，不断发现和评估自身存在的职业健康安全问题，制定目标并不断改进。这完全有别于那种被动的管理模式。通过建立 OSHMS，使组织的职业健康安全真正走上预防为主的道路。

4. 动态性

OSHMS 具有动态性的特点，持续改进是其核心。OSHMS 标准明确要求组织的最高管理者，在 OSH 方针中应包括对持续改进的承诺，遵守有关法律、法规和其他要求的承诺，并制订切实可行的目标和管理方案，配备相应的各种资源。这些内容是实施 OSHMS 的依据，也是基本保证。同时，标准还要求组织的最高管理者应定期对体系进行评审，以确保体系的持续适用性、充分性和有效性。通过管理评审使体系日臻完善，使组织的职业健康安全管理提高到一个新的水平。

按照 PDCA（戴明环）所建立的 OSHMS，就是在方针的指导下，周而复始地进行"策划、实施与运行、检查与纠正措施和管理评审"活动。体系在每一个周期的运行过程中，必定会随着管理科学和技术水平的提高，职业健康安全法律、法规及各项技术标准的健全完善，组织管理者及全体员工安全意识的提高，不断地、自觉地加大职业健康安全工作的力度，强化体系的功能，达到持续改进的目的。

5. 全过程控制

OSHMS 标准要求以过程促成结果，即在实施过程中，对全过程进行控制，最终达到职业健康安全零风险。职业健康安全管理体系的建立，引进了系统和过程的概念，即把职业健康安全管理作为一项系统工程，以系统分析的理论和方法来解决职业健康安全问题。从分析可能造成事故的危险因素入手，根据不同情况采取相应的预防、纠正措施。在研究组织的活动、产品和服务对职业健康安全的影响时，通常把可能造成事故的危险因素分为两大类：一类是和组织的管理有关的危险因素，可通过建立管理体系，加强内部审核、管理评审和人的行为评价来解决；另一类是针对原材料、工艺过程、设备、设施、产品整个生产过程的危险因素，通过采取管理和工程技术的措施消除或减少。为了有效地控制整个生产活动过程的危险因素，必须对生产的全过程进行控制，采用先进的技术、工艺、设备，全员参与，才能确保组织的职业健康安全状况得以改善。

6. 功效性

建立、实施 OSHMS 不是目的，而是为企业持续改进 OSH 状况提供一个科学的、结构化的管理框架，是帮助企业实现和改进自己所设定的 OSH 方针、目标而采用的一种工具。因此，建立与运行 OSHMS 本身不可能产生立即降低安全隐患和职业病的效用。这就是说，OSHMS 最终目标的实现，还必须依赖于安全生产、事故预防等最佳实用技术的投入。

9.4.3 推行 OSHMS 的必要性和意义

建筑施工企业应用职业健康安全管理体系，会在施工企业内部形成一个系统化、结构化的职业健康安全自我管理机制，进而提高施工企业的职业健康安全管理水平，帮助施工企业达到有关的国家法律、法规的要求，促进我国施工企业进入国际工程承包市场。特别是《中华人民共和国安全生产法》的颁布实施（2002年11月1日正式实施）和加入WTO更为推行职业健康安全管理体系提供了保障条件。面对职业健康安全管理体系的国际最新发展趋势，我国只有积极地参与，才能争取主动，达到对我有利的目的。对企业来讲，推行职业健康安全管理体系的必要性主要体现在以下几个方面：

（1）推行OSHMS可以消除非关税贸易壁垒，促进组织进入国际市场。

我国加入了WTO后，发达国家往往利用WTO/TBT建立贸易技术壁垒，其中引发的劳工权益、人权保护等问题成为各国经济纠纷的焦点。虽然国际标准化组织（ISO）目前暂不颁布职业健康安全管理标准，但一些发达国家已经以劳工标准作为贸易壁垒采取实际行动，如美国一些组织已提出抵制中国玩具产品出口到美国，理由是：中国的PVC塑料等玩具在生产过程中没有采取有效的劳动保护措施，损害了工人健康，侵犯了人权。这些已经影响到我国玩具业每年约20亿美元的贸易出口额。加入WTO给我国企业的环境保护和劳工保护问题形成压力是自然而然的结果，如果我国企业不从根本上改善管理机制和劳工状况，就很难保持长久的竞争力，不可能获得与国外企业"平等"的权力，这就等于自己给自己制造了一道"贸易壁垒"。为此，推行职业健康安全管理体系无论是从市场竞争的角度，还是针对贸易壁垒的客观存在，都是当今企业发展的一个趋势和方向，与ISO9000和ISO14000一样，OSHMS的实施将对国际贸易产生深刻的影响，不采用的国家与组织由此受到伤害，可能逐渐被排斥在国际市场之外。

（2）推行OSHMS可以促进职业健康安全管理水平的提高。

OSHMS是建立在现代系统化管理的科学理论之上，以系统安全的思想为基础，从企业整体活动出发，把管理的重点放在事故预防的整体效应上，实行全员、全过程、全方位的程序化、文件化的安全管理。许多组织自愿建立职业健康安全管理体系，并通过认证。然后又要求其相关方进行体系的建立与认证，这样就形成了链式效应，依靠市场推行OSHMS，可以达到依靠政府强制推动达不到的效果，有利于促进企业职业健康安全管理水平的提高。推行OSHMS，是将企业安全管理由单纯的政府行为、行业监督以及上级要求转变为企业自愿行为，OSH工作由被动消极地服从转变为积极主动地参与。从而形成自我检查、自我纠正、自我完善的机制，促进安全生产管理水平的提高。

（3）推行OSHMS有利于提高企业的经济效益。

建立职业健康安全管理体系，加强经济技术投入，可能会增加一些生产成本，但从长远观点来看，将对企业生产力发展起到非常重要的促进作用。一方面，实施OSHMS不同于传统的安全大检查，也不同于经常采用的日常巡检，体系能够自我发现、自我纠正、自我完善，持续改进安全管理绩效；另一方面，改善施工作业条件，提高劳动者自身安全和健康，能够明显提高劳动效率。应用OSHMS，对施工过程中的风险进行评估、审核和持续改进，不断发现施工过程中的安全隐患和职业危害并采取有效预防措施，采用人机工效学等现代科学技术方法来改造工艺、革新工艺和改进劳动组织，提高劳动率，这些都对企业的经济效益和生产发展有长期性的积极效应。

（4）推行OSHMS有利于企业树立良好的形象，提高综合竞争力。

在市场经济社会中，现代企业的形象就是信誉，也是重要的资源。按照职业健康安全管理体系规范的要求，建立"以危害为核心"的现代安全管理体系，是企业充分考虑员工的职业健康和安全保障，为员工创造一个安全舒适的工作环境，体现了"以人为本"的企业文化，树立了一个良好的形象。从企业的长远发展而言，最根本的是取决于市场，而市场竞争能力取决于企业内部各项工作的管理，包括OSH管理工作。一个现代化的企业，除了经济实力和技术能力外，还要有强烈的社会关注力和责任感以及保证职工安全与健康的良好途径和绩效。因此，实施 OSHMS 可使企业获得投标的权力或高中标率，提高企业竞争能力。

总之，建立职业健康安全管理体系是员工的需求，尤其是企业自身发展的需求。鼓励企业建立职业健康安全管理体系，是健全企业自我约束机制，标本兼治，综合治理，把安全生产工作纳入法制化、规范化和程序化轨道的重要措施之一，也是建立现代企业制度，贯彻"安全第一，预防为主"方针，提高企业市场竞争力的重要内容和措施。为迎接加入 WTO 后国内企业面临的国际劳工标准和国际经济一体化的挑战，具有重要意义和作用。

9.4.4 施工企业如何建立 OSHMS

为不断消除、降低和避免各类与工作相关的伤害疾病和死亡事故的发生，保障职工的安全与健康，增强企业的竞争能力，就必须在企业原有管理的基础上，建立并完善针对职业健康安全危害和风险的管理体系。对于不同组织，由于其组织特性和原有基础的差异，建立职业健康安全管理体系的过程不会完全相同。对于施工企业来说，可按下述步骤建立 OSHMS：

1. 领导决策

组织建立职业健康安全管理体系需要领导者的决策，特别是最高管理者的决策。只有在最高管理者认识到建立职业健康安全管理体系必要性的基础上，组织才有可能在其决策下开展这方面的工作。另外，职业健康安全管理体系的建立，需要资源的投入，这就需要最高管理者对改善组织的职业健康安全行为作出承诺，从而使得职业健康安全管理体系的实施与运行得到充足的资源。

企业最高管理者（总经理）任命管理者代表。在工会委员中推选出员工 OSH 代表，并向职工公布。OSH 代表代表职工参与安全例会、程序编制和事故处理，组织劳动保护监督等安全管理事务。

2. 成立贯标组

（1）成立贯标组（比如由安全、消防、设备、卫生、工会等 OSH 管理相关部门骨干组成）。
（2）成立危险源辨识和风险评价小组（由专业人员、主管人员或专家组成）。

贯标组负责人最好是管理者代表，或者是管理者代表之一。根据组织的规模、管理水平及人员素质，贯标组的规模可大可小，可专职或兼职，可以是一个独立的机构（比如贯标办），也可挂靠在某个部门（比如安质部）。

3. 人员培训

组织可根据国家经贸委有关要求，选择国内的职业健康安全认证标准 OSHMS 审核规范、GB/T28001 或国际标准 OHSAS18001：2001 作为认证标准。工作组在开展工作之前，应接受职业健康安全管理体系标准及相关知识的培训。同时，组织体系运行需要的内审员，也要相应的培训，并取得相应资格证书。

4. 初始状态评审

对于刚开始建立职业健康安全管理体系的企业，首先应当通过初始状态评审即危害识别和风险评价的方式，确定自己的职业健康安全管理现状。OSHMS 初始状态评审可提醒企业所具有的一切职业健康安全风险，为确定职业健康安全风险控制的优先顺序，有效控制不可承受的风险提供依据，也是制订 OSH 方针、目标指标和管理方案及编制体系文件的基础。

初始状态评审的内容：① 生产活动、产品和服务过程中的危险源辨识及风险评价，确定本企业不可承受的风险界线（等于或低于法规界限）。危险源辨识可先按工程部位（如基础、主体结构、装饰或原材、加工、组装、运输）划分，再按每个作业活动进行危害因素辨识和风险评价，最后确定企业在 OSHMS 管理中的重大风险并加以控制。② 获取并识别企业现行法律、法规和其他要求以及适用性评价。OSH 法律、法规及其他要求的获取可根据危害清单查询，形成法律法规清单初稿后，与危险源辨识工作同时进行，最后形成与危害对应的法律法规标准的清单。③ 检查所有现行的职业健康安全管理实践、过程和程序是否合理，是否满足 OSHMS 的有效运行。④ 搜集企业以往事故、事件及职业病的调查分析和统计资料，并对纠正预防措施进行评价。⑤ 写出初始状态评审报告。

但应注意的是，初始评审不能代替危险源辨识、风险评价和风险控制策划，也就是说，组织还需在初始评审的基础上系统实施对危险源辨识、风险评价和风险控制的策划。

5. 体系策划与设计

体系策划阶段，主要是依据初始状态评审的结论制订职业健康安全方针，制订组织的职业健康安全目标、指标和相应的职业健康安全管理方案，确定组织机构和职责，筹划各种运行程序等。

OSH 方针的制定要做到"一适应、一框架、两承诺"，即适应企业的特点、性质、规模和经营状况；为目标、指标的制定勾画出框架；遵守法律、法规及其他要求的承诺，持续改进的承诺。可在全公司范围内开展"方针征集活动"，经评选、修改后呈报最高管理者批准方针；方针应定期进行评审，确保适宜性。

管理方案是目标和指标的实施方案，是保证目标、方针实现和改善职业健康安全的关键因素。需要增加硬件设施和采用完善的控制文件但不能有效执行的重大风险，采用管理方案控制。管理方案包括不可接受风险因素、短期内的重大危害因素的控制措施、目标、指标、经费、责任部门、责任人、启动时间、完成日期等。方案必须符合法律、法规的要求以及程序文件的控制要求。其中的目标和指标要做到量化。

贯标组进行职能分解并确定 OSHMS 组织机构，使体系中各要素所涉及的职能逐一分配到各部门，分工合理，确保各项要素都能得到覆盖。

6. 体系文件的编制

OSHMS 是一个系统化、程序化和文件化的管理体系，文件化的管理使不同的人能够按同一标准操作，避免了管理行为因部门、因人、因时而异的随意性。

首先，可整理企业目前，安全管理运作流程，按照标准要求进行重组，设计出体系架构。其次，按架构编写 OSH 管理手册、程序文件、操作规程及记录等作业文件。体系文件编写原则是"写你要做的，做你所写的，记你所做的"。文件编写要满足审核标准和法律、法规的要求，内容应涵盖审核标准的所有要素，不得脱离审核标准或与审核标准条款相冲突。管理手册与程序文件、程序文件与作业文件之间应注意相互协调，特别是程序文件中职能的描述应与手册相一致。同时，体系文件的规定应与企业其他管理规定、技术标准、规范相协调。体系文件还需要在体系运行过程中定期、不定期地评审和修改，以保证它的完善和持续有效。

7. 体系试运行

体系试运行与正式运行无本质区别，都是按所建立的 OSHMS 管理手册、程序文件及作业文件的要求，整体协调地运行。试运行的目的是要在实践中检验体系的充分性、适用性和有效性。组织应加强运作力度，并努力发挥体系本身所具有的各项功能，充分发现问题，分析出现问题的根源，采取纠正措施，对体系进行修正，以尽快渡过磨合期。试运行时间至少 3 个月。

试运行前，组织应分层次组织员工进行学习及其要求体系，确保员工能够理解，能够积极、全面地参与和支持体系的运行和活动。体系实施过程中，及时反馈运行过程中出现的问题，并及时采取纠正措施，确保体系不断完善。

8. 内部审核

职业健康安全管理体系的内部审核是体系运行必不可少的环节。体系经过一段时间的运行，组织应当具备检验职业健康安全管理体系是否符合职业健康安全管理体系标准要求的条件，应开展内部审核。职业健康安全管理者代表应组织内审，内审员应经过专门知识的培训。如果需要，组织可聘请外部专家参与或主持审核。组织应依据法律、法规、审核规范、体系文件要求对体系覆盖的所有职能部门和项目部进行内部审核。内审员在文件预审时，应重点关注和判断体系文件的完整性、符合性及一致性；现场审核时，重点关注体系功能的适用性和有效性，检查是否按体系文件的要求运作。对内部审核发现的问题和一般不符合项提出纠正整改意见，要求有关责任单位举一反三，积极整改。

9. 管理评审

管理评审是职业健康安全管理体系整体运行的重要组成部分。管理者代表应收集各方面的信息为管理评审提供依据。最高管理者主持管理评审会议，应对体系试运行阶段整体状态作出全面的评判，对体系的持续适宜性、充分性和有效性作出评价。依据管理评审的结论，可以对是否需要调整、修改体系做出决定，也可做出是否实施第三方认证的决定。

10. 选择认证机构

工程项目安全管理工作涉及面广、内容多，专业性、技术性较强，必须寻求一个有足够资源与职业健康安全知识、建筑施工专业知识较强的认证机构作为中介机构。否则，就会顾此失彼，使企业推行 OSHMS 认证的广度和深度不够，使日常管理和 OSHMS 运行实际脱离而形成"双轨制"、"两层皮"。

管理评审做出实施第三方认证的决定后，选择合适的认证机构，递交认证申请，签订认证合同。协商审核日程，由认证机构执行一、二阶段的审核。

对于已建立质量管理体系（QMS）、环境管理体系（EMS）的企业，在建立职业健康安全管理体系（OSHMS）时，可考虑三个体系的整合，建立全面管理体系（TMS）。但应注意体系整合的核心不是手册、程序文件的简单重组，而是应结合企业经营的整个流程的再造进行，以提高体系的运行效率。

体系整合应视具体条件有计划、有步骤地进行，比如，OSHMS 和 EMS 都是 17 个要素，除了危险源辨识、风险评价和风险控制计划和环境因素不同外，其他 16 个要素的要求基本相同，两个体系存在着很大的兼容性。可先把 OSHMS 和 EMS 进行整合，在条件成熟时，再与 QMS 进行整合，做到"三位一体"。

三个体系遵循共同的管理理念 PDCA，三个体系的对象不同，但目标一致，准则相同。QMS

的重点是生产过程和最终产品，EMS 的重点为环境，涉及产品整个生命周期，OSH 的重点为员工保护。对企业管理来说，本来就应该把降废减损、防止污染和职业健康安全同时加以考虑，而这些又是搞好产品质量的切入点和前提条件，三个体系是相辅相成的。企业要发展，就必须不断创新，不断满足用户的需求，不断向更高的目标迈进。

素质提升

1. 施工企业在施工项目生产的活动中，必须对安全生产负全面责任，安全生产的第一负责人是（　　）。
   A. 项目经理　　　　　　　　　B. 项目专职安全管理员
   C. 企业的法定代表人　　　　　D. 企业总工程师

2. 建设工程施工过程中，对于有毒、有害物质超过国家标准的建筑材料和装修材料，应是（　　）。
   A. 禁止生产、销售和使用　　　B. 经有关部门批准可部分使用
   C. 经设计优化采取防护措施后使用　D. 不影响施工人员健康条件下使用

3. （　　）是最基本的安全管理制度，是所有安全生产管理制度的核心。
   A. 监理制度　　　　　　　　　B. 安全生产责任制
   C. 项目法人责任制　　　　　　D. 施工许可制

4. 建立施工安全生产管理制度体系应贯彻的方针是（　　）。
   A. 质量与安全并重　　　　　　B. 控制成本，确保安全
   C. 安全第一，预防为主　　　　D. 以人为本，预防为主

4. 安全生产许可证有效期满需要延期的，企业应当于向原安全生产许可证颁发管理机关办理延期手续。办理延期手续的时间为（　　）。
   A. 期满前 1 个月　　　　　　 B. 期满前 2 个月
   C. 期满前 3 个月　　　　　　 D. 期满前 6 个月

5. 编制安全技术措施计划的步骤正确的是（　　）。
   A. 危险源识别→工作活动分类→风险确定→风险评价→制订安全技术措施计划→评价安全技术措施计划的充分性
   B. 工作活动分类→风险确定→危险源识别→风险评价→制定安全技术措施计划→评价安全技术措施计划的充分性
   C. 工作活动分类→危险源识别→风险确定→制订安全技术措施计划→风险评价→评价安全技术措施计划的充分性
   D. 工作活动分类→危险源识别→风险确定→风险评价→制订安全技术措施计划→评价安全技术措施计划的充分性

6. 下列属于第一类危险源控制方法的是（　　）。
   A. 增加安全系数　　　　　　　B. 个体防护
   C. 改善作业环境　　　　　　　D. 提高各类设施的可靠性

7. 根据中华人民共和国国务院令第 493 号《生产安全事故报告和调查处理条例》规定，一次事故中死亡职工 15 人的事故属于（　　）。

A. 死亡事故　　　B. 重伤事故　　　C. 重大事故　　　D. 特大事故

8. 某工程发生一般事故，施工单位及时向建设主管部门进行了事故报告，根据《生产安全事故报告和调查处理条例》的相关规定，建设主管部门应逐级上报至（　　）。

　A. 国务院

　B. 国务院建设主管部门

　C. 国家安全生产监督管理总局

　D. 省、自治区、直辖市人民政府建设主管部门

9. 对因降低安全生产条件导致事故发生的施工单位，建设主管部门应当依照有关法律法规的规定，给予其（　　）的处罚。

　A. 罚款　　　　　　　　　B. 停业整顿

　C. 吊销营业执照　　　　　D. 暂扣或吊销安全生产许可证

10. 按照文明工地标准及相关文件规定的尺寸和规格制作了各类工程标志牌，应当包括工程概况牌、管理人员名单及监督电话牌、消防保卫（防火责任）牌、安全生产牌、文明施工牌和（　　）。

　A. 组织结构图　　　　　　B. 施工现场平面图

　C. 建筑总平面图　　　　　D. 工程效果图

11. 根据《建设工程施工现场管理规定》，对施工现场泥浆水进行处理的要求是（　　）。

　A. 未经处理可直接排入河流，但不得直接排入城市排水设施

　B. 未经处理不得直接排入城市排水设施和河流

　C. 在无其他污染物的情况下，可直接排入城市排水设施和河流

　D. 在泥浆水中不含砂石的情况下，可直接排入城市排水设施和河流

12. 打桩工程在白天的施工场界噪声限值是（　　）dB（A）。

　A. 50　　　　　B. 70　　　　　C. 80　　　　　D. 85

13. 按照对施工环境管理的基本要求，工程施工中的污染防治，要求做到"三同时"，即防治污染的设施必须与主体工程（　　）。

　A. 同时设计　　　B. 同时报批　　　C. 同时施工

　D. 同时验收　　　E. 同时投产使用

14. 施工职业健康安全管理体系文件包括三个层次，它们是（　　）。

　A. 程序文件　　　B. 管理手册　　　C. 监测准则

　D. 作业文件　　　E. 操作规程

15. 施工职业健康安全管理体系中，一般从（　　）层次进行合规性评价。

　A. 部门级　　　　B. 公司级　　　　C. 项目组级

　D. 施工人员级　　E. 作业班组级

16. 下列关于安全生产责任制度的说法，正确的是（　　）。

　A. 总承包单位对施工现场的安全生产负总责

　B. 安全生产责任制度是所有安全生产管理制度的核心

　C. 安全生产责任制度是最基本的安全生产管理制度

　D. 业主指定的分包单位对施工现场的安全生产直接向业主负责

　E. 总承包单位的项目经理是工程项目安全生产的第一负责人

17. 安全检查的重点是检查（　　）。

A. 三违 B. 隐患 C. 整改
D. 伤亡事故处理 E. 安全责任制的落实

18. 施工生产安全事故应急预案体系包括（ ）。
A. 应急处理方案 B. 现场调查方案 C. 专项应急预案
D. 现场处置方案 E. 综合应急预案

19. 下列情况中属于特别重大事故的是（ ）。
A. 造成20人以上死亡 B. 造成30人以上死亡
C. 造成100人以上重伤 D. 造成经济损失2亿元以上
E. 造成直接经济损失1亿元以上

20. 建设工程安全事故调查报告的主要内容包括（ ）。
A. 事故发生单位概况 B. 事故造成的直接经济损失
C. 事故发生的原因和事故性质 D. 事故报告单位或报告人员
E. 事故防范和整改措施

21. 施工现场文明施工要求工地按照相关文件规定的尺寸和规格制作的"五牌一图"包括（ ）等。
A. 工程概况牌 B. 组织结构图
C. 消防保卫（防火责任）牌 D. 环境保护牌
E. 安全生产牌

模块 10　建设工程施工合同与合同管理

合同管理是建设工程项目管理的重要内容之一。

在建设工程项目的实施过程中，往往会涉及许多合同，比如设计合同、咨询合同、科研合同、施工承包合同、供货合同、总承包合同、分包合同等。大型建设项目的合同数量可能达数百上千。所谓合同管理，不仅包括对每个合同的签订、履行、变更和解除等过程的控制和管理，还包括对所有合同进行筹划的过程。因此，合同管理的主要工作内容有：熟悉建设工程合同的分类、计价方式、主要内容；掌握工程索赔的概念、分类、索赔的依据和程序；了解国际工程施工承包合同的类别和主要特点等。本章主要以施工合同为例进行讲述。

10.1　建设工程合同的分类和内容

10.1.1　按照工程建设阶段分类

建设工程的建设过程大体上经过勘察、设计、施工三个阶段，必须围绕不同阶段订立相应的合同。建设工程合同按照建设阶段所完成的承包内容划分为：

1. 建设工程勘察合同

建设工程勘察合同是指根据建设工程的要求，查明、分析、评价建设场地的地质地理环境特征和岩土工程条件，编制建设工程勘察文件的协议。即发包人与勘察人就完成商定的勘察任务、明确双方权利义务关系而签订的协议。

2. 建设工程设计合同

建设工程设计合同是指根据建设工程的要求，对建设工程所需的技术、经济、资源、环境等条件进行综合分析、论证，编制建设工程设计文件的协议。即发包人与设计人就完成商定的工程设计任务、明确双方权利义务关系而签订的协议。

3. 建设工程施工合同

依照施工合同，施工单位应完成建设单位交予的施工任务，建设单位应按照规定提供必要条件并支付工程价款。建设工程施工合同是承包人进行工程建设施工，发包人支付价款的合同，是建设工程的主要合同，同时也是工程建设质量控制、进度控制、投资控制的主要依据。即发包人与承包人为完成商定的建设工程项目的施工任务、明确双方权利义务关系而签订的协议。施工合同的当事人是发包方和承包方，双方是平等的民事主体。

建设工程施工合同的主要特点如下：

（1）对合同承包方的主体资格要求严格。

要审查承包方的资质证明、营业执照、安全生产合格证、企业等级证书。外地建设企业进驻当地施工，应当根据当地政府的有关规定办理必要的手续，如进省（市）许可证等。

(2）合同的标的物具有特殊性。

合同标的物是建设产品，其特殊性表现为：建设产品的固定性和生产的流动性；建设产品类别庞杂，形成其产品个体性和生产的单件性；建设产品体积庞大，消耗的人力、物力、财力多，一次性投资数额大。

（3）施工合同执行周期长。

建设产品的体积庞大、结构复杂，建设周期都比较长，因此，施工合同的执行期也较长。

（4）合同内容特殊。

建设工程施工合同内容繁杂，合同执行周期长，许多内容均应当在合同中明确约定，因此建筑工程施工合同较其他类型合同的内容要多。合同除涉及双方当事人外，还要涉及地方政府、工程所在地单位和个人的利益等，因此建设合同工程施工合同涉及面较广，也较复杂。

10.1.2 按承包合同的不同计价方法分类

1. 单价合同

（1）概念。

以工程量为基础，按招标文件所列分部分项的工程量表确定单价，再以单价计算总价的合同。

（2）特点。

① 遵循单价优先原则：

a. 当总价计算结果与单价不符时，以单价为准修改总价；

b. 单价错误的风险由承包商承担。

例如，某单价合同的投标报价单中，投标人报价如表10-1所示。

表10-1 投标人报价

序号	工程分项	单位	数量	单价/元	合价/元
1					
2					
...					
X	钢筋混凝土	m³	1000	400	40 000
...					
总报价					8 100 000

根据投标人的投标单价，钢筋混凝土的合价应该是400 000元，而实际只写了40 000元，在评标时应根据单价优先原则对总报价进行修正，所以正确的报价应该是 8 100 000 + (400 000 - 40 000) = 8 460 000 元。

在实际施工时，如果实际工程量是1500 m³，则钢筋混凝土工程的价款金额应该是 400 × 1500 = 600 000 元。

② 风险分配比较合理。

承包商仅按合同规定承担报价的风险，即承包商对报价（主要为单价）的正确性和适宜性承担责任；而工程量变化的风险由业主承担。

③ 适用范围较广。

尤其是发包时尚不能精确地确定工程量和在施工过程中工程量可能有较大变化的工程项目。

2. 单价合同常用类型

（1）估计工程量单价合同。

由招标方根据设计资料，按分部分项工程估算出近似工程量并列出工程量表。投标方投标时在工程量表中填入各项的单价，据此计算出合同总价，作为评标、决标和签订合同的依据。在工程实施过程中，按实际完成的工程量和合同约定的单价定期结算工程款。除非合同订有调价条款，一般在合同有效期内不得变更已商定的单价。

（2）纯单价合同。

招标方在招标文件中只给出工程项目中各分部工程的名称、计量单位和简要技术说明，不提供工程量；投标方逐项填报单价，在施工时按实际完成的工程量和约定的单价定期结算工程款。或由招标方在招标文件中列出单价，投标方提出修正意见，双方协商后确定承包单价。

这种合同适用于设计单位来不及提交施工详图，或虽有施工图，但由于某些原因不能准确地计算工程量的情况。

（3）单价与包干混合式合同。

以单价合同为基础，对其中某些不宜计算工程量的分项工程（如施工导流、清淤等）采用包干办法，对能用某种单位计算工程量的，均要求报单价。

3. 总价合同

（1）概念。

在合同中确定一个完成项目的总价，承包商据此完成项目全部内容，并按总价结算的合同。

（2）特点。

① 遵循总价优先原则：总价合同是总价优先，承包商报总价，双方商讨并确定合同总价，最终按总价结算。通常只有设计变更或合同中规定的调价条件（例如法律变化），才允许调整合同价格。

② 业主承担的风险较小，承包商几乎承担全部风险。如报价失误的风险、物价波动的风险、地质条件恶化的风险、政策变化的风险等，都由承包商承担。

③ 适用于工程量不太大且能精确计算，工期较短，技术不太复杂，风险不大的项目。

（3）总价合同常用类型。

① 固定总价合同。

a. 概念。

该合同以准确的设计图纸和详尽的说明为计算工程量的基础，同时考虑各种费用价格上涨的因素，确定合同总价，并以一次包死的形式委托。合同总价不因环境变化和工程量增减而改变，只要设计不变更，总价就固定不变。

b. 风险分配。

业主仅承担设计变更的风险，承包商承担除设计变更以外的全部的工作量风险和价格风险。

工作量风险如下：

● 工作量计算的错误。对固定总价合同，业主有时会给工作量清单；有时仅给图纸、规范，让承包商算标，这时承包商必须对工作量作认真复核和计算。如果工作量有错误，由承包商负责。

- 由于工程范围不确定或预算时工程项目未列全造成的损失。例如，在某固定总价合同中，工程范围条款为："合同价款所定义的工程范围包括工作量表中列出的，以及工作量表中未列出的但为本工程安全、稳定、高效率运行所必需的工程和供应。"结果在该工程中，业主指令增加了许多新的分项工程，但设计并未变更，所以承包商得不到相应的付款。

又如，某国际工程分包合同采用总价合同形式，工程变更条款为："总包指令的工程变更及其相应的费用补偿仅限于对重大的变更，而且仅按每单个建筑物和设施地平以上外部体积的增加量计算补偿。"结果在合同实施中，总承包商指定分包商大量增加地平以下建筑工程量，而不给分包商任何补偿。

投标报价时设计深度不够所造成的工程量计算误差。对固定总价合同，如果业主用初步设计文件招标，让承包商计算工作量报价，或尽管施工图设计已经完成，但投标期太短，承包商无法详细核算，通常只有按经验或统计资料估算工作量。这时承包商处于两难的境地：工作量算高了，报价没有竞争力，不易中标；算低了，自己要承担风险和亏损。在实际工程中，这是一个用固定总价合同带来的普遍性的问题。

【例 10-1】 某工程采用固定总价合同。在工程中承包商与业主就设计变更影响产生争执。最终实际批准的混凝土工作量为 66 000 m³。对此双方没有争执，但承包商坚持原合同工程量为 40 000 m³，则增加了 65%，共 26 000 m³；而业主认为原合同工程量为 56 000 m³，则增加了 17.9%，共 10 000 m³。双方对合同工程量差异产生的原因在于：

承包商报价时业主仅给了初步设计文件，没有详细的截面尺寸。同时由于投标期较短，承包商没有时间细算。承包商就按经验匡算了一下，估计为 40 000 m³。合同签订后详细施工图出来，经细算，混凝土量为 56 000 m³。当然作为固定总价合同，16 000 m³ 的差额（即 56 000 - 40 000）最终就作为承包商的报价失误，由他自己承担。

同样的问题出现在我国的大型商业网点开发项目中。本项目为中外合资项目，我国承包商用固定总价合同承包土建工程。由于工程巨大，设计图纸简单，投标期短，承包商无法精确核算。对钢筋工程，承包商报出的工作量为 1.2 万吨，而实际使用量在 2.5 万吨以上。仅此一项，承包商损失超过 600 万美元。

【问题】 既然固定总价合同对业主而言几乎不承担风险，那么业主为什么不在所有的工程中选用该合同呢？

c. 适用条件：
- 工程范围必须清楚明确，报价的工程量应准确而不是估计数字，对此承包商必须认真复核；
- 工程设计较细，图纸完整、详细、清楚；
- 工程量小、工期短，估计在工程过程中环境因素（特别是物价）变化小，工程条件稳定并合理；
- 工程结构、技术简单，风险小，报价估算方便；
- 工程投标期相对宽裕，承包商可以详细作现场调查、复核工作量，分析招标文件，拟订计划；
- 合同条件完备，双方的权利和义务十分清楚。

② 调值总价合同。

a. 概念。

以总价的形式订立合同，但在合同中有双方约定的风险范围。在约定的风险范围内，合同总价不得调整，风险范围以外的合同价款可调整。

b. 风险分配。

这种合同，承包商承担风险范围以内的风险，业主承担风险范围以外的风险。

③ 成本加酬金合同。

a. 概念。

业主向承包商支付实际发生的工程成本，并按事先约定的某种方式支付酬金的合同。

b. 成本加酬金合同常用类型。

• 成本加固定百分比酬金合同。

概念：业主除支付承包商实际直接成本外，还按实际直接成本的固定百分比付给承包商一笔酬金，作为承包商的利润。这类合同有两个明显的缺点：

一是业主对工程总价不能实施实际控制，工程造价随工程成本水涨船高。

二是承包商不会主动地降低工程成本。

风险分配：承包商不承担任何风险，业主承担全部风险。

【问题】 既然业主承担全部风险，为什么业主还会选用这类合同呢？

业主由于承担全部风险，所以他应加强对工程的控制：

参与工程方案（如施工方案、采购、分包等）的选择和决策，否则容易造成不应有的损失；

合同中应明确规定成本的开支和间接费范围，规定业主有权对成本开支作决策、监督和审查；

本合同的招标文件应说明中标的依据，一般授标的标准、间接费率和作为成本组成的各项费率。

适用条件：

投标阶段依据不准，工程的范围无法界定，无法准确估价，缺少工程的详细说明；工程特别复杂，工程技术、结构方案不能预先确定，可能需按工程中出现的新的情况确定（如一些带研究、开发性质的工程）；时间特别紧急，需立即开展工作的项目（如抢救，抢险工程）。

为了克服成本加酬金合同的缺点，扩大它的使用范围，人们对该种合同又作了许多改进，以调动承包商成本控制的积极性。例如：

事先确定目标成本，实际成本在目标成本范围内按比例支付酬金；如果超过目标成本，酬金不再增加。

如果实际成本低于目标成本，除支付合同规定的酬金外，另给承包商一定比例的奖励。

成本加固定额度的酬金，即酬金是定值，不随实际成本数量的变化而变化等。

• 成本加固定金额酬金合同。

成本按预估工程成本计算，酬金按估计工程成本的一定百分比预先确定金额数，以后不随成本的增减而变动。

成本加奖罚金合同：

根据粗略估算的工程量和单价表预先编制目标成本；

根据目标成本确定酬金数额及奖金额度：

当实际成本低于目标成本时，承包商可得到实际成本、酬金、一定比例的奖金；当实际成本超出目标成本，但在允许的幅度内，承包商只能获得实际成本和酬金；当实际成本超过合同规定的限额时，承包商虽然能够得到实际成本和酬金，但要从中扣除一笔罚金。这种合同形式可以促使承包商降低成本、缩短工期，且承发包双方都不会承担太大的风险。

10.1.3 按照承发包方式（范围）分类

1. 勘察、设计或施工总承包合同

勘察、设计或施工总承包，是指发包人将全部勘察、设计或施工的任务分别发包给一个勘察、设计或施工单位作为总承包人，经发包人同意，总承包人可以将勘察、设计或施工任务的一部分分包给其他符合资质的分包人。据此明确各方权利义务的协议即为勘察、设计或施工总承包合同。在这种模式中，发包人与总承包人订立总承包合同，总承包人与分包人订立分包合同，总承包人与分包人就工作成果对发包人承担连带责任。

2. 单位工程施工承包合同

单位工程施工承包是指在一些大型、复杂的建设工程中，发包人可以将专业性很强的单位工程发包给不同的承包人，与承包人分别签订土木工程施工合同，承包人之间为平行关系。单位工程施工承包合同常见于大型工业建筑安装工程、大型复杂建设工程。据此明确各方权利义务的协议即为单位工程施工承包合同。

3. 工程项目总承包合同

工程项目总承包是指建设单位将包括工程设计、施工、材料和设备采购等一系列工作全部发包给一家承包单位，由其进行实质性设计、施工和采购工作，最后向建设单位交付具有使用功能的工程项目。工程项目总承包实施过程可依法将部分工程分包。据此明确各方权利义务的协议即为工程项目总承包合同。

4. BOT 合同（特许权协议合同）

BOT 承包模式是由政府授权的机构授予承包人在一定的期限内，以自筹资金建设项目并自费经营和维护，向东道国出售项目产品或服务，收取价款或酬金，期满后将项目全部无偿移交东道国政府的工程承包模式。据此明确各方权利义务的协议即为 BOT 合同（特许权协议合同）。

10.1.4 与建设工程有关的其他合同

（1）建设工程委托监理合同。指委托人（发包人）与监理人签订的，为了委托监理人承担监理业务而明确双方权利义务关系的协议。

（2）建设工程物资采购合同。指出卖人转移建设工程物资所有权于买受人，买受人支付价款的明确双方权利义务关系的协议。

（3）建设工程保险合同。指发包人或承包人为防范特定风险而与保险公司签订的明确权利义务关系的协议。

（4）建设工程担保合同。指义务人（发包人或承包人）或第三人（或保险公司）与权利人（承包人或发包人）签订为保证建设工程合同全面、正确履行而明确双方权利义务关系的协议。

10.1.5 合同的内容

一个建设工程项目的实施，涉及的建设任务很多，往往需要许多单位共同参与，不同的建设任务往往由不同的单位分别承担，这些参与单位与业主之间应通过合同明确其承担的任务和责任以及所拥有的权利。

建设工程项目的规模和特点存在差异，不同项目的合同数量可能会有很大的差别，大型建设项目可能会有成百上千个合同。但不论合同数量的多少,根据合同中的任务内容,合同可划分为勘察合同、设计合同、施工承包合同、物资采购合同、工程监理合同、咨询合同、代理合同等。根据《中华人民共和国合同法》,勘察合同、设计合同、施工承包合同属于建设工程合同,工程监理合同、咨询合同等属于委托合同。

(1) 建设工程勘察,是指根据建设工程的要求,查明、分析、评价建设场地的地质地理环境特征和岩土工程条件,编制建设工程勘察文件的活动。建设工程勘察合同即发包人与勘察人就完成商定的勘察任务明确双方权利义务关系的协议。

(2) 建设工程设计,是指根据建设工程的要求,对建设工程所需的技术、经济、资源、环境等条件进行综合分析、论证,编制建设工程设计文件的活动。建设工程设计合同即发包人与设计人就完成商定的工程设计任务明确双方权利义务关系的协议。

(3) 建设工程施工,是指根据建设工程设计文件的要求,对建设工程进行新建、扩建、改建的施工活动。建设工程施工承包合同即发包人与承包人为完成商定的建设工程项目的施工任务明确双方权利义务关系的协议。

(4) 工程建设过程中的物资包括建筑材料和设备等。建筑材料和设备的供应一般需要经过订货、生产(加工)、运输、储存、使用(安装)等各个环节,经历一个非常复杂的过程。物资采购合同分建筑材料采购合同和设备采购合同,是指采购方(发包人或者承包人)与供货方(物资供应公司或者生产单位)就建设物资的供应明确双方权利义务关系的协议。

(5) 建设工程监理合同是建设单位(委托人)与监理人签订,委托监理人承担工程监理任务而明确双方权利义务关系的协议。

(6) 咨询服务,根据其咨询服务的内容和服务的对象不同又可以分为多种形式。咨询服务合同是由委托人与咨询服务的提供者之间就咨询服务的内容、咨询服务方式等签订的明确双方权利义务关系的协议。

建设工程施工合同有施工总承包合同和施工分包合同之分。施工总承包合同的发包人是建设工程的建设单位或取得建设项目总承包资格的项目总承包单位,在合同中一般称为业主或发包人。施工总承包合同的承包人是承包单位,在合同中一般称为承包人。

施工分包合同又有专业工程分包合同和劳务作业分包合同之分。分包合同的发包人一般是取得施工总承包合同的承包单位,在分包合同中一般仍沿用施工总承包合同中的名称,即仍称为承包人。而分包合同的承包人一般是专业化的专业工程施工单位或劳务作业单位,在分包合同中一般称为分包人或劳务分包人。

在国际工程合同中,业主可以根据施工承包合同的约定,选择某个单位作为指定分包商,指定分包商一般应与承包人签订分包合同,接受承包人的管理和协调。

1. 施工承包合同示范文本

为了规范和指导合同当事人双方的行为,国际工程界许多著名组织(如 FIDIC——国际咨询工程师联合会、AIA——美国建筑师学会、AGC 美国总承包商会、ICE—英国土木工程师学会等)都编制了指导性的合同示范文本,规定了合同双方的一般权利和义务,对引导和规范建设行为起到了非常重要的作用。

住房和城乡建设部和国家工商行政管理总局于 2013 年颁发了修改的《建设工程施工合同(示范文本)》(GF—2013—0201)。该文本适用于房屋建筑工程、土木工程、线路管道和设备安装工程、装修工程等建设工程的施工承发包活动。

2. 施工承包合同文件

（1）各种施工合同示范文本一般都由以下三部分组成：

① 协议书；

② 通用条款；

③ 专用条款。

（2）构成施工合同文件的组成部分，除了协议书、通用条款和专用条款以外，一般还应包括：中标通知书、投标书及其附件、有关的标准、规范及技术文件、图纸、工程量清单、工程报价单或预算书等。

（3）作为施工合同文件组成部分的上述各个文件，其优先顺序是不同的，解释合同文件优先顺序的规定一般在合同通用条款内，可以根据项目的具体情况在专用条款内进行调整。原则上应把文件签署日期在后的和内容重要的排在前面，即更加优先。以下是《建设工程施工合同（示范文本）》（GF—2013—0201）通用条款规定的优先顺序：

① 合同协议书；

② 中标通知书（如果有）；

③ 投标函及其附录（如果有）；

④ 专用合同条款及其附件；

⑤ 通用合同条款；

⑥ 技术标准和要求；

⑦ 图纸；

⑧ 已标价工程量清单或预算书；

⑨ 其他合同文件。

发包人在编制招标文件时，可以根据具体情况规定优先顺序。

（4）各种施工合同示范文本的内容一般包括：

① 词语定义与解释；

② 合同双方的一般权利和义务，包括代表业主利益进行监督管理的监理人员的权力和职责；

③ 工程施工的进度控制；

④ 工程施工的质量控制；

⑤ 工程施工的费用控制；

⑥ 施工合同的监督与管理；

⑦ 工程施工的信息管理；

⑧ 工程施工的组织与协调；

⑨ 施工安全管理与风险管理等。

（5）发包方的责任与义务。

发包人的责任与义务有许多，最主要的有以下内容：

① 提供具备施工条件的施工现场和施工用地（并支付费用）。

② 通过监理向承包人提供测量基准点、基准线、水准点的书面资料，并对其准确性和真实性、完整性负责（由于所提供资料不准导致承包人测量放线返工，应承担增加的费用及合理利润和延误的工期）。

③ 提供有关水文地质勘探资料和地下管线资料等并对其真实性、准确性负责，由于资料错误给承包人造成的损失应予以支付，并包含合理利润；但承包人对资料的阅读后的解释和推断负责。

④ 办理施工许可证及其他施工所需证件（环境保护、安全文明施工手续、临时停电时的用电，道路交通中断的申请批准手续）等。

⑤ 协调处理施工场地周围地下管线和邻近建筑物、构筑物（包括文物保护建筑）、古树名木的保护工作，承担有关费用。

⑥ 组织承包人和设计单位进行图纸会审和设计交底。

⑦ 按照合同规定支付合同价款。

⑧ 按照合同规定及时向承包人提供所需指令、批准等。

⑨ 按合同约定及时组织竣工验收。

⑩ 发包人应与承包人、由发包人直接发包的专业工程的承包人签订施工现场统一管理协议，明确各方的权利义务。施工现场统一管理协议作为专用合同条款的附件。

（6）承包方的责任与义务。

承包人在履行合同的过程中应遵守法律和工程建设标准规范，并履行以下义务：

① 办理法律规定应由承包人办理的许可和批准，并将办理结果书面报送发包人留存。

② 按法律规定和合同约定完成工程，并在保修期内承担保修义务。

③ 按法律规定和合同约定采取施工安全和环境保护措施，办理工伤保险，确保工程及人员、材料、设备和设施的安全。

④ 按合同约定的工作内容和施工进度要求，编制施工组织设计和施工措施计划，并对所有施工作业和施工方法的完备性和安全可靠性负责。

⑤ 在进行合同约定的各项工作时，不得侵害发包人与他人使用公用道路、水源、市政管网等公共设施的权利，避免对邻近的公共设施产生干扰。承包人占用或使用他人的施工场地，影响他人作业或生活的，应承担相应的责任。

⑥ 按照第 6.3 款〔环境保护〕约定负责施工场地及其周边环境与生态的保护工作。

⑦ 按第 6.1 款〔安全文明施工〕约定采取施工安全措施，确保工程及其人员、材料、设备和设施的安全，防止因工程施工造成的人身伤害和财产损失。

⑧ 将发包人按合同约定支付的各项价款专用于合同工程，且应及时支付其雇用人员工资，并及时向分包人支付合同价款。

⑨ 按照法律规定和合同约定编制竣工资料，完成竣工资料立卷及归档，并按专用合同条款约定的竣工资料的套数、内容、时间等要求移交发包人。

⑩ 应履行的其他义务。

（7）进度控制的主要条款内容。

① 合同工期的约定。工期是指发包人和承包人在协议书中约定，按总日历天数（包括法定节假日）计算的承包天数，包括开工日期与竣工日期。工程竣工验收通过的，实际竣工日期为承包人送交竣工验收报告的日期；工程按发包人要求修改后通过验收的，实际竣工日期为承包人修改后提请发包人验收的日期。

② 进度计划。承包人应按照合同专用条款约定的日期提交详细的施工进度计划，施工进度计划的编制应当符合国家法律规定和一般工程实践惯例，施工进度计划经发包人或工程师批准后实施。施工进度计划是控制工程进度的依据，发包人和监理人有权按照施工进度计划检查

工程进度情况。

③ 工程师对进度计划的检查和监督。

工程师接到承包人提交的进度计划后，应当予以确认或者提出修改意见，时间限制则由双方在专用条款中约定。如果工程师逾期不确认也不提出书面意见，则视为已经同意。工程师对进度计划对承包人施工进度的认可，不免除承包人对施工组织设计和工程进度计划本身的缺陷所应承担的责任。进度计划经工程师予以认可的主要目的，是作为发包人和工程师依据计划进行协调和对施工进度控制的依据。

④ 工期延误。

a. 因发包人原因导致工期延误。

在合同履行过程中，因下列情况导致工期延误和（或）费用增加的，由发包人承担由此延误的工期和（或）增加的费用，且发包人应支付承包人合理的利润：

- 发包人未能按合同约定提供图纸或所提供图纸不符合合同约定的；
- 发包人未能按合同约定提供施工现场、施工条件、基础资料、许可、批准等开工条件的；
- 发包人提供的测量基准点、基准线和水准点及其书面资料存在错误或疏漏的；
- 发包人未能在计划开工日期之日起 7 天内同意下达开工通知的；
- 发包人未能按合同约定日期支付工程预付款、进度款或竣工结算款的；
- 监理人未按合同约定发出指示、批准等文件的；
- 专用合同条款中约定的其他情形。

因发包人原因未按计划开工日期开工的，发包人应按实际开工日期顺延竣工日期，确保实际工期不低于合同约定的工期总日历天数。因发包人原因导致工期延误需要修订施工进度计划的，按照施工进度计划的修订执行。

b. 因承包人原因导致工期延误。

因承包人原因造成工期延误的，可以在专用合同条款中约定逾期竣工违约金的计算方法和逾期竣工违约金的上限。承包人支付逾期竣工违约金后，不免除承包人继续完成工程及修补缺陷的义务。

⑤ 暂停施工。

a. 发包人原因引起的暂停施工。

因发包人原因引起暂停施工的，监理人经发包人同意后，应及时下达暂停施工指示。情况紧急且监理人未及时下达暂停施工指示的，按照紧急情况下的暂停施工执行。

因发包人原因引起的暂停施工，发包人应承担由此增加的费用和（或）延误的工期，并支付承包人合理的利润。

b. 承包人原因引起的暂停施工。

因承包人原因引起的暂停施工，承包人应承担由此增加的费用和（或）延误的工期，且承包人在收到监理工程师复工指示后 84 天内仍未复工的，视为〔承包人违约的情形〕约定的承包人无法继续履行合同的情形。

⑥ 提前竣工。

发包人要求承包人提前竣工的，发包人应通过监理人向承包人下达提前竣工指示，承包人应向发包人和监理人提交提前竣工建议书，提前竣工建议书应包括实施的方案、缩短的时间、增加的合同价格等内容。发包人接受该提前竣工建议书的，监理人应与发包人和承包人协商采取加快工程进度的措施，并修订施工进度计划，由此增加的费用由发包人承担。承包人认为提前竣工指示无法执行的，应向监理人和发包人提出书面异议，发包人和监理人应在收到异议后7天内予以答复。任何情况下，发包人不得压缩合理工期要求承包人提前竣工。承包人提出提前竣工的建议能够给发包人带来效益的，合同当事人可以在专用合同条款中约定提前竣工的奖励。

⑦ 竣工验收。

a. 承包人提交竣工验收报告。当工程按照合同要求全部完成后，具备竣工验收条件，承包人按照国家工程竣工验收的有关规定，向发包人提供完整的竣工资料和竣工验收报告。

b. 发包人组织验收。发包人收到竣工验收报告后28天内组织验收，并在验收后14天内给予认可或提出修改意见，承包人应当按要求进行修改，并承担因自身原因造成修改的费用。中间交工工程的范围和竣工时间由双方在专用条款内约定。

发包人收到承包人送交的竣工验收报告后28天内不组织验收，或者在验收后14天内不提出修改意见，则视为竣工验收报告已经被认可。发包人在收到承包人竣工验收报告后28天内不组织验收，从第29天起承担工程保管及一切意外责任。

（8）质量控制的主要条款内容。

在施工过程中，承包人要随时接受工程师对材料、设备、中间部位、隐蔽工程和竣工工程等质量的检查、验收与监督。

① 工程质量标准。

工程质量应当达到协议书约定的质量标准，质量标准的评定以国家或行业的质量检验评定标准为依据。双方对工程质量有争议时，由双方同意的工程质量检测机构鉴定，所需要的费用以及因此造成的损失，由责任方承担。

② 检查和返工。

承包人应认真按照标准、规范和设计图纸要求以及监理工程师依据合同发出的指令施工，随时接受监理工程师的检查检验，并为检查检验提供便利条件。

监理工程师的检查检验不应影响施工的正常进行。如影响施工正常进行，检查检验不合格时，影响正常施工的费用由承包人承担；除此之外，影响正常施工的追加合同价款由发包人承担，相应顺延工期。

③ 隐蔽工程和中间验收。

工程具备隐蔽条件或达到专用条款约定的中间验收部位，承包人进行自检，并在隐蔽或中间验收前48小时以书面形式通知工程师验收。承包人准备验收记录，验收合格，工程师在验收记录上签字后，承包人方可进行隐蔽和继续施工。验收不合格，承包人在工程师限定的时间内修改后重新验收。

无论工程师是否进行验收，当其提出对已经隐蔽的工程重新检验的要求时，承包人应按要求进行剥离或开孔，并在检验后重新覆盖或修复。检验合格，发包人承担由此发生的全部追加合同价款，赔偿承包人损失，相应顺延工期；检验不合格，承包人承担发生的全部费用，工期不予顺延。

④ 竣工验收。

工程未经竣工验收或竣工验收未通过的，发包人不得使用。发包人强行使用时，由此发生的质量问题及其他问题，由发包人承担责任。

⑤ 质量保修。

承包人应按照法律、行政法规或国家关于工程质量保修的有关规定，对交付发包人使用的工程在质量保修期内承担质量保修责任。承包人应在工程竣工验收之前，与发包人签订质量保修书，作为合同附件。质量保修书的主要内容包括工程质量保修范围和内容、质量保修期、质量保修责任和质量保修金的支付方法等。

（9）费用控制的主要条款内容。

① 施工合同价款。施工合同价款的约定可以采用固定总价、可调总价、固定单价、可调单价及成本加酬金等方式。

② 工程预付款。实行工程预付款的，双方应当在专用条款内约定发包人向承包人预付工程款的时间和数额，开工后按约定的时间和比例逐次扣回。

③ 工程款（进度款）的支付。工程款（进度款）结算可以采用按月结算、按形象进度分段结算或者竣工后一次性结算等方式。

④ 变更价款的确定。

a. 变更价款的确定程序。

设计变更发生后，承包人在工程设计变更确定后 14 天内，提出变更工程价款的报告，经监理工程师确认后调整合同价款。承包人在确定变更后 14 天内不向监理工程师提出变更工程价款报告的，则视为该项设计变更不涉及合同价款的变更。

监理工程师收到变更工程价款报告之日起 14 天内予以确认。监理工程师无正当理由不确认时，自变更价款报告送达之日起 14 天后变更工程价款报告自行生效。

监理工程师不同意承包人提出的变更价格，按照合同约定的争议解决方法处理。

b. 变更价款的确定方法。

合同中已有适用于变更工程的价格，按合同已有的价格计算，变更合同价款。② 合同中只有类似于变更工程的价格，可以参照此价格确定变更价格，变更合同价款。③ 合同中没有适用或类似于变更工程的价格，由承包人提出适当的变更价格，经监理工程师确认后执行。

⑤ 竣工结算。

工程竣工验收报告经发包人认可后 28 天内，承包人向发包人递交竣工结算报告及完整的结算资料。

工程竣工验收报告经发包人认可后 28 天内，承包人未能向发包人递交竣工结算报告及完整的结算资料，造成工程竣工结算不能正常进行或工程竣工结算价款不能及时支付，发包人要求交付工程的，承包人应当交付；发包人不要求交付工程的，承包人承担保管责任。

发包人自收到竣工结算报告及结算资料后 28 天内进行核实，确认后支付工程竣工结算价款。承包人收到竣工结算价款后 14 天内将竣工工程交付发包人。

⑥ 质量保修金。保修期满，承包人履行了保修义务，发包人应在质量保修期满后 14 天内结算，将剩余保修金和按工程质量保修书约定银行利率计算的利息一起返还承包人。

10.2 建设工程索赔

在国际工程承包市场上，工程索赔是承包人和发包人保护自身正当权益、弥补工程损失的重要而有效的手段。

10.2.1 建设工程索赔的起因和分类

1. 索赔的概念

建设工程索赔通常是指在工程合同履行过程中，合同当事人一方因对方不履行或未能正确履行合同或者由于其他非自身因素而受到经济损失或权利损害，通过合同规定的程序向对方提出经济或时间补偿要求的行为。索赔是一种正当的权利要求，它是合同当事人之间的一项正常的而且普遍存在的合同管理业务，是一种以法律和合同为依据的合情合理的行为。

索赔是相互的、双向的，承包人可以向发包人索赔，发包人也可以向承包人索赔。

2. 索赔的起因

（1）合同对方违约，不履行或未能正确履行合同义务与责任。
（2）合同错误，如合同条文不全、错误、矛盾、有二义性，设计图纸、技术规范错误等。
（3）合同变更。
（4）工程环境变化，包括法律、物价和自然条件的变化等。
（5）不可抗力因素，如恶劣的气候条件、地震、洪水、战争状态等。

3. 索赔的分类

（1）按索赔有关当事人分类。
① 承包人与发包人之间的索赔；
② 承包人与分包人之间的索赔；
③ 承包人或发包人与供货人之间的索赔；
④ 承包人或发包人与保险人之间的索赔。
（2）按照索赔目的和要求分类。
① 工期索赔，一般指承包人向业主或者分包人向承包人要求延长工期；
② 费用索赔，即要求补偿经济损失，调整合同价格。
（3）按照索赔事件的性质分类。

① 工程延期索赔。因为发包人未按合同要求提供施工条件，或者发包人指令工程暂停或不可抗力事件等原因造成工期拖延的，承包人向发包人提出索赔；由于承包人原因导致工期拖延，发包人可以向承包人提出索赔；由于非分包人的原因导致工期拖延，分包人可以向承包人提出索赔。

② 工程加速索赔。通常是由于发包人或工程师指令承包人加快施工进度，缩短工期，引起承包人的人力、物力、财力的额外开支，承包人提出索赔；承包人指令分包人加快进度，分包人也可以向承包人提出索赔。

③ 工程变更索赔。由于发包人或工程师指令增加或减少工程量或增加附加工程、修改设计、变更施工顺序等，造成工期延长和费用增加，承包人对此向发包人提出索赔；分包人也可以对此向承包人提出索赔。

④ 工程终止索赔。由于发包人违约或发生了不可抗力事件等造成工程非正常终止，承包人和分包人因此蒙受经济损失而提出索赔；由于承包人或者分包人的原因导致工程非正常终止，或者合同无法继续履行，发包人可以对此提出索赔。

⑤ 不可预见的外部障碍或条件索赔。即施工期间在现场遇到有经验的承包商通常不能预见的外界障碍或条件，例如地质条件与预计的（业主提供的资料）不同，出现未预见的岩石、

淤泥或地下水等，导致承包人损失，这类风险通常应该由发包人承担，即承包人可以据此提出索赔。

⑥ 不可抗力事件引起的索赔，在新版 FIDIC 施工合同条件中，不可抗力通常是满足以下条件的特殊事件或情况：一方无法控制的、该方在签订合同前不能对之进行合理防备的、发生后该方不能合理避免或克服的、主要归因于他方的。不可抗力事件的发生导致承包人遭受的损失，通常应由发包人承担，即承包人可以据此提出索赔。

⑦ 其他索赔，如货币贬值、汇率变化、物价变化、政策法令变化等原因引起的索赔。

4. 反索赔的概念

反索赔就是反驳、反击或者防止对方提出的索赔，不让对方索赔成功或者全部成功。一般认为，索赔是双向的，业主和承包商都可以向对方提出索赔要求，任何一方也都可以对对方提出的索赔要求进行反驳和反击，这种反击和反驳就是反索赔。

在工程实践过程中，当合同一方向对方提出索赔要求，合同另一方对对方的索赔要求和索赔文件可能会有三种选择：

（1）全部认可对方的索赔，包括索赔之数额。

（2）全部否定对方的索赔。

（3）部分否定对方的索赔。

针对一方的索赔要求，反索赔的一方应以事实为依据，以合同为准绳，反驳和拒绝对方的不合理要求或索赔要求中的不合理部分。

10.2.2　建设工程索赔成立的条件

1. 索赔成立的前提条件

索赔的成立，应同时具备以下三个前提条件：

（1）与合同对照，事件已造成了承包人工程项目成本的额外支出或直接工期损失。

（2）造成费用增加或工期损失的原因，按合同约定不属于承包人的行为责任或风险责任。

（3）承包人按合同规定的程序和时间提交索赔意向通知和索赔报告。

以上三个条件必须同时具备，缺一不可。

2. 构成施工项目索赔条件的事件

索赔事件，又称为干扰事件，是指那些使实际情况与合同规定不符合，最终引起工期和费用变化的各类事件。在工程实施过程中，不断地跟踪、监督索赔事件，就可以不断地发现索赔机会。通常，承包商可以提起索赔的事件有：

（1）发包人违反合同给承包人造成时间、费用的损失。

（2）因工程变更（设计变更、发包人提出的工程变更、监理工程师提出的工程变更，以及承包人提出并经监理工程师批准的变更）造成的时间、费用损失。

（3）由于监理工程师对合同文件的歧义解释、技术资料不确切，或由于不可抗力导致施工条件的改变，造成时间、费用的增加。

（4）发包人提出提前完成项目或缩短工期而造成承包人的费用增加。

（5）发包人延误支付期限造成承包人的损失。

（6）对合同规定以外的项目进行检验，且检验合格，或非承包人的原因导致项目缺陷的修复所发生的损失或费用。

（7）非承包人的原因导致工程暂时停工。

（8）物价上涨、法规变化及其他。

10.2.3 常见的建设工程索赔

1. 因合同文件引起的索赔

（1）有关合同文件的组成问题引起索赔。

（2）关于合同文件有效性引起的索赔。

（3）因图纸或工程量表中的错误而索赔。

2. 有关工程施工的索赔

（1）地质条件变化引起的索赔。

（2）工程中人为障碍引起的索赔。

（3）工程量变更引起的索赔。

（4）各种额外的试验和检查费用偿付。

（5）工程质量要求的变更引起的索赔。

（6）关于变更令有效期引起索赔或拒绝。

（7）指定分包商违约或延误造成的索赔。

（8）其他有关施工的索赔。

3. 关于工期的索赔

（1）关于延误工期的索赔。

（2）由于延误产生损失的索赔。

（3）赶工费用的索赔。

工期索赔的计算：

工期索赔一般采用分析法进行计算，首先要确定索赔事件发生对施工活动的影响及引起的变化，然后再分析施工活动变化对总工期的影响。分析法主要依据合同规定的总工期计划、进度计划，以及双方共同认可的对工期修改文件，调整计划和受干扰后实际工程进度记录。例如，施工日记、工程进度表等，施工单位应在每个月底以及在干扰事件发生时，分析对比上述资料，以发现工期拖延以及拖延原因，提出有说服力的索赔要求。

常用的计算索赔工期的方法有如下四种：

① 网络分析法。网络分析法是通过分析索赔事件发生前后网络计划工期的差异计算索赔工期的。这是一种科学合理的计算方法，适用于各类工期索赔。

② 对比分析法。对比分析法比较简单，适用于索赔事件仅影响单位工程，或分部分项工程的工期，需由此而计算对总工期的影响，计算公式为

$$总工期索赔 = 原合同总期 \times \frac{额外或新增工程量价格}{原合同总价}$$

③ 劳动生产率降低计算法。在索赔事件干扰正常施工导致劳动生产率降低，而使工期拖延时，可按下列公式计算：

$$索赔工期 = 计划工期 \times \frac{预期劳动生产率 - 实际劳动生产率}{预期劳动生产率}$$

④ 简单累加法。在施工过程中，由于恶劣气候、停电、停水及意外风险造成全面停工而导致工期拖延时，可以一一列举各种原因引起的停工天数，累加结果，即可作为索赔天数。应注意的是，由多项索赔事件引起的总工期索赔，最好用网络分析法计算索赔工期。

【例 10-2】 工期索赔的案例分析

某工程原合同总价为 1000 万元，总工期为 12 个月。现业主指令增加某项附属工程，工程价为 90 万元。试计算承包商应得到的工期索赔。

解： 用对比分析法计算工期索赔，工期索赔值为

$$\frac{90}{1000} \times 12 = 1.08 \text{（月）}$$

4. 关于费用方面的索赔

（1）关于价格调整方面的索赔。

（2）关于货币贬值和严重经济失调导致的索赔。

（3）拖延支付工程款的索赔。

索赔费用的组成：

① 人工费。索赔费用中的人工费是指完成合同之外的额外工作所花费的人工费用；由于非承包商责任的工效降低所增加的人工费用；超过法定工作时间加班劳动；法定人工费增长以及非承包商责任工程延期导致的人员窝工费和工资上涨费等。

② 材料费。材料费的索赔包括：由于索赔事项材料实际用量超过计划用量而增加的材料费；由于客观原因，材料价格大幅度上涨；由于非承包商责任工程延期导致的材料价格上涨和超期储存费用。材料费中应包括运输费、仓储费以及合理的损耗费用。如果承包商因管理不善，造成材料损坏失效，则不能列入索赔计价。

③ 施工机械使用费。施工机械使用费的索赔包括：由于完成额外工作增加的机械使用费；非承包商责任工效降低增加的机械使用费；由于业主或监理工程师原因导致机械停工的窝工费。窝工费的计算，如系租赁设备，一般按实际租金和调进调出费的分摊计算；如系承包商自有设备，一般按台班折旧费计算，而不能按台班费计算，因台班费中包括了设备使用费。

④ 分包费用。分包费用索赔是指分包商的索赔费，一般也包括人工、材料、机械使用费的索赔。分包商的索赔应如数列入总承包商的索赔款总额。

⑤ 现场管理费。索赔款中的现场管理费是指承包商完成额外工程、索赔事项工作以及工期延长期间的现场管理费，包括管理人员工资、办公、通信、交通费等。

⑥ 利息。在索赔款额的计算中，经常包括利息。利息的索赔通常在下列情况中发生：拖期付款的利息、错误扣款的利息。

⑦ 总部（企业）管理费。主要指的是工程延期期间所增加的管理费。包括总部职工工资、办公大楼、办公用品、财务管理、通信设施以及总部领导人员赴工地检查指导工作等开支。

⑧ 利润。一般来讲，工程范围的变更、文件有缺陷或技术性错误、业主未能提供现场等引起的索赔，承包商可以列入利润。

5. 特殊风险和人力不可抗拒灾害的索赔

（1）特殊风险的索赔。

特殊风险一般是指战争、敌对行动、入侵行为、核污染及冲击波破坏、叛乱、革命、暴动、军事政变或篡权、内战等。

（2）人力不可抗拒灾害的索赔。

人力不可抗拒灾害主要是指自然灾害，由这类灾害造成的损失应向承保的保险公司索赔。在许多合同中承包人以业主和承包人共同的名义投保工程一切险，这种索赔可同业主一起进行。

6. 工程暂停、中止合同的索赔

（1）施工过程中，工程师有权下令暂停全部或任何部分工程，只要这种暂停命令并非承包人违约或其他意外风险造成的，承包人不仅可以得到要求工期延长的权利，而且可以就其停工损失获得合理的额外费用补偿。

（2）终止合同和暂停工程的意义是不同的。有些是由于意外风险造成的损害十分严重因而终止合同，也有些是由"错误"引起的合同终止，例如业主认为承包人不能履约而终止合同，甚至从工地驱逐走该承包人。

7. 财务费用补偿的索赔

财务费用补偿的索赔，是指对因各种原因使承包人财务开支增大而导致的贷款利息等财务费用增加所提出的补偿要求。

10.2.4 建设工程索赔的依据

总体而言，索赔的依据主要是三个方面：合同文件；法律、法规；工程建设惯例。

针对具体的索赔要求（工期或费用），索赔的具体依据也不相同，例如，有关工期的索赔就要依据有关的进度计划、变更指令等。

1. 合同文件

合同文件是索赔的最主要依据，包括：

（1）合同协议书。

（2）中标通知书。

（3）投标书及其附件。

（4）合同专用条款。

（5）合同通用条款。

（6）标准、规范及有关技术文件。

（7）图纸。

（8）工程量清单。

（9）工程报价单或预算书。

合同履行中，发包人与承包人有关工程的洽商、变更等书面协议或文件应视为合同文件的组成部分。

2. 订立合同所依据的法律法规

（1）适用法律和法规。

建设工程合同文件适用国家的法律和行政法规。需要明示的法律、行政法规，由双方在专用条款中约定。

（2）适用标准、规范。

双方在专用条款内约定适用国家标准、规范的名称。

3. 可以作为证据使用的材料

（1）可以作为证据使用的材料有以下七种：

① 书证。是指以文字或数字记载的内容起证明作用的书面文书和其他载体。如合同文本、财务账册、欠据、收据、往来信函以及确定有关权利的判决书、法律文件等。

② 物证。是指以其存在、存放的地点外部特征及物质特性来证明案件事实真相的证据。如购销过程中封存的样品，被损坏的机械、设备，有质量问题的产品等。

③ 证人证言。是指知道、了解事实真相的人所提供的证词或向司法机关所作的陈述。

④ 视听材料。是指能够证明案件真实情况的音像资料，如录音带、录像带等。

⑤ 被告人供述和有关当事人陈述。包括：犯罪嫌疑人、被告人向司法机关所作的承认犯罪并交代犯罪事实的陈述或否认犯罪或具有从轻、减轻、免除处罚的辩解、申诉；被害人、当事人就案件事实向司法机关所作的陈述。

⑥ 鉴定结论。是指专业人员就案件有关情况向司法机关提供的专门性的书面鉴定意见，如损伤鉴定、痕迹鉴定、质量责任鉴定等。

⑦ 勘验、检验笔录。是指司法人员或行政执法人员对与案件有关的现场物品、人身等进行勘察、试验、实验或检查的文字记载。这项证据也具有专门性。

（2）常见的工程索赔证据。

常见的工程索赔证据有以下多种类型：

① 各种合同文件，包括施工合同协议书及其附件、中标通知书、投标书、标准和技术规范、图纸、工程量清单、工程报价单或者预算书、有关技术资料和要求、施工过程中的补充协议等；

② 工程各种往来函件、通知、答复等；

③ 各种会谈纪要；

④ 经过发包人或者工程师批准的承包人的施工进度计划、施工方案、施工组织设计和现场实施情况记录；

⑤ 工程各项会议纪要；

⑥ 气象报告和资料，如有关温度、风力、雨雪的资料；

⑦ 施工现场记录，包括有关设计交底、设计变更、施工变更指令，工程材料和机械设备的采购、验收与使用等方面的凭证及材料供应清单、合格证书，工程现场水、电、道路等开通、封闭的记录，停水、停电等各种干扰事件的时间和影响记录等；

⑧ 工程有关照片和录像等；

⑨ 施工日记、备忘录等；

⑩ 发包人或者工程师签认的签证；

⑪ 发包人或者工程师发布的各种书面指令和确认书，以及承包人的要求、请求、通知书等；

⑫ 工程中的各种检查验收报告和各种技术鉴定报告；
⑬ 工程结算资料、财务报告、财务凭证等；
⑭ 各种会计核算资料；
⑮ 国家法律、法令、政策文件。

10.2.5 建设工程索赔的程序和方法

如前所述，工程施工中承包人向发包人索赔、发包人向承包人索赔以及分包人向承包人索赔的情况都有可能发生，以下说明承包人向发包人索赔的一般程序和方法。

1. 索赔意向通知

在工程实施过程中发生索赔事件以后，或者承包人发现索赔机会，首先要提出索赔意向，即在合同规定的时间内将索赔意向用书面形式及时通知发包人或者工程师，向对方表明索赔愿望、要求或者声明保留索赔权利，这是索赔工作程序的第一步。

索赔意向通知要简明扼要地说明索赔事由发生的时间、地点、简单事实情况描述和发展动态、索赔依据和理由、索赔事件的不利影响等。

2. 索赔资料的准备

在索赔资料准备阶段，主要工作有：
（1）跟踪和调查干扰事件，掌握事件产生的详细经过。
（2）分析干扰事件产生的原因，划清各方责任，确定索赔根据。
（3）损失或损害调查分析与计算，确定工期索赔和费用索赔值。
（4）搜集证据，获得充分而有效的各种证据。
（5）起草索赔文件。

3. 索赔文件的提交

提出索赔的一方应在合同规定的时限内向对方提交正式的书面索赔文件。例如，FIDIC合同条件和我国《建设工程施工合同（示范文本）》（GF-2013-0201）都规定，承包人必须在发出索赔意向通知后的28天内或经过工程师同意的其他合理时间内向工程师提交一份详细的索赔文件和有关资料。如果干扰事件对工程的影响持续时间长，承包人则应按工程师要求的合理间隔（一般为28天），提交中间索赔报告，并在干扰事件影响结束后的28天内提交一份最终索赔报告。否则将失去就该事件请求补偿的索赔权利。

4. 索赔文件的编制

索赔文件的主要内容包括以下几个方面：
（1）总述部分。
概要论述索赔事项发生的日期和过程；承包人为该索赔事项付出的努力和附加开支；承包人的具体索赔要求。
（2）论证部分。
论证部分是索赔报告的关键部分，其目的是说明自己有索赔权，是索赔能否成立的关键。
（3）索赔款项（或工期）计算部分。
如果说索赔报告论证部分的任务是解决索赔权能否成立，则款项计算是为解决能得多少款项。前者定性，后者定量。

（4）证据部分。

要注意引用的每个证据的效力或可信程度，对重要的证据资料最好附以文字说明或附以确认件。

10.2.6 建设工程反索赔的概念和特点

1. 建设工程反索赔的概念

反索赔就是反驳、反击或者防止对方提出的索赔，不让对方索赔成功或者全部成功。一般认为，索赔是双向的，业主和承包商都可以向对方提出索赔要求，任何一方也都可以对对方提出的索赔要求进行反驳和反击，这种反击和反驳就是反索赔。

2. 建设工程反索赔的特点

索赔与反索赔的同时性；索赔处理的技巧性；索赔处理的预防性；发包人处于有利地位，发包人在经工程师证明承包人违约后，可以直接从应付工程款中扣回款项，或从银行保函中得以补偿。

3. 反索赔的基本内容

反索赔的工作内容可以包括两个方面：一是防止对方提出索赔；二是反击或反驳对方的索赔要求。

10.3 国际建设工程施工承包合同

10.3.1 FIDIC 系列合同条件

FIDIC 是指国际咨询工程师联合会，是国际上最权威的咨询工程师的组织之一。与其他类似的国际组织一样，它推动了高质量的工程咨询服务业的发展。为了适应国际工程市场的需要，FIDIC 于 1999 年出版了一套新型的合同条件，旨在逐步取代以前的合同条件，这套新版合同条件共四本，分别为《施工合同条件》、《永久设备和设计-建造合同条件》、《EPC/交钥匙项目合同条件》和《简明合同格式》。

1.《施工合同条件》

该合同主要用于由发包人设计的或由咨询工程师设计的房屋建筑工程和土木工程的施工项目。合同计价方式属于单价合同，但也有某些子项采用包干价格。工程款按实际完成工程量乘以单价进行结算。一般情况下，单价可随各类物价的波动而调整。业主委派工程师管理合同，监督工程进度、质量，签发支付证书、接收证书和履约证书，处理合同管理中的有关事项。

2.《永久设备和设计-建造合同条件》

适用于由承包人做绝大部分设计的工程项目，承包人要按照业主的要求进行设计、提供设备以及建造其他工程（可能包括由土木、机械、电力等工程的组合）。合同计价采用总价合同方式，如果发生法规规定的变化或物价波动，合同价格可随之调整。

3.《EPC 交钥匙项目合同条件》

适用于在交钥匙的基础上进行的工程项目的设计和施工,承包商要负责所有的设计、采购和建造工作,在交钥匙时,要提供一个设施配备完整、可以投产运行的项目。合同计价采用固定总价方式,只有在某些特定风险出现时才调整价格。在该合同条件下,没有业主委托的工程师这一角色,由业主或业主代表管理合同和工程的具体实施。与前两种合同条件相比,承包商要承担较大的风险。

4.《简明合同格式》

该合同条件主要适用于投资额较低的一般不需要分包的建筑工程或设施,或尽管投资额较高,但工作内容简单、重复,或建设周期短。合同计价可以采用单价合同、总价合同或者其他方式。

10.3.2 英国 JCT 系列合同条件

英国合同审定联合会(JCT)是一个关于审议合同的组织,在 ICE 合同基础上制定了建筑工程合同的标准格式。JCT 的建筑工程合同条件(JCT98)用于业主和承包商之间的施工总承包合同,主要适用于传统的施工总承包,属于总价合同。另外还有适用于 DB 模式、MC 模式的合同条件。

JCT98 的适用条件如下:

(1)传统的房屋建筑工程,发包前的准备工作的完善。

(2)项目复杂程度由低到高都可以适用,尤其适用于比较复杂的项目,有较复杂的设备安装或专业工作。

(3)设计与项目管理之间的配合紧密程度高,业主主导项目管理的全过程,对业主项目管理人员的经验要求高。

(4)大型项目,合同总金额高,工期较长,在 1 年以上。

(5)从设计到施工的执行速度较慢。

(6)对变更的控制能力强,成本确定性较高。

(7)索赔条件较清晰。

(8)违约和质量缺陷的风险主要由承包商承担,但工期延误风险由业主和承包商共同承担。

10.3.3 美国 AIA 系列合同条件

1. AIA 系列合同条件

美国建筑师学会(AIA)成立于 1857 年,100 多年来,AIA 一直在出版标准的项目设计和施工方面的合约文件,用于机关业务和项目管理。

AIA 文件分为 A、B、C、D、F、G 系列。其中 A 系列是用于业主与承包商的标准合同文件,不仅包括合同条件,还包括承包商资格申报表,保证标准格式;B 系列主要用于业主与建筑师之间的标准合同文件,其中包括专门用于建筑设计、室内装修工程等特定情况的标准合同文件;C 系列主要用于建筑师与专业咨询机构之间的标准合同文件;D 系列是建筑师行业内部使用的文件；F 系列，是财务管理表格；G 系列是建筑师企业及项目管理中使用的文件。

A 系列文件包括：发包人-承包人合约及该合约的通用条款和附加条款、发包人-设计-建筑商合约、总承包人-分包商合约、投标程序说明、其他文件（如投标和洽商文件、承包人资格预审文件等）。其中，工程承包合同通用条款（A201）包括 14 章的内容，分别是一般条款、发包人、承包人、合同的管理、分包商、发包人或独立承包人负责的施工、工程变更、期限、付款与完工、人员与财产的保护、保险与保函、剥露工程及其返修、混合条款、合同终止或停止。

2. AIA 系列合同的特点

（1）AIA 合同条件主要用于私营的房屋建筑工程，并专门编制用于小型项目的合同条件。

（2）美国建筑师学会作为建筑师的专业社团已经有近 140 年的历史，成员总数达 56 000 名，遍布美国及全世界。AIA 出版的系列合同文件在美国建筑业界及国际工程承包界，特别在美洲地区具有较高的权威性，应用广泛。

（3）AIA 系列合同条件的核心是"通用条件"。采用不同的工程项目管理、不同的计价方式时，只需选用不同的"协议书格式"与"通用条件"相结合。AIA 合同文件的计价方式主要有总价、成本补偿合同及最高限定价格法。

素质提升

1. 某综合楼建设项目，业主将整个土建工程发包给甲承包商，将机电安装工程发包给乙承包商，同时委托监理公司对该项目实施监理。业主分别与甲承包商、乙承包商根据《建设工程施工合同（示范文本）》签订了施工承包合同。该项目的施工发承包模式属于（　　）。

　　A. 平行发包　　　B. 施工总承包　　　C. 施工总分包　　　D. 施工总承包管理

2. 下列合同结构图表示的是（　　）模式。

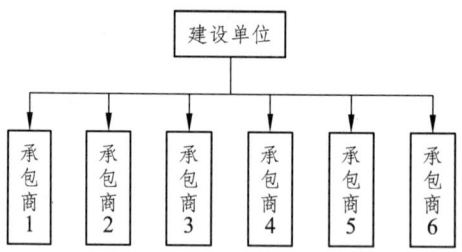

　　A. 施工平行发包　　B. 施工总承包　　C. 设计-建造-管理　　D. 联合体承包

3. 某建设工程业主将土建、安装、装饰装修等若干单位工程分别发包给甲、乙、丙三家施工单位，则对于甲、乙、丙三家施工单位之间的关系，正确的表述是（　　）。

　　A. 三家施工单位对工程质量承担连带责任

　　B. 三家施工单位之间存在直接合同关系

　　C. 业主负责对三家施工单位的合同管理与组织协调

　　D. 如甲施工单位阻碍了乙施工单位的施工，乙施工单位应向甲施工单位提出索赔

4. 根据《标准施工招标文件》，承包人按照合同规定将隐蔽工程覆盖后，监理人又要求承包人对已覆盖部位揭开重新检验，经检验证明工程质量符合要求，由此增加的费用和延误的工期应由（　　）承担。
   A. 发包人　　　B. 承包人　　　C. 监理人　　　D. 设计单位

5. 下列施工承包合同形式中，承包商承担全部工作量和价格风险的是（　　）。
   A. 单价合同　　　　　　　　B. 固定总价合同
   C. 变动总价合同　　　　　　D. 成本回本合同

6. 于成本加固定费用合同的说法，正确的是（　　）。
   A. 在工程总成本一开始估计不准，可能变化不大的情况下采用成本加固定费用合同
   B. 报酬总额随工程成本的加大而增加
   C. 由于酬金金额固定，承包商在缩短工期方面没有积极性
   D. 通常在非代理型 CM 模式的合同中采用

7. 下列合同形式中，承包人承担风险最大的合同是（　　）。
   A. 固定单价合同　　　　　　B. 成本加固定费用合同
   C. 最大成本加费用合同　　　D. 固定总价合同

8. 工程施工过程中发生索赔事件以后，承包人首先要做的工作是（　　）。
   A. 向监理工程师提交索赔证据　　B. 提出索赔意向通知
   C. 与业主就索赔事项进行谈判　　D. 提交索赔报告

9. 根据《建设工程施工合同（示范文本）》，如果干扰事件对建设工程的影响持续时间长，承包人应按监理工程师要求的合理间隔提交（　　）。
   A. 索赔意向通知　　　　　　B. 中间索赔依据
   C. 中间索赔报告　　　　　　D. 索赔声明

10. 某工程项目发包人与承包人签订了施工合同，承包人与分包人签订了专业工程分包合同，在分包合同履行过程中，分包人正确的做法是（　　）。
    A. 未经承包人允许，分包人不得以任何理由与发包人或工程师发生直接工作联系
    B. 未经承包人允许，分包人不得直接致函发包人或工程师（监理人）
    C. 一般情况下，分包人可以直接接受发包人或工程师的指令
    D. 未经承包人允许，分包人不得直接接受发包人或工程师（监理人）的指令
    E. 在合同约定时间内，向承包人提交详细的施工组织设计

11. 关于总价合同的说法，正确的有（　　）。
    A. 采用固定总价合同，双方结算比较简单，但承包商承担了较大的风险
    B. 发包人能更容易、更有把握地对项目进行控制
    C. 固定造价合同适用于工程结构和技术复杂的工程
    D. 在固定总价合同中，承包人承担的工程量风险主要是人工费上涨
    E. 由于承包人的失误导致投标报价计算错误，台同总价不予调整

12. 对于承包商而言，成本加酬金合同与固定总价合同相比较，承包商承包工程的（　　）。
    A. 风险较低　　　B. 风险较高　　　C. 利润有保证
    D. 利润没有保证　　E. 施工积极性高

13. 索赔证据的基本要求是-索赔证据应该具有（   ）。
    A. 有效性   B. 真实性   C. 及时性
    D. 公正性   E. 关联性

14. 索赔文件的主要内容包括（   ）。
    A. 总述部分   B. 论证部分   C. 索赔款项（或工期）计算部分
    D. 证据部分   E. 搜集证据

15. 对于承包人向发包人的索赔请求，工程师要根据发包人的委托或授权，对承包人的索赔要求进行审核和质疑，其审核和质疑主要围绕（   ）进行。
    A. 索赔事件是属于业主、监理工程师的责任，还是第三方的责任
    B. 事实和合同的依据是否充分
    C. 承包商是否采取了措施保护现场
    D. 是否需要补充证据
    E. 索赔计算是否正确、合理

参考文献

[1] 王熬杰. 建筑工程项目管理[M]. 西安：西北工业大学出版社，2013.
[2] 吕茫茫. 施工项目管理[M]. 上海：同济大学出版社，2005.
[3] 王延树. 建筑工程施工项目管理[M]. 北京：中国建筑工业出版社，2007.
[4] 徐猛勇. 建筑工程项目管理[M]. 北京：中国水利水电出版社，2011.
[5] 叶加冕. 道路工程施工组织与管理[M]. 北京：科学出版社，2012.
[6] 田世宇. 施工项目管理概论[M]. 北京：中国建筑工业出版社，2001.
[7] 毛义华. 建筑工程项目管理[M]. 北京：中国广播电视大学出版社，2006.
[8] 陈天. 建筑工程项目管理[M]. 北京：中国电力出版社，2010.
[9] 周鹏. 建筑工程项目管理[M]. 北京：冶金工业出版社，2010.
[10] 李立增. 工程施工项目管理[M]. 成都：西南交通大学出版社，2006.
[11] 吴立威. 园林工程施工组织与管理[M]. 北京：机械工业出版社，2008.
[12] 王雪青. 国际工程项目管理[M]. 北京：中国建筑工业出版社，2003.
[13] 周建国. 工程项目管理[M]. 北京：中国电力出版社，2006.
[15] 丛培经. 工程项目管理[M]. 北京：中国建筑工业出版社，2006.
[16] 鹤琴. 工程建设质量控制[M]. 北京：中国建筑工业出版社，1997.
[17] 潘全祥. 施工现场十大员技术管理手册[M]. 2版. 北京：中国建筑工业出版社，2005.
[18] 万练建. 建筑工程项目管理实训指导[M]. 天津：天津科学技术出版社，2014.
[19] 全国一级建造师执业资格考试书编写委员会. 全国一级建造师执业资格考试用书[M]. 4版. 北京：中国建筑工业出版社，2015.